电网企业
安全生产基础知识

DIANWANG QIYE ANQUAN SHENGCHAN JICHU ZHISHI

国网浙江省电力公司培训中心 组编

中国电力出版社
CHINA ELECTRIC POWER PRESS

内 容 提 要

为贯彻国家安全法律法规，落实《国家电网公司安全工作规定》，确保人身、电网、设备的安全，不断提高电网企业安全管理水平和员工安全综合能力，实现安全生产可控、能控、在控，国网浙江省电力公司培训中心组织编写了本书。

本书围绕电网企业安全生产，阐述了企业员工应具备的安全理念、安全知识、安全技能、应急能力。主要内容包括电网企业安全生产概论、电网企业现场作业安全、安全工器具常识、消防与交通安全、电网企业生产事故及预防、违章与反违章、现场急救与逃生基本常识。

本书可供电网企业新入单位人员培训使用，也可供在岗生产人员阅读参考。

图书在版编目（CIP）数据

电网企业安全生产基础知识/国网浙江省电力公司培训中心组编. —北京：中国电力出版社，2015.5（2019.8重印）
ISBN 978-7-5123-7275-7

Ⅰ. ①电… Ⅱ. ①国… Ⅲ. ①电力工业-安全生产-基本知识 Ⅳ. ①TM08

中国版本图书馆 CIP 数据核字（2015）第 039461 号

中国电力出版社出版、发行
（北京市东城区北京站西街 19 号 100005 http：//www.cepp.sgcc.com.cn）
北京雁林吉兆印刷有限公司印刷
各地新华书店经售

*

2015 年 5 月第一版 2019 年 8 月北京第三次印刷
710 毫米×980 毫米 16 开本 19 印张 293 千字
印数 4501—6000 册 定价 45.00 元

编 委 会

主　　　编	郑新伟			
副 主 编	潘魏魏	方旭初	吴剑凌	潘王新
编委会成员	张学东	章伟林	吴志敏	陶鸿飞
编写组成员	潘王新	金坚贞	李辉明	蒋瑜翔
	黄文涛	陆德胜	周　辉	来　骏
	林海泉			

前 言

　　安全生产工作是电网企业全局性的重要工作。电网企业安全生产不仅关系到电力系统自身的稳定、效益和发展，而且直接影响广大电力用户的利益和安全，影响国民经济的健康发展、社会秩序的稳定和人民日常生产生活。随着国民经济的迅速发展、社会不断进步和人民生活水平日益提高，不仅对电网企业提出了相应的发展要求，而且对电力安全生产提出了更高要求。

　　目前，我国电力已经步入以"大机组、大电厂、大电网、高参数、特高压、高度自动化"为主要特点的新阶段，这给电力安全生产带来了新课题。电网企业深入分析电网安全发展过程中面临的形势和挑战，始终贯彻"安全第一，预防为主、综合治理"方针，把安全工作放在各项工作的首位，积极借鉴和吸收国际先进的安全管理理念和方法，按照"三个百分之百"要求，加强"全面、全员、全过程、全方位"安全管理，从源头、队伍素质抓起，从基础、基层、基本功抓起，开展了一系列安全生产专项活动，有效保障了电网安全运行和可靠供电。

　　本书以国家安全生产法律法规和电网企业的有关规程、制度为基础，将安全主线贯穿始终，密切联系电网企业的生产实际，注重基础理论和科学实用。针对新入单位人员岗前培训的需求，着重阐述了电网企业安全生产的基本理论、基本知识和基本技能。本书针对性和实用性较强，内容精炼，理论深入浅出，文字通俗易懂，利于自学，不仅能够有效地满足新入职人员培训，而且可对在岗生产人员的学习提供重要的参考。

在书编写过程中，国网浙江省电力公司安全监察质量部、国网浙江绍兴供电公司、国网浙江嘉兴供电公司、国网浙江湖州供电公司、国网浙江温州供电公司的相关专家参与了编写工作，同时也得到了编写人员单位的支持和帮助，在此一并表示衷心的感谢。

在本书编写过程中参考了有关书籍和资料，在此谨向其编者表示衷心的感谢。

由于时间紧迫，不妥之处在所难免，恳请批评指正。

目 录

第一章

电网企业安全生产概论

第一节　安全生产的基本概念

一、安全生产的内涵

安全生产是指在生产经营活动中，为避免造成人员伤害和财产损失而采取相应的事故预防和控制措施，以保证从业人员的人身安全，保证生产经营活动得以顺利进行的相关活动。它既包括对劳动者安全健康的保护，也包括对生产设备、财物、环境的保护。

安全生产是安全与生产的统一，其宗旨是安全促进生产，生产必须安全。搞好安全工作，改善劳动条件，不仅可以调动员工的生产积极性，减少员工伤亡，还可以减少劳动力的损失，减少财产损失，增加企业效益，无疑会促进生产的发展。而生产必须安全，则是因为安全是生产的前提条件，没有安全就无法生产。

二、安全生产的意义

安全生产是党和国家在生产建设中一贯的指导思想和重要方针，是全面落实科学发展观与构建社会主义和谐社会的必然要求。我国是共产党领导下的社会主义国家，国家利益和人民利益是根本一致的。人民的需要，最重要的莫过于保障他们的生存和健康的需要。所以，保护劳动者在生产中的安全、健康，是关系到保护劳动人民切身利益的一个非常重要的方面。此外，安全生产还关系到社会安定和国家一系列其他重要政策的实施。

安全生产是每个企业一项根本性质的大事。它不仅是一项技术工作，更重要的还是一项政治工作。因此，它具有极其重要的政治意义和经济意义。

1. 安全生产是社会发展的重要条件

安全生产是社会进步与文明的标志，发展社会主义经济，构筑和谐社会，首

1

先是发展社会生产力。而发展生产力，最重要的就是保护劳动者，保护他们的安全健康，使之有健康的身体，调动他们的积极性，以充沛的精力从事社会主义建设。反之，如果安全生产搞不好，发生伤亡事故和职业病，劳动者的安全健康就会受到危害，生产就会遭到巨大损失。同时还将产生许多不安定的因素，影响社会的稳定和发展。因此，要发展社会主义经济，必须做好安全生产工作。

安全生产是社会进步与文明的标志，是生产力发展的基础和条件，是人民安居乐业的保证和人民生活质量的体现，是社会经济快速健康持续发展的基础。

2. 安全生产是企业现代化管理的基本原则

实现安全生产，是社会主义企业现代管理的基本原则。如果不搞好安全生产工作，不改变伤亡事故和职业危害的局面，就会损害我国作为一个社会主义国家在国际上的形象和地位。企业现代化管理就是通过管理现代化，使生产过程顺利、高效率地进行，不断提高劳动生产率和发展生产，确保安全生产的实现。重视加强安全生产，为广大员工创造安全、文明、舒适的劳动条件，这样才能激发他们的积极性，促进生产发展和社会安定。搞好安全生产，就可以调动广大劳动者的生产热情和积极性。劳动条件好，劳动者在生产中感到安全健康有保障，就会发挥出主人翁的精神，提高生产效率，使企业取得好的效益。所以，每一个企业的领导者必须重视安全生产，把保护劳动者的安全与健康、保证生产设备完好、保证生产顺利进行当做自己的神圣职责和应尽义务，切实抓好，决不能掉以轻心。

3. 安全生产是员工的最大福利

企业的经济效益和员工福利，都是建立在安全生产基础上的。没有安全就没有企业稳定的发展环境，就不可能有持续健康的发展和效益。同时，保障生产的安全，有效地避免安全事故，降低事故率和职业病发病率，对员工是生命权和健康权的保障，更是个人家庭幸福的保障。因此，做好安全生产工作，不但能提高企业生产经济效益，更能为员工谋取更多的福利，实现员工与企业的共同发展。因此，每个员工应该认识到：

（1）安全对自己有利。重视安全生产首先对自己有利，善待生命，才能为社会和个人创造更大的财富。

（2）安全对家庭有利。重视安全生产才能实现"安安全全上班去、平平安安回家来"，家庭才能美满，个人才有幸福，财富才有意义。

三、我国的安全生产方针

党中央、国务院历来重视安全生产工作，从 1949 以来我国安全生产方针在逐渐演变，这种演变随着我国政治和经济的发展在渐进。根据历史资料，我们发现我国安全生产方针大体可以归纳为 3 次变化，即："生产必须安全、安全为了生产"、"安全第一，预防为主"、"安全第一，预防为主，综合治理"。

中华人民共和国的成立，标志着民族独立和人民解放基本历史任务的胜利完成，中国开始从半殖民地半封建社会经由新民主主义社会逐步向社会主义社会过渡，全国人民的主要任务就是克服长期战争遗留下来的困难，加速经济建设。1952 年 12 月，原劳动部召开了第二次全国劳动保护工作会议，根据毛泽东主席对劳动部 1952 年下半年工作计划的批示。在这次会议上，提出了安全生产方针，即"生产必须安全、安全为了生产"的安全生产统一的方针，明确了劳动保护工作的指导思想、方针、原则、目标、任务。这对以后工作的开展，起到巨大的推动作用，产生了比较深远的影响。

1984 年，主管安全生产的劳动人事部在呈报给国务院成立全国安全生产委员会的报告中把"安全第一，预防为主"作为安全生产方针写进了报告，并得到国务院的正式认可。1987 年，劳动人事部在杭州召开会议把"安全第一，预防为主"作为劳动保护工作方针写进了我国第一部《劳动法（草案）》。从此，"安全第一，预防为主"便作为安全生产的基本方针而确立下来。随着改革开放和经济高速发展，安全生产越来越受到重视。"安全第一"的方针被有关法律所肯定，成为以法律强制实施的安全生产基本方针。2002 年，《中华人民共和国安全生产法》由第九届全国人民代表大会常务委员会第二十八次会议于 2002 年 6 月 29 日通过，自 2002 年 11 月 1 日起施行。明确了"安全第一、预防为主"的安全生产方针，就是要求在生产经营活动中将安全放在第一位，要十分重视安全生产，采取一切可能的措施保障安全，防止一切可能防止的事故，生产必须安全，安全是生产的先决条件。实现这些要求，执行"安全第一、预防为主"的方针，是一项法定的义务、法定的责任，是在法律面前必须严肃对待的大事，是要依法坚持的长期方针、基本方针。

2005 年 10 月中国共产党第十六届中央委员会第五次全体会议通过的《中共中央关于制订"十一五"规划的建议》中，首次出现了"综合治理"的概念，提出"保障人民群众生命财产安全，坚持安全第一、预防为主、综合治理，落实安全生产责任制，强化企业安全生产责任，健全安全生产监管体制，严格安全执法，加强安全生产设施建设。切实抓好煤矿等高危行业的安全生产，有效遏制重特大事故。"反映了近年来我国在进一步改革开放过程中，安全生产工作面临着多种经济所有制并存，而法制尚不健全完善、体制机制尚未理顺，急功近利、只追求快速发展与又好又快的科学发展观不相符的复杂局面。2006 年 1 月中共中央政治局常委、国务院总理温家宝在北京召开的全国安全生产工作会议上指出：加强安全生产工作，要以邓小平理论和"三个代表"重要思想为指导，以科学发展观统领全局，坚持"安全第一、预防为主、综合治理"，坚持标本兼治、重在治本，坚持创新体制机制、强化安全管理。2006 年 3 月中共中央总书记胡锦涛主持中共中央政治局第 30 次集体学习时强调：加强安全生产工作，关键是要全面落实"安全第一、预防为主、综合治理"的方针，做到思想认识上警钟长鸣、制度保证上严密有效、技术支撑上坚强有力、监督检查上严格细致、事故处理上严肃认真。2014 年 8 月十二届全国人大常委会第十次会议审议通过的新颁《安全生产法》明确了我国安全生产的基本方针为"安全第一、预防为主、综合治理"。这充分反映了近年来安全生产工作的规律特点，安全生产方针是完整的统一体，坚持安全第一，必须以预防为主，实施综合治理。只有认真治理隐患，有效防范事故，才能把"安全第一"落到实处。事故发生后组织开展抢险救灾，依法追究责任，深刻吸取教训，固然十分重要，但对于生命个体来说，伤亡一旦发生，就不再有改变的可能。事故源于隐患，防范事故的有效办法，就是主动排查、综合治理各类隐患，把事故消灭在萌芽状态。不能等到付出了生命代价、有了血的教训之后再去改进工作。从这个意义上说，综合治理是安全生产方针的基石，是安全生产工作的重心所在。

第二节　安全生产法律法规

一、我国安全生产法律法规体系

新中国成立以来，我国逐步形成一个以《宪法》为基本依据，以《安全生

产法》为核心，以有关法律、行政法规、地方性法规、部门规章和技术标准为
依托的安全生产法律体系（见图1-1）。

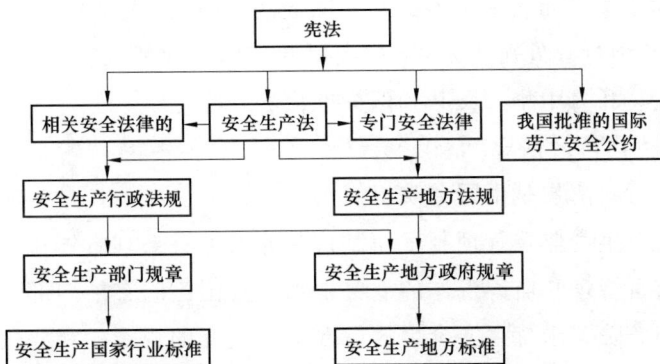

图1-1　安全生产法律法规体系层级示意图

（一）　宪法

《宪法》是安全生产法律体系框架的最高层级，"加强劳动保护，改善劳动
条件"，是有关安全生产方面最高法律效力的规定。

（二）　安全生产方面的法律

1. 基础法

我国有关安全生产的法律包括《中华人民共和国安全生产法》（以下简称
《安全生产法》）和与它平行的专门法律和相关法律。《安全生产法》是综合规
范安全生产行为、调整安全生产法律关系的法律，它适用于所有生产经营单
位，是我国安全生产法律法规体系的核心。

2. 专门法律

专门安全生产法律是规范某专业领域安全生产行为的法律，我国在专业领
域的法律有《中华人民共和国职业病防治法》《中华人民共和国矿山安全法》
《中华人民共和国突发事件应对法》《中华人民共和国消防法》和《中华人民共
和国通路交通安全法》等。

3. 相关法律

与安全生产有关的法律是安全生产专门法律以外的涵盖有安全生产内容的
其他法律，如《中华人民共和国劳动法》《中华人民共和国建筑法》《中华人民
共和国煤炭法》《中华人民共和国铁路法》《中华人民共和国民用航空法》《中

华人民共和国工会法》《中华人民共和国全民所有制企业法》《中华人民共和国乡镇企业法》《中华人民共和国矿产资源法》等，还有一些与安全生产监督执法工作有关的法律，如《中华人民共和国刑法》《中华人民共和国刑事诉讼法》《中华人民共和国行政处罚法》《中华人民共和国行政复议法》《中华人民共和国国家赔偿法》和《中华人民共和国标准化法》等。

（三） 安全生产行政法规

安全生产行政法规是由国务院组织制订并批准公布的，是为实施安全生产法律或规范安全生产监督管理制度而制订并颁布的一系列具体规定，是我们实施安全生产监督管理和监察工作的重要依据，我国已颁布了多部安全生产行政法规，如《国务院关于特大安全事故行政责任追究的规定》和《煤矿安全监察条例》、《生产安全事故报告和调查处理条例》和《锅炉压力实用管理条例》、《突发事件应对法》等。

（四） 地方性安全生产法规

地方性安全生产法规是指由有立法权的地方权力机关——人民代表大会及其常务委员会和地方政府制订的安全生产的规范性文件，是依法律授权制订的，是对国家安全生产法律、法规的补充和完善，以解决本地区某一特定的安全生产问题为目标，其有较强的针对性和可操作性。如目前我国大部分省（自治区、直辖市）人大制订了《劳动保护条例》或《劳动安全卫生条例》，有26个省（自治区、直辖市）人大制订了《矿山安全法》实施办法。

（五） 部门安全生产规章、 地方政府安全生产规章

根据《立法法》的有关规定，部门规章之间、部门规章与地方政府规章之间具有同等效力，在各自的权限范围内施行。

国务院部门安全生产规章由有关部门为加强安全生产工作而颁布的规范性文件组成，从部门角度可划分为：交通运输业、化学工业、石油工业、机械工业、电子工业，冶金工业、电力工业、建筑业、建材工业、航空航天业、船舶工业、轻纺工业、煤炭工业、地质勘探工业、农村和乡镇工业、技术装备与统计工作、安全评价与竣工验收、劳动保护用品、培训教育、事故调查与处理、职业危害、特种设备、防火防爆和其他部门等。部门安全生产规章作为安全生产法律法规的重要补充，在我国安全生产监督管理工作中起着十分重要的作用。

地方政府安全生产规章一方面从属于法律和行政法规，另一方面又从属于地方法规，并且不能与他们相抵触。

（六） 安全生产标准

安全生产标准是安全生产法律体系中的一个重要组成部分，是安全生产管理的基础和监督执法工作的重要技术依据。安全生产标准大致分为设计规范类，安全生产设备、工具类，生产工艺安全卫生类，防护用品类四类标准。

（七） 已批准的国际劳工安全公约

国际劳工组织自 1919 年创立以来，一共通过了 185 个国际公约和为数较多的建议书，这些公约和建议书统称国际劳工标准，其中 70% 的公约和建议书涉及职业安全卫生问题。我国政府为国际性安全生产工作已签订了国际性公约，当我国安全生产法律与国际公约有不同时应优先采用国际公约的规定（除保留条件的条款外）。目前我国政府已批准的公约有 23 个，其中 4 个是与职业安全卫生相关的。

二、安全生产法律法规的作用

1. 为保护劳动者的安全健康提供法律保障

我国的安全生产法规是以搞好安全生产、工业卫生、保障员工在生产中的安全、健康为目的的。它从管理上规定了人们的安全行为规范，也从生产技术上、设备上规定实现安全生产和保障员工安全健康所需的物质条件。多年安全生产工作实践表明，切实维护劳动者安全健康的合法权益，也是按照科学办事，尊重自然规律、经济规律和生产规律，尊重群众，保证劳动者得到符合安全卫生要求的劳动条件。

2. 加强安全生产的法制化管理

安全生产法规是加强安全生产法制化管理的章程，很多重要的安全生产法规都明确规定了各个方面加强安全生产、安全生产管理的职责，推动了各级领导特别是企业领导对劳动保护工作的重视，把这项工作摆上领导和管理的议事日程。

3. 指导和推动安全生产工作，促进企业安全生产

安全生产法规反映了保护生产正常进行、保护劳动者安全健康所必须遵循的客观规律，对企业搞好安全生产工作提出了明确要求。同时，由于它是一种法律规范，具有法律约束力，要求人人都要遵守，这样，它对整个安全生产工作的开展具有用国家强制力推行的作用。

4. 推进生产力的提高，保证企业效益的实现和国家经济建设事业的顺利发展

安全生产是企业十分关切，关系到他们切身利益的大事，通过安全生产立法，使劳动者的安全健康有了保障，员工能够在符合安全健康要求的条件下从事劳动生产，这样必然会激发他们的劳动积极性和创造性，从而促使劳动生产率的大大提高。同时，安全生产技术法规和标准的遵守和执行，必然提高生产过程的安全性，使生产的效率得到保障和提高，从而提高企业的生产效率和效益。

安全生产法律、法规对生产的安全卫生条件提出与现代化建设相适应的强制性要求，这就迫使企业领导在生产经营决策上，以及在技术、装备上采取相应措施，以改善劳动条件、加强安全生产为出发点，加速技术改造的步伐，推动社会生产力的提高。

在我国现代化建设过程中，安全生产法规以法律形式，协调人与人之间、人与自然之间的关系，维护生产的正常秩序，为劳动者提供安全、健康的劳动条件和工作环境，为生产经营者提供可行、安全可靠的生产技术和条件，从而产生间接生产力作用，促进国家现代化建设的顺利进行。

三、从业人员的权利、义务和责任

（一）权利

1. 劳动合同保障权

生产经营单位与从业人员订立的劳动合同，应当载明有关保障从业人员劳动安全、防止职业危害的事项，以及依法为从业人员办理工伤保险的事项。生产经营单位不得以任何形式与从业人员订立协议，免除或者减轻其对从业人员因生产安全事故伤亡依法应承担的责任。

2. 危险、有害因素的知情、建议权

生产经营单位的从业人员有权了解其作业场所和工作岗位存在的危险因素、防范措施及事故应急措施，有权对本单位的安全生产工作提出建议。

3. 批评、检举、控告权和拒绝权

从业人员有权对本单位安全生产工作中存在的问题提出批评、检举、控告；有权拒绝违章指挥和强令冒险作业。生产经营单位不得因从业人员对本单位安全生产工作提出批评、检举、控告或者拒绝违章指挥、强令冒险作业而降低其工资、福利等待遇或者解除与其订立的劳动合同。

4. 紧急情况下停止作业的紧急避险权

从业人员发现直接危及人身安全的紧急情况时，有权停止作业或者在采取可能的应急措施后撤离作业场所。生产经营单位不得因从业人员在紧急情况下停止作业或者采取紧急撤离措施而降低其工资、福利等待遇或者解除与其订立的劳动合同。

5. 事故人身损害赔偿权

因生产安全事故受到损害的从业人员，除依法享有工伤保险外，依照有关民事法律尚有获得赔偿的权利的，有权向本单位提出赔偿要求。按《民法通则》第119条规定：侵害公民身体造成伤害的，应当赔偿医疗费、因误工减少的收入、残疾者生活补助等费用；造成死亡的，应支会丧葬费、死者生前抚养的人的必要生活费等费用。具体赔付标准在《民法通则》中作了具体详细的规定。

6. 获得符合国家标准或者行业标准劳动防护用品的权利

为从业人员提供劳动防护用品，这是保障从业人员人身安全健康的重要措施，是确保人身安全健康的最后一道防线，也是保障生产经营单位安全生产的重要手段。为此，生产经营单位必须为从业人员提供符合国家标准或者行业标准的劳动防护用品，并监督、教育从业人员按照使用规则佩戴、使用。

生产经营单位不得折合现金发放，不得提供价廉质次不符合国家标准的防护用品，不得超期使用。应当建立健全防护用品的购买、验收、保管、发放、更新、报废等管理制度。

7. 获得安全生产教育和培训的权利

生产经营单位应当对从业人员进行安全生产教育和培训，保证从业人员具备必要的安全生产知识，熟悉有关的安全生产规章制度和安全操作规程，掌握本岗位的安全操作技能，了解事故应急处理措施，知悉自身在安全生产方面的权利和义务。未经安全生产教育和培训合格的从业人员，不得上岗作业。对从业人员的安全教育有：三级教育（即入厂教育、车间教育和岗位教育），调岗、转岗教育，复工教育，采用新技术、新工艺、新材料、新设备进行专门培训教育。

（二）　义务和责任

从业人员在享有以上安全生产的权利的同时，在生产劳动过程中必须履行相应的义务。

1. 在作业过程中应当遵守安全生产规章制度和操作规程，服从管理

生产经营单位的安全生产规章制度是企业规章制度的重要组成部分。生产经营单位的安全生产管理方面的规章制度包括安全生产责任制、安全技术措施管理、安全生产教育、安全生产检查、伤亡事故报告、各类事故管理、劳动保护设施管理、安全生产奖惩办法、劳动防护用品的发放管理办法等。安全操作规程是指在生产活动中，为消除能导致人身伤亡或造成设备、财产破坏以及危害环境而制订的具体技术要求和实施程序的统一规定。生产经营单位的安全生产规章制度是保证劳动者的安全和健康，保证生产活动顺利进行的手段，没有健全和严格执行的安全生产规章制度，企业的安全生产就没有保障。因此，从业人员要充分认识严格遵守本单位的安全生产规章制度和操作规程重要性，树立安全第一的思想，服从管理，以避免事故的发生。这样才能保证生产经营单位的活动安全、有序地进行。

如果从业人员因违反本单位的安全生产规章制度和操作规程造成伤亡事故及经济损失，要承担相应的经济和行政责任，情节特别严重的还要追究刑事责任。

2. 在作业过程中，应当正确佩戴和使用劳动防护用品

劳动防护用品是指劳动者在劳动过程中为免遭或减轻事故伤害或职业危害所配备的防护装备。劳动防护用品是保护从业人员安全和健康所采取的必不可少的辅助措施，它区别于劳动保护的根本措施。从一定意义上讲，它是从业人员防止职业毒害和伤害的最后一项有效的措施。因此，在生产过程中，从业人员应按照劳动防护用品使用规则和防护要求正确使用防护用品。

3. 从业人员应当接受安全生产教育和培训

安全生产教育和培训是控制人的不安全行为的有效方法，是安全生产管理工作中的一个重要组成部分，是提高从业人员安全素质和自我保护能力，防止事故发生，保证安全生产的重要手段。从业人员应当有主动接受安全生产教育和培训的意识。

安全教育培训的基本内容包括安全意识、安全知识和安全技能教育。安全意识教育是安全教育的重要组成部分，是搞好安全生产的关键环节。它包括思想认识教育和劳动纪律教育两方面内容，从业人员通过思想认识教育要提高对劳动保护和安全生产重要性的认识，奠定安全生产的思想基础。劳动纪律教育

是提高企业管理水平和安全生产条件，减少工伤事故，保障安全生产的必要前提。从业人员接受安全知识教育是提高其安全技能的重要手段，其内容包括电网企业安全生产概论、现场作业安全知识、安全工器具常识、消防与交通安全知识、电网企业生产事故及预防、违章与反违章、现场急救与逃生基本常识、安全技术操作规程等。安全技能教育是员工运用安全知识的必要途径，其内容包括作业项目风险辨识及评估和控制、专业安全操作、安全工器具使用和维护、作业现场组织、现场监护、违章识别、事故预防和应急处理等。

企业主要负责人、安全生产管理人员、特种作业人员应由取得相应资质的安全培训机构进行培训，并持证上岗。

4. 发现事故及时报告与应急处置

从业人员发现事故隐患或者其他不安全因素，应当立即向现场安全生产管理人员或者本单位负责人报告，接到报告的人员应当及时予以处理。

在生产过程中发生伤亡事故后，负伤者或者事故现场有关人员应当直接或者逐级报告单位负责人。报告内容包括发生事故的单位、时间、地点、伤亡情况等，员工应迅速抢救伤员，并相互协助撤离到安全地带。如有可能，要尽力抢救国家财产，以免造成太大的损失。

另外，要保护好事故现场，任何人不得擅自移动和取走现场物件。

第三节　电网企业安全生产法规制度

一、电网企业生产特点

电力安全生产与其他行业的安全生产有相同之处，也有独到之处，电力行业的专属性决定了他的安全生产的特点。电力安全生产存在高危性、同时性、基础性、公用性、系统性、技术资金密集性的特点。

（1）高危性（从危险源分析）：工业环境中高低压电、转动机械、高温、特高压、高空作业、化学有毒物质、锅炉压力容器、易燃易爆物品等危险源都大量存在，是高安全风险的行业。

（2）同时性（从电力生产过程分析）：电力生产、销售、使用是同时完成的。

（3）基础性（从电力的地位分析）：电力是国民经济的基础、人民生活的基础。

（4）公用性（从电力的作用分析）：各行各业，每一个家庭都离不开电力。

（5）系统性（从电力的影响面分析）：电力的系统性很强。电网是系统性的，电网中的任何一个节点、一条线路故障都可能酿成电网事故。工作是系统性的，任何环节出差错都可能酿成电网事故。

（6）技术、资金密集性（从装备分析）：由于电力是资金和技术密集性产业，电力设备价格昂贵，一台主变都要大几百万、上千万，一台开关几十万、上百万。

由于以上几个特殊性，电网事故速度快、影响面大、后果严重。大的电网事故可能造成几个省的全部停电，进而带来政治、经济混乱，甚至危及国防，而且大电网事故从开始发生到电网崩溃，一般只要几分钟甚至几秒钟。大电网事故的灾难性后果在国外已有很多例子。2003年"8·14"美加大停电，美国东北部部分地区以及加拿大东部地区出现的大范围停电。这是北美历史上最大范围的停电，停电范围约为240万平方公里，其中美国八个州约70万平方公里、加拿大的安大略省约170万平方公里，受影响的居民人数共计6千万。事故发生时，瞬时停电用户总计2800万千瓦，共损失负荷6180万千瓦。同时，还造成约100个发电厂停止运行，其中包括22个核电站被迫停止运行，29个小时后主要停电区域才恢复供电。停电事故所造成的经济损失每天可能多达300亿美元，大面积停电事故所造成的巨大经济损失和社会影响是十分明显的。

目前，我国电力工业已经步入以"大机组、大电网、特高电压、高度自动化"为主要特点的新阶段，只有掌握了解电力安全生产的特点，并高度重视，防患于未然，才能为国民经济和社会发展提供质量可靠的能源资源，为人民群众提供安全优质的电力和服务。

二、电网企业安全生产的重要性

电网企业安全生产的重要性是由电力生产、电力基本建设、电力多种经营的客观规律和生产特性及社会作用决定的。随着电力工业迅速发展、电力体制改革和市场化进程加快，电力安全生产的重要性更加突出，电网企业安全生产的重要性有以下几个方面。

（1）电力安全生产影响各行各业和社会稳定。电力工业是国民经济的基础产业，是具有社会公用事业性质的行业。它为各行各业（如工业、农业、国防、交通、科研）提供电力，为人民的日常生活提供电力，如果供电中断，特别是电网事故造成大面积停电，将使各行各业的生产停顿或瘫痪，有的还会产生一系列次生事故，带来一系列次生灾害。另外，供电中断或大面积停电，会给社会和人民生活秩序带来混乱，甚至造成社会灾难，造成极坏的政治影响。因此，电力安全生产关系到国家人民生命财产安全，关系到人民群众的切身利益，关系到国民经济健康发展，关系到人心和社会的稳定。

（2）电力安全生产影响电力企业本身。安全是电力生产的基础，如果一个电厂经常发生事故，就不可能做到满发稳发和文明生产，如果系统经常发生事故，系统中的发电厂和变电站都不能正常运行，使电力生产和输配电处于混乱状态，因此电力企业本身需要安全生产。

没有安全生产，就没有效益。电网企业的生存与发展，必然要求产生经济效益，如果电网企业的安全生产做不好，必然减少发供电并增加各种费用的支出，其结果是成本上升，效益下降，因此，搞好安全生产是提高经济效益的基础。

（3）电力生产的特点需要安全生产。由发电厂生产的电能经升压变电站、输电线路、降压变电站、配电线路送到用户，组成了产、供、销统一的庞大的整体。目前电能尚不能大规模储存，因此，产、供、销是同时进行的，电力的生产、输送、使用一次性同时完成并随时处于平衡。电力生产的这些内在特点决定了电力生产的发、供、用必须有极高的可靠性和连续性，任何一个环节发生事故，都可能带来连锁反应，造成人身伤亡、设备损坏或大面积停电，甚至造成全网崩溃的灾难性事故。因此，电能生产的内在特点需要安全生产。特别是目前的电网已是大机组、大电厂、大容量、特高压、高度自动化的电网，对安全生产提出了更新、更高的要求，安全生产就显得更加重要。

（4）电力生产的劳动环境要求安全生产。电网企业生产的劳动环境有几个明显的特点：①电气设备多；②易燃、易爆和有毒物品较多；③旋转机械较多；④特种作业多。这些特点表明，电网企业生产的劳动条件和环境相当复杂，本身潜伏着诸多不安全因素，潜在的危险性大，这些都构成了对员工人身安全的威胁。因此，工作中稍有疏忽，潜在的危险会转化为人身事故、电网事故、设备事故，电网企业生产环境要求我们对安全生产要高度重视。

三、电网企业安全生产的法规制度体系

由于电网企业的安全生产特点及重要性，决定了电网企业需建立健全法规

制度体系。电力安全生产的规程制度是电力生产科学规律的客观反映，是根据国家颁发的各种法规性文件和上级管理机关的要求制订的，也是设备系统设计制造技术要求的体现，是生产实践经验的总结和积累。它包括工艺技术、生产操作、劳动保护、劳动管理等方面的规程、规则、条例、办法和制度，它规定了电网企业员工在电力生产过程中，哪些是合法的，哪些是必须做和可以做的，哪些是违法的，哪些是禁止做和不可以做的。规程制度是电力生产建设中的行为规范和准则，具有法律效力。

电力生产在实践中已形成了一套比较完善的规程制度，需要我们严格认真地贯彻执行，否则就可能造成事故。在实际的生产过程中，由于这样或那样的原因，对安全工作要求不严，规程制度执行松弛，违章指挥，违章作业，违反劳动纪律，冒险蛮干等现象已造成过许多伤亡事故和财产损失，教训极为深刻。因此，必须加强对干部员工的安全教育和宣传，在干部员工中形成一个共识：电力规章制度是保障电力生产建设、确保安全经济运行的重要制度，遵章守纪是每一个电力员工的职业责任，必须严格遵守，不能自行其是。

电网企业要严格执行国家及电力行政主管部门制订和颁布的有关安全生产的各项规程和制度。要严肃劳动纪律，严格要求，严格管理，对违反规章制度者，必须及时制止并进行处理，做到安全文明施工，安全文明生产。

电网企业安全生产的法规制度体系由三个层次构成。

(1) 法律法规。这一层次的安全法规是电力安全通用法，法律效力最高，主要由全国人大、专门立法会议颁布的根本大法和一些权威性较高的一般法组成。《中华人民共和国安全生产法》《中华人民共和国电力法》《中华人民共和国道路交通安全法》《电力设施保护条例》《中华人民共和国合同法》《危险化学品安全管理条例》《生产安全事故报告和调查处理条例》《电力安全事故应急处置和调查处理条例》等。

(2) 规程规范。这一层次的安全法规主要根据通用基本法授权制订发布处理电力安全技术问题的技术性法规，或根据法律发布的强制性电力安全技术标准。它是对第一层次的法律法规的技术性补充和对第一层次中的法律法规的一种权威性的解释。如《1000kV 架空输电线路设计规范》《110kV—500kV 架空电力线路施工及验收规范》《电力工程电力设计规范》《电力行业紧急救护技术规范》《电力系统设计技术规程》《农村电力网规划设计导则》等。

（3）规章制度。这一层次的电力安全法规主要是由地方政府与电力企业制订的电力安全生产规章、制度组成。由于考虑到许多电力安全技术细节问题以及具体的执行办法，所以在制订时需要产业部门和法律部门的共同协调。如《安全工作规定》《安全生产工作奖惩规定》《安全生产职责规范》《电力生产事故调查规程》《安全技术劳动保护七项重点措施》《电力安全工作规程》等。

第四节　电网企业安全生产管理

电网企业安全生产是一项复杂的系统工程，是一项法规性、政策性和技术性很强的工作，必须通过全面、全员、全方位、全过程的安全管理，才能保证安全生产。电网企业安全生产管理包括安全生产组织体系和安全生产工作体系，安全生产工作体系是以安全生产组织体系为执行主体，以电网、企业、作业活动等为管理对象，整体提高安全工作水平。因此，安全管理实质上就是通过不断健全安全组织体系、完善安全工作机制、细化事故预防和应急措施，从而达到防止事故并减少事故损失的目的。

一、安全生产组织体系

安全生产组织体系由安全生产保证体系和安全监督体系组成，为达到安全生产的目的而工作，因各自工作的特点不同，两个体系发挥各自的作用，并密切配合共同保证安全目标的实现。安全保证体系主要是形成以行政正职是第一安全责任者为核心的，各副职、各职能部门、管理部门、各专业班组、各岗位都有明确的安全生产责任制，分级控制、分级把关，严格按规章制度办事，协调动作。安全监督体系是以规章制度为准绳，实行企业内部的监督，包括日常生产性监督、专业监督及事故发生后的监督等。因此，这两个体系是不能相互代替的。

（一）安全保证体系

安全生产保证体系就是企业为了安全生产的目的，利用系统工程的理论，把从事企业生产的有关人员、设备进行有机地组合，并使这种组合在企业生产的全过程中进行合理的运作，在保证安全的各个环节上发挥最大的作用，从而在完成生产任务的同时，确保生产的安全。安全保证体系对业务范围内的安全工作负责。

安全生产保证体系包含三个因素，即人、设备、手段。安全管理的主要对象是人，规范人在生产活动中的行为，保证人与设备之间正常运作是必要的手段。因此，在企业中首先应造就一支高素质的员工队伍，这支队伍应具备高度的事业心、强烈的责任感、娴熟的业务技能、严格的组织纪律、听从指挥的优良品质。其次，根据生产的客观环境及规律，借鉴历史的经验与教训，制订若干的法规、规程、制度、办法等，用它们来约束、指导和规范人们在生产中的所有行为。具备了上述条件就一定会把三个因素中的设备因素治理好、管理好，保障设备的安全，发挥设备的最大效能，使安全生产得到全面切实的保证。安全生产保证体系的建立，是适应高新技术广泛应用的现代企业管理的需求，也是适应社会主义市场经济环境的需要。

安全生产保证体系是企业生产活动的主体要素，在企业管理全过程中发挥着重要作用。通过一些企业的研究和实践，安全生产保证体系内容基本可由决策指挥保证系统、执行运作保证系统、规章制度保证系统、安全技术保证系统、设备管理保证系统等五个系统来概括。五个保证系统相互联系、相互作用，各有特点，形成一个有机整体。

1. 决策指挥保证系统

决策指挥保证系统是安全生产保证体系的核心，在整个保证体系中起到至关重要的作用。该系统包括了三个方面的系统要素：一是正确决策指挥要素，实施安全目标管理。主要通过"安全目标制订、安全目标控制、安全目标考核"体现决策系统要素的核心保证作用，从而强调企业决策指挥系统的重要性。二是实施严格考核手段，发挥激励机制作用。主要突出方法、手段作用，强调激励效应，特别应注意体现人的价值。三是督促制订企业员工的职业安全培训计划，大力组织安全竞赛，提高员工的安全素质。

2. 执行运作保证系统

执行运作保证系统是安全生产保证体系的基础，处于生产的最前沿位置，无论是正确的决策，还是先进技术装备的作用，都必须通过该系统来落实。在该系统中要掌握三个系统要素的内容：一是班组安全机制建立与运转，主要强调班组的安全建设的组织机制、"以人为本，从严管理"的机制、规范化班组安全管理机制，通过三个机制使班组安全建设达到有效运转。二是实施准军事化管理和开展标准化作业，严格现场管理，有针对性地强化安全纪律，对习惯性违章进行有效地治理，是现场行之有效的管理形式。三是开展安全技术培训，提高技术水平和防护能力，按照分层次、分专业、现场岗位等培训，确保培训标准化、规范化。

执行运作保证系统各要素中，实行准军事化管理和开展标准化作业是执行运行保证系统的主要手段。通过实践，将准军事化管理、标准化作业与现场作业的具体内容和方法相结合，并能运用自如，是整个保证体系发挥现场有效运作的重要保证。

3. 规章制度保证系统

规章制度保证系统是安全生产保证体系的根本。要实现电力安全生产，避免事故发生，最起码的看家本事就是一丝不苟，不走样地认真执行各项安全规程、标准和相关的安全制度。只有长期严格地执行规章制度，才能形成安全生产的法制化管理。在规章制度保证系统中要掌握三个系统要素：一是健全规章制度，实现法制管理，强调规章制度关键在"健全"和"执行"上。二是反习惯性违章，实现"四不伤害"，该要素通过具体分析习惯性违章产生的原因、造成的危害，明确反习惯性违章的有效措施、做法。三是坚持"四不放过"，杜绝事故重演，重点强调科学分析，清楚事故原因，认真吸取教训，采取有效防范措施。

规章制度保证系统是整个安全生产保证体系的理论依据，是从事电力安全生产人员和作业人员的法宝，要求对该保证系统应认真全面掌握。

4. 安全技术保证系统

安全技术保证系统是安全生产保证体系的重要组成部分，该系统要发挥极其重要的作用，其中要抓住系统的三个要素：一是加强技术监督与技术管理、巩固安全管理基础工作，确保设备健康运行。二是加大科学进步力度，努力实现安全技术现代化。通过对该要素充分理解，以加大科技含量投入为突破口，使安全生产不断上新档次。三是加强安全信息工作，建立闭环信息反馈系统，该要素强调控制手段和信息反馈调控能力，促进安全生产良性循环。

5. 设备管理保证系统

设备管理保证系统是安全保证体系的关键，在电网企业中，设备是主要的生产元素，也是安全生产的重要保证。该系统有三个重点要素：一是有计划地实施电网改造和优化，提高系统安全稳定运行水平。二是落实反措计划，强化设备治理，提高设备完好率。三是加强设备全寿命周期管理，提高设备管理水平。在三个要素中电网改造和优化、设备治理、监测手段、智能化技术的应用是提高设备可靠性的重要保证。只有抓住设备管理保证系统重点环节，才能提高设备运行可靠性，确保设备的安全运行，电网安全才能落到实处。

安全生产保证体系通过发挥各系统保证作用和相互协调作用，把管结果变为管因素、管过程，从而建立起适应企业生产环境的保证机制，形成集约化管理保证体系。

（二） 安全监督体系

安全监督体系由安全生产监察体系演变而来，为了适应电力工业的发展和体制改革及转换经营机制的需要，经历了一个从初步认识到逐渐发展到深刻认识的过程，现已形成了相对独立的安全监督体系，安全监督体系负责安全工作的综合协调和监督管理。

电网安全生产工作实施内部监督，根据资产和管理关系，实行上级对下级的安全生产监督。各单位安全生产除接受公司系统内部监督外，还应接受所在地安全生产监督管理部门以及行业安全生产监督管理部门的监督管理。

1. 安全监督管理机构

安全监督管理机构是安全工作的综合管理部门，对其他职能部门和下级单位的安全工作进行综合协调和监督。各级安全监督管理机构业务上受上级安全监督管理机构的领导，机构的配置及人员的资格接受上级安全监督管理机构的审查，通常安全监督管理机构由行政正职主管。安全监督管理机构应满足以下基本要求：①从事安全监督管理工作的人员符合岗位条件，人员数量满足工作需要。②专业搭配合理，岗位职责明确。③配备监督管理工作必需的装备。

2. 安全监督管理的网络

省电力公司级单位及其所属的地（市）供电公司、省检修（分）公司、发电企业、施工单位、煤矿企业、省电力公司级单位直属集体企业和县级供电公司，应独立设立安全监督管理机构。

省电力公司级单位所属的省电力科学研究院、省经济技术研究院、信通（分）公司、物资供应公司、培训中心、综合服务中心等直属单位，基层单位所属的业务支撑和实施机构，以及各级建设、营销、调控中心等部门，应设专职或兼职安全员。

基层单位业务支撑和实施机构所属的班组应设专职或兼职安全员。

3. 安全监督管理机构的职责

贯彻执行国家和上级单位有关规定及工作部署，组织制订本单位安全监督管理方面的规章制度，牵头并督促其他职能部门开展安全性评价、隐患排查治理、安全检查和安全风险管控等工作，积极探索和推广科学、先进的安全管理方式和技术；参加和协助本单位领导组织事故调查，监督"四不放过"（即事故原因未查清不放过、责任人员未处理不放过、整改措施未落实不放过、有关人员未受到教育不放过）原则的贯彻落实，完成事故统计、分析、上报工作并提出考核意见；对安全做出贡献者提出给予表扬和奖励的建议或意见；参与电网规划、工程和技改项目的设计审查、施工队伍资质审查和竣工验收以及有关科研成果鉴定等工作。

监督本单位各级人员安全责任制的落实；监督各项安全规章制度、反事故措施、安全技术劳动保护措施和上级有关安全工作要求的贯彻执行；监督涉及电网、设备、设施安全的技术状况，涉及人身安全的防护状况；对监督检查中发现的重大问题和隐患，及时下达《安全监督通知书》，限期解决，并向主管领导报告；监督建设项目安全设施与职业卫生设施"三同时"（与主体工程同时设计、同时施工、同时投入生产和使用）执行情况；监督劳保用品、安全工器具、安全防护用品的购置、发放和使用。

安全监督管理机构有责任分析安全工作存在的突出和重大问题，向主管领导汇报，并积极向有关职能部门提出工作建议。

二、安全生产工作体系

安全生产工作体系由安全风险管理体系、应急管理体系、事故管理体系构成，以电网、企业、作业活动等为管理对象，反映安全管理全过程要求，指导安全管理和工作机制，整体提高安全工作水平。

（一）安全风险管理体系

安全管理的实质是风险管理，安全风险管理体系针对电网、设备和环境所存在的可能引起安全生产事故的隐患、缺陷和问题，按照风险识别（分析）、风险预警、风险控制（整改、治理）、评估与改进等环节，有效组织安全性评价、隐患排查治理、年度方式分析、安全检查等工作，系统辨识安全生产风险，落实整改治理措施，并通过 PDCA 循环模式，梳理工作流程、明确主要工作要求和措施，实现安全风险的超前分析和流程化控制，达到"管理规范、责任落实、闭环动态、持续改进"的安全风险管理工作机制。

电网企业按不同层次、不同专业建立安全风险管理体系，明确各单位、各部门的职责，统筹实施安全性评价、隐患排查治理、年度方式分析、安全检查等工作，形成持续改进的工作机制。

1. 风险识别

风险识别是在电网生产运行过程中，对电网、设备和环境所存在的可能引起安全生产事故的隐患、缺陷和问题的查找和辨识，通过开展安全性评价、隐患排查、年度方式分析、安全检查等工作，系统排查和梳理电网、设备和生产环境中存在的安全隐患和问题，并对问题和隐患进行分析评估，以确定风险来源、风险特征、风险等级、风险后果等，建立风险识别和评估机制。

（1）安全性评价是综合运用安全系统工程方法对系统安全性进行度量预测，对系统危险进行定性和定量分析，确认系统发生危险的可能性及其严重程度，提出措施，寻求最低的事故率、最小的事故损失和最优的安全投资效益。安全性评价的主要目的是：预防电力生产设备、电网事故，大幅度减少以至消灭恶性频发事故。主要侧重面在于设备、电网安全，评价内容包含了电网和设备安全两个方面，也兼顾安全管理和劳动作业环境的评价，基本涵盖了企业生产管理的全过程，具有相当的广度和深度。通过评价，企业安全上存在的风险基本能够客观地反映出来。

公司的安全性评价主要依据各专业评价标准，对电网安全生产的各个环节、各个方面，系统梳理识别存在的问题和隐患，全面评估各专业领域安全风险，确定风险等级（重大问题、一般问题），并制订了落实治理方案和措施。同时，评价标准也随生产发展和技术进步及时进行修订，并结合实际对评价标准所列项目和内容进行适当补充和调整，对上一轮评价中发现的重大问题及整改措施纳入本轮评价之中。

目前公司已开展了输电网安全性评价、城市电网安全性评价、电网调度系统安全生产保障能力评估、水（火）电厂安全性评价、升压站安全性评价、设备评估等。此外，还开展针对施工企业的安全性评价，公司安全性评价工作基本涵盖了电网企业的全部安全生产基础管理工作。

（2）隐患排查治理针对各专业领域全面开展，通过发现识别事故隐患，确定事故隐患等级，落实制订治理措施，实现从发现到消除的闭环管理。

事故隐患是指安全风险程度较高，可能导致事故发生的作业场所、设备设施、电网运行的不安全状态、人的不安全行为和安全管理方面的缺失。根据可能造成的事故后果，事故隐患分为重大事故隐患和一般事故隐患两个等级。重大事故隐患是指可能造成人身死亡事故，重大及以上电网、设备事故，由于供电原因可能导致重要电力用户严重生产事故的隐患；一般事故隐患是指可能造成人身重伤事故，一般电网和设备事故的隐患。事故隐患排查治理按照"谁主管、谁负责"、"全方位覆盖、全过程闭环"的原则，通过预评估、评估、核定三个步骤，确定事故隐患等级，由各级岗位人员按照发现、评估、报告、治理、验收、销号的工作流程，实施隐患闭环管理。把隐患排查治理贯彻落实到规划、建设、生产、运行、检修、营销和信息管理等各环节，确保电网和设备的运行安全。

结合日常工作常态开展隐患排查，及时发现、上报和治理事故隐患，鼓励基层和一线人员"多发现、多整改"隐患。对排查出的事故隐患进行分类、评估、定级，对确认的重大危险源及时登记建档和备案。对隐患的发现、评估、治理、验收进行全过程动态监控，实现"一患一档"管理。企业应结合年度基建、技改、大修项目，制订隐患整改计划，保证隐患治理责任、措施、资金、期限、预案"五落实"。

（3）年度安全分析是结合生产运行实际需求，对下年度电网运行风险进行分析预测，从电网规划、电网建设、生产运行、技术改造、电力交易等方面，提出完善电网运行的措施和建议。

公司各级单位应开展电网2～3年滚动分析校核及年度电网运行方式分析工作，全面评估电网运行情况、安全稳定措施落实情况及其实施效果，分析预测电网安全运行面临的风险，组织制订专项治理方案，保证各环节有效衔接、闭环运转。①以年度方式为指导，滚动修正季度、月度运行方式，有序组织各项基建、技改及生产工作，提高电网运行方式的适应性。②开展月度计划、周计划电网运行方式分析工作，评估临时方式、过渡方式、检修方式的电网风险，建立风险预警平台，分级落实电网风险控制的技术措施和组织措施。③明确相关责任部门在年度方式编制、实施中的职责，确保及时准确提供次年电网基础数据，保证年度方式分析的全面性和准确性。④规划设计部门、营销部门、生产技术部门、调度部门按规定开展年度方式计算分析。⑤要高度重视年度运行方式分析汇报中提出的重大问题和措施建议，组织制订专项方案，并将专项方案和相关措施纳入本单位电网规划、建设、技改等年度工作计划，落实责任部门、项目实施、资金来源和完成时间。

（4）安全检查工作是按照"自查、互查、督查相结合"以及"边检查、边整改"原则，组织开展常规（季节性）安全检查和专项安全检查（督查），如：春、秋季安全大检查；迎峰度夏（冬）、重要活动保电安全检查；反违章、隐患排查治理、安全专项活动督查；基建、农电、供电、产业、信息等专业安全检查。按照"制订检查大纲、组织实施检查、通报检查情况、督促落实整改"环节，实施安全检查的闭环管理。

安全检查是督促安全工作落实的重要方法，应逐级落实安全责任，突出安全检查的实效性和针对性，规范安全检查的组织、实施、通报和问题整改。安全检查应坚持边查边改，对检查发现的问题，及时告知被查单位，要求落实整改；必要时下达整改通知书，限期落实整改。检查结束后形成检查情况通报，总结好的做法和经验，指出存在的问题和不足，提出整改意见和建议。

2. 风险预警

在电力生产活动中，针对不同级别、类别的危险源和不同程度的安全风险，采用定性、定量的评价方法，确定安全风险等级，并根据风险等级，建立与之对应的风险预警和跟踪机制。风险预警内容依据电网企业安全工作的总体目标规定。

（1）公司系统：防止人身死亡、大面积停电、大电网瓦解、主设备严重损坏、电厂垮坝、水淹厂房、重大火灾、煤矿透水、瓦斯爆炸、其他对公司和社会造成重大影响的事故（事件）。

（2）省公司级单位：不发生人身死亡事故；不发生一般及以上电网、设备事故；不发生重大火灾事故；不发生五级信息系统事件；不发生煤矿重大及以上非伤亡事故；不发生本单位负同等及以上责任的特大交通事故；不发生其他对公司和社会造成重大影响的事故（事件）。

（3）地市公司级单位：不发生重伤及以上人身事故；不发生五级及以上电网、设备事件；不发生一般及以上火灾事故；不发生六级及以上信息系统事件；不发生煤矿较大及以上非伤亡事故；不发生本单位负同等及以上责任的重大交通事故；不发生其他对公司和社会造成重大影响的事故（事件）。

（4）县公司级单位：不发生五级及以上人身事故；不发生六级及以上电网、设备事件；不发生一般及以上火灾事故；不发生七级及以上信息系统事件；不发生煤矿一般及以上非伤亡事故；不发生本单位负同等及以上责任的重大交通事故；不发生其他对公司和社会造成重大影响的事故（事件）。

根据安全性评价、隐患排查、年度方式分析、安全检查等发现的风险，并对风险进行描述，确定风险等级，后果分析，提出整改要求等。通常根据安全风险的大小或危害程度，将其分为重大安全风险、一般安全风险两级。重大安全风险是可能造成人身伤害事故、重大及以上电网和设备事故的风险。一般安全风险是可能造成一般电网和设备事故（故障）的风险。对于一般风险，提出整改意见和要求，定期统计分析整改情况，督促按期整改。对于重大风险，由上级单位挂牌督办，下发整改通知书，督促限期整改。

3. 风险控制

按照管理职责和范围，针对电网、设备和企业安全生产中存在的风险，制订预防措施和整改治理方案，从规划发展、基建工程、技改大修计划等方面，组织实施整改计划，开展安全管理专项行动。对关键环节风险控制过程、控制结果、措施有效性等，组织进行评估。对暂时不能整改的重大问题和隐患，制订落实有效的预防控制措施和应急预案。对需要上级单位和地方政府提供支持的重大问题和隐患的整改治理，及时上报备案。

（1）省公司级单位以防止电网大面积停电作为首要任务，重点防控大面积停电事故风险、重特大人身伤亡事故风险，通过制订本单位安全性评价、隐患排查治理、年度方式分析、安全检查工作计划、职责分工、组织措施，统筹协调推进安全风险管理工作。

（2）职能部门按照"谁主管、谁负责"的原则，负责管理范围内的电网、供电、人身、设备等各类安全风险的辨识、分析和防控工作，组织开展专业安全性评价（评估）、隐患排查治理、年度方式分析、安全检查等工作，落实各自职责和义务。安监部门牵头制订本单位安全工作计划，协调实施安全风险管理工作，监督落实整改治理措施和方案。

（3）供电企业等重点控制人身伤亡、设备损坏、供电中断等事故风险，负责本企业风险管控具体方案和措施，定期通报各类风险的识别（发现）、评估和整改情况，对本企业存在的重大和一般风险承担闭环管理责任。

（4）班组、个人重点控制现场环境中的人身伤害、设备损坏、电网故障等安全风险，做好班组、现场风险评估、预警和控制工作，落实安全性评价、隐患排查、安全检查等具体整改措施和要求，并结合日常工作及时排查、发现、上报安全隐患、缺陷和问题。

作业安全风险管控是侧重于运维、检修、施工等生产作业项目现场的安全风险控制方法，作业安全风险管控主要是以生产计划编制为基础，以作业项目安全风险辨识和风险等级评估预警为核心，以作业安全承载能力分析（包括人员、机具等）为前提，以标准化作业、工作票、操作票、风险控制措施卡等安全组织、技术措施及安全措施为手段进行现场风险控制，要求落实到岗到位。

4. 评估与改进

按照 PDCA 循环模式，对安全性评价、隐患排查治理、年度方式分析、安全检查的形成规范化管理，通过制订完善相关制度，对各阶段工作进行评估、监督和偏差纠正，及时进行总结，落实改进措施，不断改进和提高安全管理工作绩效。

在开展安全风险管理过程中，要加强相关规程、标准、规范、方法的宣贯培训，保障人员素质和专业力量需求，确保风险管理工作扎实有效推进。

（二） 应急管理体系

应急管理的本质是危机管理，是减少事故灾害的影响和损失，达到优化决策的目的。应急管理要基于对突发事件的原因、过程及后果的分析，有效集成社会各方面的资源，对突发事件进行有效的应付、控制和处理。应急管理体系主要包括：应急管理组织体系、应急预案体系、应急管理的运行机制和应急保障等方面。应急管理组织体系是基础，应急管理的运行机制和应急保障是关键，应急预案是前提，它们具有各自不同的内涵特征和功能定位，是应急管理体系不可分割的核心要素。公司建立的是"统一指挥、结构合理、功能实用、运转高效、反应灵敏、资源共享、保障有力"应急体系，从而形成快速响应机制，提升综合应急能力。

1. 应急管理组织体系

2006 年 6 月 15 日发布的《国务院关于全面加强应急管理工作的意见》提出，要"健全分类管理、分级负责、条块结合、属地为主的应急管理体制，落实党委领导下的行政领导责任制，加强应急管理机构和应急救援队伍建设"。2007 年 11 月 1 日起开始施行的《中华人民共和国突发事件应对法》明确规定，"国家建立统一领导、综合协调、分类管理、分级负责、属地管理为主的应急管理体制"。根据规定，公司按照社会危害程度、影响范围等因素，按国家相关规定将突发事件分为特别重大、重大、较大和一般四级。国家无明确规定的，由公司相关职能部门在专项应急预案中确定，或由公司应急领导小组研究决定。

公司各单位有相应的应急领导小组，下设安全应急办公室和稳定应急办公室。根据突发事件类别和影响程度，成立专项事件应急处置领导机构（临时机构），从而形成领导小组决策指挥、办事机构牵头组织、有关部门分工落实、党政工团协助配合、企业上下全员参与的应急组织体系。

突发事件由安全监察质量部门归口管理，负责日常应急管理、应急体系建设与运维、突发事件预警与应对处置的协调或组织指挥、与政府相关部门的沟通汇报等工作。

各职能部门分工负责的应急管理体系，按照"谁主管、谁负责"原则，贯彻落实公司应急领导小组有关决定事项，负责管理范围内的应急体系建设与运维、相关突发事件预警与应对处置的组织指挥、与政府专业部门的沟通协调等工作。

2. 应急预案体系

应急预案体系由总体预案、专项预案、现场处置方案构成，应满足"横向到边、纵向到底、上下对应、内外衔接"的要求。总部、分部、各省（自治区、直辖市）电力公司原则上设总体预案、专项预案，根据需要设现场处置方案。市级供电公司、县级供电企业设总体预案、专项预案、现场处置方案。

总体应急预案是突发事件组织管理、指挥协调、应急处置工作的指导原则和程序规范，是应对各类突发事件的综合性文件。专项应急预案是针对具体的突发事件、危险源和应急保障制订的计划或方案。现场处置方案是针对特定的场所、设备设施、岗位，在详细分析现场风险和危险源的基础上，针对典型的突发事件制订的处置措施和主要流程。

3. 应急管理的运行机制

应急管理的运行机制是根据突发事件不同等级，采取不同的应急预案，但须遵循"以人为本，减少危害；居安思危，预防为主；统一领导，分级负责；把握全局，突出重点；快速反应，协同应对；依靠科技，提高能力"的基本原则。其主要包括：监测与预警、应急处置与救援、恢复与重建工作。

(1) 监测与预警就是通过监测网络，按照早发现、早报告、早处置的原则，预测可能发生突发事件，事发单位应及时向上一级单位行政值班机构和专业部门报告，情况紧急时可越级上报。根据突发事件影响程度，依据相关要求报告当地政府有关部门。

依据突发事件的紧急程度、发展态势和可能造成的危害，及时发布预警信息。公司预警分为一、二、三、四级，分别用红色、橙色、黄色和蓝色标示，一级为最高级别，由相关职能部门在专项应急预案中确定。通过预测分析，若发生突发事件概率较高，有关职能部门应当及时报告应急办，并提出预警建议，经应急领导小组批准后由应急办通过传真、办公自动化系统或应急信息和指挥系统发布。

相关单位接到预警信息后，应当按照应急预案要求，采取有效措施做好防御工作，监测事件发展态势，避免、减轻或消除突发事件可能造成的损害，必要时启动应急指挥中心。根据事态的发展，也可应适时调整预警级别并重新发布。有事实证明突发事件不可能发生、或者危险已经解除，应立即发布预警解除信息，终止已采取的有关措施。

(2) 应急处置与救援在预警信息发布后，应急领导小组办公室或专项事件应急处置领导机构应立即做出响应，进入相应的应急工作状态。同时各部门应依据已发布的预警级别，适时启动相应的突发事件应急处置预案，履行各自所承担的职责。

1) 信息报告是突发事件发生后，各单位突发事件应急领导小组及有关部门应当在进行先期处置的同时，立即逐级向上级报告。信息报告应及时、准确、规范。其报告内容应包括：事件发生的时间、地点、性质、危害程度、等级、采取的措施和后续进展情况等。

2）先期处置是当确认突发事件已经发生时，事发单位及相关部门应立即做出响应，首先是营救受伤被困人员，恢复电网运行稳定，采取必要措施防止危害扩大，并根据相关规定，及时向上级和所在地人民政府及有关部门报告。对因本单位问题引发的、或主体是本单位人员的社会安全事件，要迅速派出负责人赶赴现场开展劝解、疏导工作。

3）应急响应是根据突发事件性质、级别，按照"分级响应"要求，总部、相关分部，以及相关单位分别启动相应级别应急响应措施，组织开展突发事件应急处置与救援。结合公司管理实际，公司各层级应急响应措施一般分为两级。

发生重大及以上突发事件，公司应急领导小组直接领导，或研究成立临时机构、授权相关分部领导处置工作，事发单位负责事件处置；较大及以下突发事件，由事发单位负责处置，总部事件处置牵头负责部门跟踪事态发展，做好相关协调工作。事发单位不能消除或有效控制突发事件引起的严重危害，应在采取处置措施的同时，启动应急救援协调联动机制，及时报告上级单位协调支援，根据需要，请求国家和地方政府启动社会应急机制，组织开展应急救援与处置工作。

4）应急结束是突发事件得到有效控制，危害消除后，公司及相关单位应解除应急指令，宣布结束应急状态。事发单位应积极开展突发事件舆情分析和引导工作，按照有关要求，及时披露突发事件事态发展、应急处置和救援工作的信息，维护公司品牌形象。

（3）恢复与重建是突发事件应急处置工作结束后，各单位要积极组织受损设施、场所和生产经营秩序的恢复重建工作。对于重点部位和特殊区域，要认真分析研究，提出解决建议和意见，按有关规定报批实施。

1）调查评估是突发事件应急管理工作的一个重要环节，公司及相关单位要对突发事件的起因、性质、影响、经验教训和恢复重建等问题进行调查评估，同时，要及时收集各类数据，开展事件处置过程的分析和评估，提出防范和改进措施。

2）恢复重建是恢复正常生产和生活，以未来防灾为目的恢复各种设施，执行注重安全建设的发展计划。公司恢复重建要与电网防灾减灾、技术改造相结合，坚持统一领导、科学规划，按照公司相关规定组织实施，持续提升防灾抗灾能力。

事后恢复与重建工作结束后，事发单位应当及时做好设备、资金的划拨和结算工作。

4. 应急保障

应急保障就是当突发事件发生时，依据应急处置预案的应急响应要求，实施相应的应急预案配套的应急保障行动方案，能提供应急保障所需的相关资源的动态数据库，通过应急状态下的征集调用工作机制，确保应急处置所必需的物资、技术、装备和应急保障职责相应的应急救援专业队伍的能力，从而减少损失或者把损失降低到最低程度。公司应具备必要的综合保障能力，通过各级应急指挥中心、电网备用调度系统、应急电源系统、应急通信系统、特种应急装备、应急物资储备及配送、应急后勤保障、应急资金保障、直升机应急救援等方面内容，顺利开展应急工作。

（1）建立应急指挥平台，以满足各种复杂情况下处置各类突发事件指挥要求。主要包含：有线通信系统、图像监控系统、信息报送系统、地理信息系统和分析决策支持系统、视频会议系统、移动指挥系统等，实现应急指挥系统的智能化和数据化。实现管理归口部门与有关部门之间、与专业技术机构之间的互联互通、信息共享和部门联动。

（2）救援队伍由应急救援基干分队、应急抢修队伍和应急专家队伍组成。应急救援基干分队负责快速响应实施突发事件应急救援；应急抢修队伍承担公司电网设施大范围损毁修复等任务；应急专家队伍为公司应急管理和突发事件处置提供技术支持和决策咨询。

（3）救援装备。各专业部门根据自身应急救援业务需求，采取平战结合的原则，配备先进和充足的装备和器材，建立相应的维护、保养和调用等制度，保障各种相关灾害事件的抢险和救援。按照统一格式标准建立救援和抢险装备信息数据库，并及时维护更新，保障应急指挥调度的准确和高效。

（4）公司各单位在电网规划、设计、建设和运行过程中，应充分考虑自然灾害等各类突发事件影响，持续改善布局结构，使之符合国家预防和处置自然灾害等突发事件的需要。应建立健全突发事件风险评估、隐患排查治理常态机制，掌握各类风险隐患情况，落实防范和处置措施，减少突发事件发生，减轻或消除突发事件影响。分层分级建立相关省电力公司（直属单位）、市级供电公司（厂矿企业、专业公司）、县级供电企业间应急救援协调联动和资源共享机制，应与相关非公司所属企业、社会团体间的协作支援机制，协同开展突发事件处置工作，还应与当地气象、水利、地震、地质、交通、消防、公安等政府专业部门建立信息沟通机制，共享信息，提高预警和处置的科学性，并与地方政府、社会机构、电力用户建立应急沟通与协调机制。公司各单位均应定期开展应急能力评估活动，开展不同层面的应急理论和技能培训，结合实际经常向全体员工宣传应急知识，提高员工应急意识和预防、避险、自救、互救能力，定期组织开展应急演练，加强应急工作计划管理，做好应急专业数据统计分析和总结评估工作，严格执行有关规定，落实责任。

（三）　事故管理体系

事故管理体系是在事故发生后，依据有关法规制度，开展事故调查和责任分析，按照"四不放过"原则，举一反三，采取措施，防范事故再次发生，落实事故责任追究。通过事故的调查研究、统计报告和数据分析，掌握事故的发生情况、原因和规律，针对安全生产工作的薄弱环节，有的放矢地采取避免事故的对策，同时可以使广大员工受到深刻的安全教育，吸取教训，提高遵纪守法的安全自觉性，使企业管理人员提高对安全生产重要性的认识，明确自己应负的责任。还可以为领导机构及时、准确、全面地掌握本系统安全生产状况，发现问题，并作出正确决策，有利于监察、监督和管理部门开展工作，提高安全管理水平。

1. 事故调查

公司系统各单位根据事故等级的不同组织调查，并按要求填写事故调查报告书，上级管理单位可根据情况派员督查。事故的发生是由于人们违背了劳动生产过程的客观规律的结果，但事故本身的发生发展过程却是按照它的必然规律进行的，因此，事故调查也就是人们对事故的发生发展过程的认识和总结。事故调查应坚持实事求是、尊重科学的原则，及时、准确地查清事故经过、原因和损失，通过保护事故现场、收集原始资料，查明事故性质，认定事故责任，总结事故教训，提出整改措施，并对事故责任者提出处理意见。

要坚持"四不放过"，其目的就是要通过事故教训，提高员工的安全意识和企业安全管理水平，改善企业的安全状况，防止发生类似事故。

2. 事故分析

事故分析是在事故调查取得确凿证据基础上进行的，对一起事故的原因分析，通常有两个层次，即直接原因和间接原因。美国调查分析伤亡事故的原因时，采用如下方式：在最底层，一起事故仅仅是当事人员或物体接受到一定数量的能量或危害物质而不能够安全地承受时发生的，这些能量或危害物质就是这起事故的直接原因。直接原因指直接导致事故发生的原因，通常是一种或多种不安全行为、不安全状态或两者共同作用的结果。间接原因指引起事故原因的原因，可追踪与管理及决策的不合理、技术和设计上的缺陷，或者是人的、环境的因素等。

在事故调查分析时，主要依据国家标准《企业职工伤亡事故分类标准调查分析规则》，从直接原因入手，逐步深入到间接原因，从而掌握事故的全部原因。再分清主次，进行责任分析。事故原因分析通常按照以下步骤进行分析：①整理和阅读调查资料。②分析伤害方式，包括：受伤部位、受伤性质、起因物、致害物、伤害方式、不安全状态、不安全行为。③确定事故的直接原因，直接原因主要从机械、物质或环境的不安全状态以及人的不安全行为考虑。④确定事故的间接原因，间接原因主要从技术和设计上的缺陷、教育培训不够、对现场缺乏检查或指导错误、没有安全操作规程或不健全、没有或不认真实施事故防范措施、对事故隐患整改不力等因素考虑。

不安全状态指直接形成或能导致事故发生的物质条件，包括设备、设施、机械、工具及作业环境潜在的危险因素。不安全行为指造成事故的人为错误，包括违章、违纪行为，它是事故的激发条件。

3. 事故责任

事故责任分析就是分析造成事故原因的责任，确定事故责任者。事故责任者是指对事故发生负有责任的人。其中包括直接责任者、主要责任者和领导责任者。其行为与事故发生有直接因果关系的，为直接责任者。造成不安全状态的人和有不安全行为的人都可能是直接责任者。对事故发生负有领导责任的，为领导责任者，一般从间接原因确定领导责任。在直接责任者和领导责任者中，对事故发生起主要作用的，为主要责任者。公司在事故调查中，根据其在事故发生过程中的作用，确定事故发生的主要责任者、同等责任者、次要责任者、事故扩大的责任者，并根据事故调查结果，确定相关单位承担主要责任、同等责任、次要责任或无责任。

4. 事故处理

伤亡事故要本着实事求是的态度，按照"四不放过"原则和惩前毖后、依法办事的精神进行处理。首先，由事故调查组提出事故处理意见和防范措施建议，由发生事故的企业及其主管部门负责处理。按照国家有关规定，对有关事故责任者给予行政处分；构成犯罪的，由司法机关依法追究刑事责任。如重大责任事故罪、交通肇事罪、违反危险品管理规定肇事罪、玩忽职守罪等。其次，发生伤亡事故隐瞒不报、谎报、故意迟报，或故意破坏现场，无正当理由拒绝接受调查和拒绝提供有关情况和资料的，由有关部门按国家有关规定，对有关单位负责人和直接责任人员，给予行政处分；构成犯罪的，由司法机关依法追究刑事责任。另外，在调查、处理伤亡事故中玩忽职守、徇私舞弊或打击报复的，同样要受到行政处分，或追究刑事责任。

公司将对下列情况应从严处理：一是违章指挥、违章作业、违反劳动纪律造成事故发生的。二是事故发生后迟报、漏报、瞒报、谎报或在调查中弄虚作假、隐瞒真相的。三是阻挠或无正当理由拒绝事故调查或提供有关情况和资料的。

在事故处理中积极抢救、安置伤员和恢复设备、系统运行的，在事故调查中主动反映事故真相，使事故调查顺利进行的有关事故责任人员，可酌情从宽处理。

5. 防范措施

事故防范措施的建议由事故调查组提出，它是根据事故的原因，提出有针对性的具体措施。这些措施，既要考虑技术的、经济的可行性，又要注重其有效性、可行性；既要考虑防止事故发生的措施，又要考虑防止事故扩大的措施；既要注重设计、制造等技术性措施，更要注重管理、教育、培训等其他措施。防范措施不能一劳永逸，要随生产和科学技术的发展而进行科学研究，特别是对尚未认识的危险因素的科学。

6. 事故统计分析

事故统计分析就是运行数理统计方法，对大量的事故资料进行加工、整理和分析，从中揭示出事故发生的某些必然规律，为防止事故指明方向。事故统计分析是建立在完善的事故调查、登记、建档基础上的，也就是说，是依赖于事故资料的完善和齐备。然而，这些完备的事故资料，只不过是一件件独立的偶然事件的客观反映，并无规律可言。但是，通过对大量的、偶然发生的事故进行综合分析，就可以从中找出必然的规律和总的趋势，从而达到能对事故进行预测和预防的目的。事故统计分析是事故管理工作的重要内容。做好该项工作，能及时掌握准确的统计资料，如实反映企业的安全状况和事故发展趋势，为各级领导决策、指导安全生产、制订计划提供依据。

随着我国电力事业的飞速发展，电网企业为适应新形势、安全生产工作管理创新的需要，已不断借助现代安全管理手段、现代安全管理知识，提升安全生产管理水平。运用安全性评价、安全风险管理、标准化作业、职业安全健康管理体系、安全生产标准化等方法，促进电网企业现代安全管理的科学、合理、有效发展。

第五节　电网企业安全文化

安全文化伴随人类的产生而产生，伴随人类社会的进步而发展。安全文化起源于 20 世纪 80 年代的国际核工业领域。1986 年，前苏联切尔诺贝利核电站事故发生后，国际原子能机构（INSAG）召开的"切尔诺贝利核电站事故后评审会"认识到"核安全文化"对核工业事故的影响，提出了"安全文化"一词，当年，美国国家航空航天局（NASA）把安全文化应用到航空航天的安全管理中。其后，国际原子能机构在 1991 年编写的《安全文化》中，首次定义了安全文化的概念："安全文化是存在于单位和个人中的种种素质和态度的总和"。1993 年国际核设施安全顾问委员会（ACSM）进一步阐述了安全文化的概念："安全文化是决定组织的安全与健康、管理承诺、风格和效率的那些个体或组织的价值观、态度、认知、胜任力以及行为模式的产物。"国际原子能机构（INSAC）《安全文化》的面世标志着安全文化正式在世界各国传播和实践。

我国的安全科学界不失时机地把这一高技术领域的思想和策略引入了传统产业，把核安全文化深化到一般安全生产与安全生活领域，从而形成和推动我国企业安全文化建设的热潮。2008 年国家安全生产监督管理总局颁布了《企业安全文化建设导则》（AQ/T 9004—2008）和《企业安全文化建设评价准则》（AQ/T 9005—2008）。2010 年国家安全生产监督管理总局制订印发了《关于开展安全文化建设示范企业创建活动的指导意见》，明确了安全文化建设示范企业的标准。2012 年 7 月 30 日，国务院安全委员会办公室发布了《关于大力推进安全生产文化建设的指导意见》中，对安全文化建设作了更进一步的要求，标志着我国安全文化建设进入了一个新阶段。国家电网公司经过引进、吸收、消化、创新，逐步形成了电网企业自己的安全文化。

一、安全文化的定义和特征

1. 安全文化的定义

安全文化是指被企业组织的员工群体所共享的安全价值观、态度、道德和行为规范组成的统一体。

安全文化有广义和狭义之别，但从其产生和发展的历程来看，安全文化的深层次内涵，仍属于"安全教养"、"安全修养"或"安全素质"的范畴。也就是说，安全文化主要是通过"文之教化"的作用，将人培养成具有现代社会所要求的安全情感、安全价值观和安全行为表现的人。

安全文化的目的是创造人的本质安全。这样就要弄明白什么叫人的安全素质。重视安全，不能仅仅停留在责任，那是管理的基本要求。人的安全素质包括"我要安全"（安全意识）、"我懂安全"（安全知识）、"我会安全"（安全技能）、"我保安全"（安全责任心）四个主要方面。

安全文化在企业中的应用即所谓的企业安全文化，企业安全文化是企业在长期安全生产和经营活动中逐步形成的，或有意识塑造的为全体员工接受、遵循的，具有企业特色的安全思想和意识、安全价值观、安全作风和态度、安全管理制度、安全行为规范等，是为保护员工身心安全与健康而创造安全、舒适的生产和生活环境及条件，是企业安全物质因素和安全精神因素的总和。企业只要有安全生产工作存在，就会有相应的企业安全文化存在。

2. 安全文化的内容

（1）安全物质文化——器物层。安全物质文化是为保证人们的安全生活和安全生产而以物质形态存在的条件、环境和设施的总和，或者说能够满足人们安全需求的各种物态要素或物质财富的综合。它们是安全文化的物质载体，居于安全文化的表层或最外层。安全物质文化是安全文化的根本保障和基础。

（2）安全行为文化——行为层。安全行为文化是在安全精神文化和安全制度文化指导下，人们借助于一定的安全物质文化，在生活和生产过程中的安全行为表现，居于安全文化的中间层。行为文化既是精神文化和制度文化的反映，同时又反作用于精神文化和制度文化。

（3）安全制度文化——制度层。安全文化中一切制度化的法规、法令、标准、社会组织形式，作为安全文化的重要的、带有强制性的组成部分。安全制度文化是协调生产关系、规范组织和个体行为的各项法规和制度，居于安全物质文化和安全精神文化之间，是安全文化的中间层次，发挥着协调、保障、制约和促进的作用。

（4）安全精神文化——精神层。安全精神文化居于安全文化的内层或最里层，是指为全体成员所共同遵守、用于指导和支配人们安全行为的以价值观为核心的意识观念的总称，是安全文化的核心和灵魂。作为安全文化的核心，安全精神文化对安全制度文化、安全行为文化和安全物质文化起着主导和决定的作用。

以上四个层次构成了安全文化的整体结构，他们相互联系、相互影响、相互渗透、相互制约。其中安全物质文化是基础，安全精神文化是核心和灵魂，作为中介的安全行为文化和安全制度文化是安全精神文化通向安全物质文化的桥梁和纽带。

3. 安全文化的特征

（1）群体性特征。安全文化是组织内的共同性文化，是全体成员所认同的安全理念、安全目标和安全行为规范等，或者说，是全体成员达成的安全共识。安全的保障有赖于组织中全体成员，而非某部分人员的积极参与。

（2）继承性特征。任何时代、任何地域的安全文化，都是经过传播、继承、优化、融合发展而成的，都具有历史继承性，能体现人们长期生活和生产的方式和痕迹。

（3）时代性特征。任何安全文化的内容都不是固定不变的，而是随着社会的进步、经济的发展和人们需求的变化而不断地增添新的内容，表现出强烈的时代性特征，反映了人们的最新安全需求。

（4）人本性特征。安全文化所要解决的问题是生产、生活领域人们从事一切活动的安全和健康问题，突出了从事一切活动的人们的身心安全和健康，体现了尊重人权、关爱生命、珍惜人生、以人为本的思想。

（5）系统性特征。安全文化以辩证的观点系统地分析安全问题，把安全事故的发生和出现看成是由自然和人为多种因素共同发生作用所致。所以，安全事故的预防和安全问题的解决不仅依赖于科学的安全设施、设备、环境和方法，更是取决于人们的态度和行为。

二、国家电网公司安全文化

电网安全是社会公共安全的重要组成部分，关系企业稳定、关系社会和谐，一旦发生大面积停电事故，会给经济社会造成重大损失和影响。没有安全，就没有一切。

国家电网公司安全文化的安全理念是"相互关爱，共保平安"。这是从夯实"四个服务"的基础出发，提出的以人为本的安全观。其内在含义就是坚持以人为本，牢固树立"关爱企业、关爱他人、关爱自己、关爱家庭、关爱社会"的思想，以对党和国家事业、对人民生命财产高度负责的态度，前面落实安全责任，坚持"安全第一、预防为主、综合治理"，以人员、时间、力量"三个百分之百"，确保电网安全、员工平安、企业稳定、社会和谐。其中，相互关爱是共保平安的前提和基础，共保平安是相互关爱的目的和结果。

要实现安全理念就应按照"三个百分之百"的要求，深入开展反事故斗争、"百问百查"、反违章等专项活动，抓"三基"（从基础抓起、从基层抓起、从基本功抓起），用"三铁"（铁的制度、铁的面孔、铁的处理）反"三违"（违章指挥、违章作业、违反劳动纪律），杜绝"三高"（领导干部高高在上、基层员工高枕无忧、规章制度束之高阁）现象，坚持"四全"（全面、全员、全过程、全方位）保安全，实现"三控"（可控、能控、在控）。

三、安全文化的作用

安全文化的作用主要体现在两个方面，一是宏观的作用，二是微观作用。

1. 宏观作用

（1）引领时代安全观念。安全文化是一种理念，也是一种习惯行为，更是一种责任。加强安全文化建设，实现安全发展，确保电网安全稳定运行，是电网企业义不容辞的职责。以对社会负责、对企业负责、对员工负责、对自己负责的态度，团结一致，开拓创新，真抓实干，不断夯实安全生产基础，全面提高安全文化建设理论水平，努力实现安全生产可控、在控和能控。

（2）强化主动安全意识。安全文化也是企业的一种行为文化，包括全体成员要具有明确的行为规范，各级领导干部具有优良的工作作风，能够较好地发挥榜样示范作用，每个人员具备良好的素质等。安全行为文化是电力企业全体员工的安全意识在实际行动中的体现，它促进员工积极地参与企业的安全管理活动，把理想、信念、认识转化为实际行动，为实现企业的安全目标而努力。规范安全行为是实施安全文化建设的内在要求和直接目标。

（3）端正自觉安全态度。按照现代管理科学的原则，用优化的管理方法，规范、约束全体员工的行为，以实现企业的管理效益和生产安全，实现企业的奋斗目标。电力企业要建立起一整套针对思想教育、安全管理、工作规范、生产人员、管理人员等的规章制度，使所有人员的工作行为有章可循，使考核、督促有据可依。制度的建立，不仅能成为全体员工的行为准则，而且应是激励员工前进的动力。这些制度应该具有法规性，需不折不扣地执行；应该具有针对性，紧扣管理对象、工作范围；应该具有可操作性，定性定量相宜，并具有连贯性，易于贯彻执行。

（4）激发安全精神动力。安全文化首先是一种精神文化，也可称为一种观念文化，主要是指电力企业要培养体现员工群体意志、激励员工奋发向上的企业安全精神。安全精神文化着眼于造就人的安全品格与提高人的安全素质，通过各种形式的思想教育、道德建设、榜样示范等，在员工灵魂深处产生一种振奋人心的力量，冲破各种不良影响的桎梏，把自己和他人的安全与企业的发展、行业的振兴、国民经济的繁荣结合起来，建立正确的安全价值观、安全人生观，促使全体成员形成良好的安全职业道德、科学的思维方法和工作观念，实现从"要我安全"到"我要安全"的主动跨越。

（5）提供安全智力支持。学习是个人和组织生命的源泉，安全文化的发展离不开自我完善和持续改进。当前，企业面临的诸多体制、法规、标准和制度的不断发展，以及企业自身工艺技术、生产方式、员工素质等不断变化，都需要企业不断的进步学习才能适应。良好的安全文化能够促进企业清醒地认识自己，提高对新技术和环境的适应能力，在安全科学、安全工程技术和安全环境能物化条件上不断完善。

2. 微观作用

（1）指导政府官员科学决策。安全文化是安全生产战略思想之一，已成为政府安全监管机构进行安全生产管理必不可少的一环。倡导什么样的安全价值理念，建立起什么样的安全体系，如何发挥政府在企业安全管理中的导向作用也是各级政府机构及其成员的重要工作内容。优秀的安全文化会引导政府机构在出台安全管理的政策、机制、体系上发挥重要的作用，会促进政府决策的科学性。

（2）引导经营者自觉责任。安全文化引导企业社会责任感的确立，电网企业关系国家能源战略和社会的和谐稳定，承担着为经济社会发展提供坚强电力保障的基本使命。肩负着经济发展、社会和谐、家庭幸福、生态平衡等在内的巨大的责任。2006年，国家电网公司发布了我国中央企业第一份社会责任报告，引起了社会各界的广泛反响。良好的安全文化体现了企业的社会地位和社会责任的履行程度，建设安全文化也就成为经营者发展战略的重要组成部分。

（3）提升大众安全素质。安全文化能够引导企业员工安全素质的提高。建设安全文化的过程，就是电力企业员工安全价值观形成的过程，也是其安全素养养成提高的过程。企业的安全生产很大程度上取决于生产人员管理、操作的素养和水平。在浓厚的安全文化氛围中，企业的员工会自觉地、习惯性地充实、提高和完善自我，从而从根本上树立安全意识，规范安全行为，最终达到安全素质提高的良性循环。

（4）激励员工自律遵规。生产活动中的习惯性违章总是客观存在的，个体性的违章根源于"聪明人"的自以为是，集体性的习惯性违章源于企业安全文化的缺失。当习惯性违章成为普遍现象时，简单的采用制度约束难以收敛，也难以标本兼治，一旦制度有缺失或者执行不到位，则违章必然会成为习惯性。良好的安全文化氛围、正确的安全价值观和适当的安全教育培训靠无形的约束调控个体和集体行为，形成企业及其员工的自我激励约束机制，真正达到安全控制不留死角。

四、安全文化的建设

企业安全文化建设是通过综合的组织管理等手段，使企业的安全文化不断进步和发展的过程。企业在安全文化建设过程中，应充分考虑自身内部的和外部的文化特征，引导全体员工的安全态度和安全行为，实现在法律和政府监管要求之上的安全自我约束，通过全员参与实现企业安全生产水平持续进步。企业安全文化建设的基本要素如下。

1. 安全承诺

安全承诺是由企业公开做出的、代表了全体员工在关注安全和追求安全绩效方面所具有的稳定意愿及实践行动的明确表示。

企业应建立包括安全价值观、安全愿景、安全使命和安全目标等在内的安全承诺。企业的领导者应对安全承诺做出有形的表率，应让各级管理者和员工切身感受到领导者对安全承诺的实践。企业的各级管理者应对安全承诺的实施起到示范和推进作用，形成严谨的制度化工作方法，营造有益于安全的工作氛围，培育重视安全的工作态度。企业的员工应充分理解和接受企业的安全承诺，并结合岗位工作任务实践这种安全承诺。企业应将自己的安全承诺传达到相关方。

2. 行为规范与程序

企业内部的行为规范是企业安全承诺的具体体现和安全文化建设的基础要求。企业应确保拥有能够达到和维持安全绩效的管理系统，建立清晰界定的组织结构和安全职责体系，有效控制全体员工的行为。

程序是行为规范的重要组成部分。企业应建立必要的程序，以实现对与安全相关的所有活动进行有效控制的目的。

3. 安全行为激励

企业在审查和评估自身安全绩效时，除使用事故发生率等消极指标外，还应使用旨在对安全绩效给予直接认可的积极指标。在任何时间和地点，挑战所遇到的潜在不安全实践，并识别所存在的安全缺陷，员工应该受到鼓励。对员工所识别的安全缺陷，企业应给予及时处理和反馈。

企业宜建立员工安全绩效评估系统，应建立将安全绩效与工作业绩相结合的奖励制度。审慎对待员工的差错，应避免过多关注错误本身，而应以吸取经验教训为目的。应仔细权衡惩罚措施，避免因处罚而导致员工隐瞒错误。

企业宜在组织内部树立安全榜样或典范，发挥安全行为和安全态度的示范作用。

4. 安全信息传播与沟通

企业应建立安全信息传播系统，综合利用各种传播途径和方式，提高传播效果。企业应优化安全信息的传播内容，将组织内部有关安全的经验、实践和概念作为传播内容的组成部分。企业应就安全事项建立良好的沟通程序，与员工及员工相互之间的沟通。沟通应满足：确保企业与政府监管机构和相关方、各级管理者确认有关安全事项的信息已经发送，并被接受方所接收和理解；涉及安全事件的沟通信息应真实、开放；每个员工都应认识到沟通对安全的重要性，从他人处获取信息和向他人传递信息。

5. 自主学习与改进

企业应建立有效的安全字习模式，实现动态发展的安全学习过程，保证安全绩效的持续改进。企业应建立正式的岗位适任资格评估和培训系统，确保全体员工充分胜任所承担的工作。应做到：人员聘任和选拔有程序，岗位适任有条件。有必要的培训及定期复训，培训效果有评估，培训内容除有关安全知识和技能外，还应包括对严格遵守安全规范的理解，以及个人安全职责的重要意义和因理解偏差或缺乏严谨而产生失误的后果。

企业应将与安全相关的任何事件，尤其是人员失误或组织错误事件，当做能够从中汲取经验教训的宝贵机会与信息资源，从而改进行为规范和程序，获得新的知识和能力。应鼓励员工对安全问题予以关注，进行团队协作，利用既有知识和能力，辨识和分析可供改进的机会，对改进措施提出建议，并在可控条件下授权员工自主改进。经验教训、改进机会和改进过程的信息宜编写到企业内部培训课程或宣传教育活动的内容中，使员工广泛知晓。

6. 安全事务参与

全体员工都应认识到自己负有对自身和同事安全做出贡献的重要责任。员工对安全事务的参与是落实这种责任的最佳途径。员工参与的方式可包括但不局限于以下类型：建立在信任和免责备基础上的微小差错员工报告机制；成立员工安全改进小组，给予必要的授权、辅导和交流；定期召开有员工代表参加的安全会议，讨论安全绩效和改进行动；开展岗位风险预见性分析和不安全行为或不安全状态的自查自评活动。企业组织应根据自身的特点和需要确定员工参与的形式。

7. 审核与评估

企业应对自身安全文化建设情况进行定期的全面审核，包括：领导者应定期组织各级管理者评审企业安全文化建设过程的有效性和安全绩效结果；领导者应根据审核结果确定并落实整改不符合、不安全实践和安全缺陷的优先次序，并识别新的改进机会；必要时，应鼓励相关方实施这些优先次序和改进机会，以确保其安全绩效与企业协调一致。在安全文化建设过程中及审核时，应采用有效的安全文化评估方法，关注安全绩效下滑的前兆，给予及时的控制和改进。

安全文化建设具有阶段性、复杂性和持续改进性，企业最高领导人应组织制订推动本企业安全文化建设的长期规划和阶段性计划，并在实施过程中不断完善。同时，企业应充分提供安全文化建设的保障条件，建立领导机制、健全组织机构、明确各级职能、保证资金投入、确保信息传播。推动骨干的选拔和培养，辅导和鼓励全体员工向良好的安全态度和行为转变的职责。

总之，我们要加强安全文化建设，真正用文化铸造起安全盾牌，从而保证和推动电网企业安全生产又好又快发展。

思 考 题

1. 我国的安全生产方针是什么？
2. 简述国家安全生产法律法规的作用。
3. 在安全生产中从业人员的权利、义务和责任是什么？
4. 电网企业安全生产的重要性主要表现哪些方面？
5. 电网企业安全生产的法规制度体系的构成是什么？
6. 电网企业安全生产管理体系的构成是什么？各体系的作用是什么？
7. 安全文化的定义是什么？安全文化的内容包含哪些？
8. 国家电网公司安全文化的安全理念是什么？
9. 企业安全文化建设的基本要素有哪些？

第二章

电网企业现场作业安全

第一节　保证安全的组织措施和技术措施

贯彻"安全第一，预防为主，综合治理"的方针，必须在实际工作中采取严密的组织措施和行之有效的技术措施，才能避免或减少事故的发生，确保人身、电网和设备的安全。

一、保证安全的组织措施

（一）在电力线路上工作，保证安全的组织措施

在电力线路上工作，保证安全的组织措施有：现场勘察制度、工作票制度、工作许可制度、工作监护制度、工作间断制度、工作终结和恢复送电制度。

1. 现场勘察制度

进行电力线路施工作业、工作票签发人或工作负责人认为有必要现场勘察的检修作业，施工、检修单位均应根据工作任务组织现场勘察，并填写现场勘察记录。现场勘察由工作票签发人或工作负责人组织。

现场勘察的内容有：查看现场施工（检修）作业需要停电的范围、保留的带电部位和作业现场的条件、环境及其他危险点等。

根据现场勘察结果，对危险性、复杂性和困难程度较大的作业项目，应编制组织措施、技术措施、安全措施，经本单位批准后执行。

2. 工作票制度

工作票是准许在电气设备，热力和机械设备以及电力线路上工作的书面命令书；也是明确安全职责，向工作人员进行安全交底，以及履行工作许可手续、工作间断、转移和终结手续，并实施保证安全技术措施等的书面依据。

（1）工作票的形式。在线路上工作，由于各种工作条件下对安全工作的要求不同，采取的安全措施也不一样，工作票的形式也有所区别。线路上工作票的形式主要有六种：电力线路第一种工作票，电力电缆第一种工作票，电力线路第二种工作票，电力电缆第二种工作票，电力线路带电作业票，电力线路事故紧急抢修单。

（2）工作票的填用。对于各种工作票的填用范围，《国家电网公司电力安全工作规程（线路部分）》（Q/GDW 1799.2—2013）有明确的规定：

在停电的线路或同杆（塔）架设多回线路中的部分停电线路上的工作、在停电的配电设备上的工作、高压电力电缆需停电的工作、在直流线路停电时的工作、在直流接地极线路或接地极上的工作应填用第一种工作票。

带电线路杆塔上且与带电导线最小安全距离不小于表2-1规定的工作、在运行中的配电设备上的工作、电力电缆不需停电的工作、直流线路上不需要停电的工作、直流接地极线路上不需要停电的工作，应填用第二种工作票。

带电作业或与邻近带电设备距离小于表2-1、大于表2-2规定的工作应填用带电作业工作票。

事故紧急抢修应填用工作票或事故紧急抢修单。非连续进行的事故修复工作，应使用工作票。

事故紧急抢修工作是指电气设备发生故障被迫紧急停止运行，需短时间内恢复的抢修和排除故障的工作。

各种工作票的格式在《国家电网公司电力安全工作规程（线路部分）》（Q/GDW 1799.2—2013）作了规定。

表 2-1　　　　　在带电线路杆塔上工作与带电导线最小安全距离

电压等级（kV）	安全距离（m）	电压等级（kV）	安全距离（m）
交流线路			
10 及以下	0.7	330	4.0
20、35	1.0	500	5.0
63（66）、110	1.5	750	8.0
220	3.0	1000	9.5
直流线路			
±50	1.5	±660	9.0
±500	6.8	±800	10.1

表 2-2 　　　　　　　　　带电作业时人身与带电体的安全距离

电压等级 （kV）	10	35	66	110	220	330	500	750	1000	±500	±660	±800
距离（m）	0.4	0.6	0.7	1.0	1.8 (1.6)①	2.6	3.4 (3.2)②	5.2 (5.6)③	6.8 (6.0)④	3.4	4.5⑤	6.8

① 220kV 带电作业安全距离因受设备限制达不到 1.8m 时，经本单位批准，并采取必要的措施后，可采用括号内（1.6m）的数值。

② 海拔 500m 以下，500kV 取 3.2m 值，但不适用于 500kV 紧凑型线路。海拔在 500～1000m 时，500kV 取 3.4m 值。

③ 直线塔边相或中相值。5.2m 为海拔 1000m 以下值，5.6m 为海拔 2000m 以下的距离。

④ 此为单回输电线路数据，括号中数据 6.0m 为边相值，6.8m 为中相值。

⑤ ±660kV 数据是按海拔 500～1000m 校正的，海拔 1000～1500m、1500～2000m 时最小安全距离依次为 4.7、5.0m。

（3）工作票的填写与签发。工作票应用黑色或蓝色的钢（水）笔或圆珠笔填写与签发，一式两份，内容应正确，填写应清楚，不得任意涂改。如有个别错、漏字需要修改时，应使用规范的符号，字迹应清楚。工作票由工作负责人填写，也可由工作票签发人填写。

用计算机生成或打印的工作票应使用统一的票面格式。由工作票签发人审核无误，手工或电子签名后方可执行。

工作票一份交工作负责人，一份留存工作票签发人或工作许可人处。工作票应提前交给工作负责人。一张工作票中，工作票签发人和工作许可人不得兼任工作负责人。

工作票由设备运维管理单位签发，也可由经设备运维管理单位审核合格且经批准的检修及基建单位签发。检修及基建单位的工作票签发人、工作负责人名单应事先送有关设备运维管理单位、调度控制中心备案。

承发包工程中，工作票可实行"双签发"形式。签发工作票时，双方工作票签发人在工作票上分别签名，各自承担工作票签发人相应的安全责任。

（4）工作票的使用。第一种工作票，每张只能用于一条线路或同一个电气连接部位的几条供电线路或同（联）杆塔架设且同时停送电的几条线路。第二种工作票，对同一电压等级、同类型工作，可在数条线路上共用一张工作票。带电作业工作票，对同一电压等级、同类型、相同安全措施且依次进行的带电作业，可在数条线路上共用一张工作票。

在工作期间，工作票应始终保留在工作负责人手中。

一个工作负责人不能同时执行多张工作票。若一张工作票下设多个小组工作，每个小组应指定小组负责人（监护人），并使用工作任务单。工作任务单一式两份，由工作票签发人或工作负责人签发，一份工作负责人留存，一份交小组负责人执行。工作任务单由工作负责人许可。工作结束后，由小组负责人交回工作任务单，向工作负责人办理工作结束手续。

一回线路检修（施工），其邻近或交叉的其他电力线路需进行配合停电和接地时，应在工作票中列入相应的安全措施。若配合停电线路属于其他单位，应由检修（施工）单位事先书面申请，经配合线路的设备运行管理单位同意并实施停电、接地。

一条线路分区段工作，若填用一张工作票，经工作票签发人同意，在线路检修状态下，由工作班自行装设的接地线等安全措施可分段执行。工作票中应填写清楚使用的接地线编号、装拆时间、位置等随工作区段转移情况。

持线路或电缆工作票进入变电站或发电厂升压站进行架空线路、电缆等工作，应增填工作票份数，由变电站或发电厂工作许可人许可，并留存。上述单位的工作票签发人和工作负责人名单应事先送有关运维单位备案。

（5）工作票的有效期与延期。第一、二种工作票和带电作业工作票的有效时间，以批准的检修期为限。

第一种工作票需办理延期手续，应在有效时间尚未结束以前由工作负责人向工作许可人提出申请，经同意后给予办理。第二种工作票需办理延期手续，应在有效时间尚未结束以前由工作负责人向工作票签发人提出申请，经同意后给予办理。第一、二种工作票的延期只能办理一次。带电作业工作票不准延期。

（6）工作票所列人员的基本条件。工作票签发人应由熟悉人员技术水平、熟悉设备情况、熟悉《电力安全工作规程》，并具有相关工作经验的生产领导人、技术人员或经本单位批准的人员担任。工作票签发人员名单应公布。

工作负责人（监护人）、工作许可人应由有一定工作经验、熟悉《电力安全工作规程》、熟悉工作范围内的设备情况，并经工区（车间）批准的人员担任。工作负责人（监护人）还应熟悉工作班成员的工作能力。用户变、配电站的工作许可人应是持有效证书的高压电气工作人员。

专责监护人应是具有相关工作经验，熟悉设备情况和《电力安全工作规程》的人员。

（7）工作票所列人员的安全责任。

工作票签发人：

1）确认工作必要性和安全性；

2）确认工作票上所填安全措施是否正确完备；

3）确认所派工作负责人和工作班人员是否适当和充足。

工作负责人（监护人）：

1）正确组织工作；

2）检查工作票所列安全措施是否正确完备，是否符合现场实际条件，必要时予以补充；

3）工作前，对工作班成员进行工作任务、安全措施、技术措施交底和危险点告知，并确认每个工作班成员都已签名；

4）组织执行工作票所列安全措施；

5）督促工作班成员遵守《电力安全工作规程》、正确使用劳动防护用品和安全工器具及执行现场安全措施；

6）关注工作班成员身体状态和精神状态是否出现异常迹象，人员变动是否合适。

工作许可人：

1）审票时，确认工作票所列安全措施是否正确完备，对工作票所列内容发生疑问时，应向工作票签发人询问清楚，必要时予以补充；

2）保证由其停、送电和许可工作的命令正确；

3）确认由其负责的安全措施正确实施。

专责监护人：

1）明确被监护人员和监护范围；

2）工作前，对被监护人员交待监护范围内的安全措施、告知危险点和安全注意事项；

3）监督被监护人员遵守《电力安全工作规程》和执行现场安全措施，及时纠正被监护人员的不安全行为。

工作班成员：

1）熟悉工作内容、工作流程，掌握安全措施，明确工作中的危险点，并在工作票上履行交底签名确认手续；

2）服从工作负责人（监护人）、专责监护人的指挥，严格遵守《电力安全工作规程》和劳动纪律，对自己在工作中的行为负责，互相关心工作安全；

3）正确使用施工机具、安全工器具和劳动防护用品。

3．工作许可制度

工作许可制度，是在完成安全措施之后，为进一步加强工作责任感，确保工作安全所采取的一种必不可少的措施。因此，在完成各项安全措施之后，必须再履行工作许可手续，方可开始工作。

填用第一种工作票进行工作，工作负责人应在得到全部工作许可人的许可后，方可开始工作。线路停电检修，工作许可人应在线路可能受电的各方面（含变电站、发电厂、环网线路、分支线路、用户线路和配合停电的线路）都已停电，并挂好操作接地线后，方能发出许可工作的命令。值班调控人员或运维人员在向工作负责人发出许可工作的命令前，应将工作班组名称、数目、工作负责人姓名、工作地点和工作任务做好记录。

许可开始工作的命令，应通知工作负责人。其方法可采用：当面通知、电话下达或派人送达。电话下达时，工作许可人及工作负责人应记录清楚明确，并复诵核对无误。对直接在现场许可的停电工作，工作许可人和工作负责人应在工作票上记录许可时间，并签名。

填用电力线路第二种工作票时，不需要履行工作许可手续。

4．工作监护制度

完成工作许可手续后，工作负责人、专责监护人应向工作班成员交待工作内容、人员分工、带电部位和现场安全措施、进行危险点告知，并履行确认手续，装完工作接地线后，工作班方可开始工作。工作负责人、专责监护人应始终在工作现场，对工作班人员的安全进行认真监护，及时纠正不安全的行为。

工作票签发人或工作负责人对有触电危险、施工复杂、容易发生事故的工作，应增设专责监护人和确定被监护的人员。专责监护人不准兼做其他工作。专责监护人临时离开时，应通知被监护人员停止工作或离开工作现场，待专责监护人回来后方可恢复工作。若专责监护人必须长时间离开工作现场时，应由工作负责人变更专责监护人，履行变更手续，并告知全体被监护人员。

工作期间，工作负责人因故暂时离开工作现场时，应指定能胜任的人员临时代替，离开前应将工作现场交待清楚，并告知工作班成员。原工作负责人返回工作现场时，也应履行同样的交接手续。若工作负责人必须长时间离开工作的现场时，应由原工作票签发人变更工作负责人，履行变更手续，并告知全体工作人员及工作许可人。原、现工作负责人应做好必要的交接。

5. 工作间断制度

在工作中遇雷、雨、大风或其他任何情况威胁到工作人员的安全时，工作负责人或专责监护人可根据情况，临时停止工作。

白天工作间断时，工作地点的全部接地线仍保留不动。如果工作班须暂时离开工作地点，则应采取安全措施和派人看守，不让人、畜接近挖好的基坑或未竖立稳固的杆塔以及负载的起重和牵引机械装置等。恢复工作前，应检查接地线等各项安全措施的完整性。填用数日内工作有效的第一种工作票，每日收工时如果将工作地点所装的接地线拆除，次日恢复工作前应重新验电挂接地线。如果经调度允许的连续停电、夜间不送电的线路，工作地点的接地线可以不拆除，但次日恢复工作前应派人检查。

6. 工作终结和恢复送电制度

完工后，工作负责人（包括小组负责人）应检查线路检修地段的状况，确认在杆塔上、导线上、绝缘子串上及其他辅助设备上没有遗留的个人保安线、工具、材料等，查明全部工作人员确由杆塔上撤下后，再命令拆除工作地段所挂的接地线。接地线拆除后，应即认为线路带电，不准任何人再登杆进行工作。多个小组工作，工作负责人应得到所有小组负责人工作结束的汇报。

工作终结后，工作负责人应及时报告工作许可人，报告方法可采用：当面报告、用电话报告并经复诵无误。工作终结的报告应简明扼要，并包括下列内容：工作负责人姓名，某线路上某处（说明起止杆塔号、分支线名称等）工作已经完工，设备改动情况，工作地点所挂的接地线、个人保安线已全部拆除，线路上已无本班组工作人员和遗留物，可以送电。

工作许可人在接到所有工作负责人（包括用户）的完工报告，并确认全部工作已经完毕，所有作业人员已由线路上撤离，接地线已经全部拆除，与记录核对无误并做好记录后，方可下令拆除安全措施，向线路恢复送电。

已终结的工作票、事故应急抢修单、工作任务单应保存一年。

（二）在电力设备上工作，保证安全的组织措施

在电气设备上工作，保证安全的组织措施有：现场勘察制度，工作票制度，工作许可制度，工作监护制度，工作间断制度、转移和终结制度。

1. 现场勘察制度

变电检修（施工）作业，工作票签发人或工作负责人认为有必要现场勘察的，检修（施工）单位应根据工作任务组织现场勘察，并填写现场勘察记录。现场勘察由工作票签发人或工作负责人组织。

2. 工作票制度

工作票是准许在电气设备，热力和机械设备以及电力线路上工作的书面命令书。也是明确安全职责，向工作人员进行安全交底，以及履行工作许可手续、工作间断、转移和终结手续，并实施保证安全技术措施等的书面依据。

（1）工作票的形式。在电气设备上工作，由于各种工作条件下对安全工作的要求不同，采取的安全措施也不一样，工作票的形式也有所区别。电气设备上工作票的形式主要有六种：变电站（发电厂）第一种工作票，电力电缆第一种工作票，变电站（发电厂）第二种工作票，电力电缆第二种工作票，变电站（发电厂）带电作业工作票，变电站（发电厂）事故紧急抢修单。

（2）工作票的填用。对于各种工作票的填用范围，《国家电网公司电力安全工作规程（变电部分）》（Q/GDW 1799.1—2013）有明确的规定。

填用第一种工作票的工作为：高压设备上工作需要全部停电或部分停电者；二次系统和照明等回路上的工作，需要将高压设备停电者或做安全措施者；高压电力电缆需停电的工作；换流变压器、直流场设备及阀厅设备需要将高压直流系统或直流滤波器停用者；直流保护装置、通道和控制系统的工作，需要将高压直流系统停用者；换流阀冷却系统、阀厅空调系统、火灾报警系统及图像监视系统等工作，需要将高压直流系统停用者；其他工作需要将高压设备停电或要做安全措施者。

填用第二种工作票的工作为：控制盘和低压配电盘、配电箱、电源干线上的工作；二次系统和照明等回路上的工作，无需将高压设备停电者或做安全措施者；转动中的发电机、同期调相机的励磁回路或高压电动机转子电阻回路上的工作；非运维人员用绝缘棒、核相器和电压互感器定相或用钳型电流表测量高压回路的电流；大于表2-3所示距离的相关场所和带电设备外壳上的工作以

及无可能触及带电设备导电部分的工作；高压电力电缆不需停电的工作；换流变压器、直流场设备及阀厅设备上工作，无需将直流单、双极或直流滤波器停用者；直流保护控制系统的工作，无需将高压直流系统停用者；换流阀水冷系统、阀厅空调系统、火灾报警系统及图像监视系统等工作，无需将高压直流系统停用者。

带电作业或与邻近带电设备距离小于表2-3、大于表2-2规定的工作应填用带电作业工作票。

表 2-3　　　　　　　　　　设备不停电时的安全距离

电压等级（kV）	安全距离（m）	电压等级（kV）	安全距离（m）
10 及以下（13.8）	0.70	750	7.20
20、35	1.00	1000	8.70
66、110	1.50	±50 及以下	1.50
220	3.00	±500	6.00
330	4.00	±660	8.40
500	5.00	±800	9.30

注　1. 表中未列电压应选用高一电压等级的安全距离。

2. 750kV 数据是按海拔 2000m 校正的，其他等级数据按海拔 1000m 校正。

事故紧急抢修应填用工作票，或事故紧急抢修单。非连续进行的事故修复工作，应使用工作票。事故紧急抢修工作是指：电气设备发生故障被迫紧急停止运行，需短时间内恢复的抢修和排除故障的工作。

运维人员实施不需高压设备停电或做安全措施的变电运维一体化业务项目时，可不使用工作票，但应以书面形式记录相应的操作和工作等内容。各单位应明确发布所实施的运维一体化业务项目及所采取的书面记录形式。

（3）工作票的填写与签发。工作票应用黑色或蓝色的钢（水）笔或圆珠笔填写与签发，一式两份，内容应正确，填写应清楚，不得任意涂改。如有个别错、漏字需要修改，应使用规范的符号，字迹应清楚。工作票由工作负责人填写，也可由工作票签发人填写。

用计算机生成或打印的工作票应使用统一的票面格式。由工作票签发人审核无误，手工或电子签名后方可执行。

工作票一份应保存在工作地点，由工作负责人收执，另一份由工作许可人收执，按值移交。工作许可人应将工作票的编号、工作任务、许可及终结时间记入登记簿。一张工作票中，工作票签发人、工作负责人和工作许可人三者不得互相兼任。

工作票由设备运维单位签发，也可由经设备运维单位审核合格且经批准的检修及基建单位签发。检修及基建单位的工作票签发人、工作负责人名单应事先送有关设备运维单位、调度控制中心备案。

承发包工程中，工作票可实行"双签发"形式。签发工作票时，双方工作票签发人在工作票上分别签名，各自承担工作票签发人相应的安全责任。

第一种工作票所列工作地点超过两个，或有两个及以上不同的工作单位（班组）在一起工作时，可采用总工作票和分工作票。总、分工作票应由同一个工作票签发人签发。总工作票上所列的安全措施应包括所有分工作票上所列的安全措施。几个班同时进行工作时，总工作票的工作班成员栏内，只填明各分工作票的负责人，不必填写全部工作人员姓名。分工作票上要填写工作班人员姓名。

总、分工作票在格式上与第一种工作票一致。

分工作票应一式两份，由总工作票负责人和分工作票负责人分别收执。分工作票的许可和终结，由分工作票负责人与总工作票负责人办理。分工作票应在总工作票许可后才可许可；总工作票应在所有分工作票终结后才可终结。

供电单位或施工单位到用户变电站内施工时，工作票应由有权签发工作票的用户单位、施工单位或供电单位签发。

（4）工作票的使用。

一个工作负责人不能同时执行多张工作票，工作票上所列的工作地点，以一个电气连接部分为限。

所谓一个电气连接部分，是指电气装置中，可以用隔离开关（刀闸）同其他电气装置分开的部分。

一张工作票上所列的检修设备应同时停、送电，开工前工作票内的全部安全措施应一次完成。若至预定时间，一部分工作尚未完成，需继续工作而不妨碍送电者，在送电前，应按照送电后现场设备带电情况，办理新的工作票，布置好安全措施后，方可继续工作。

若以下设备同时停、送电，可使用同一张工作票：①属于同一电压、位于同一平面场所，工作中不会触及带电导体的几个电气连接部分。②一台变压器停电检修，其断路器也配合检修。③全站停电。

同一变电站内在几个电气连接部分上依次进行不停电的同一类型的工作，可以使用一张第二种工作票。

在同一变电站内，依次进行的同一类型的带电作业可以使用一张带电作业工作票。

持线路或电缆工作票进入变电站或发电厂升压站进行架空线路、电缆等工作，应增填工作票份数，由变电站或发电厂工作许可人许可，并留存。上述单位的工作票签发人和工作负责人名单应事先送有关运维单位备案。

需要变更工作班成员时，应经工作负责人同意，在对新的作业人员进行安全交底手续后，方可进行工作。非特殊情况不得变更工作负责人，如确需变更工作负责人应由工作票签发人同意并通知工作许可人，工作许可人将变动情况记录在工作票上。工作负责人允许变更一次。原、现工作负责人应对工作任务和安全措施进行交接。

在原工作票的停电及安全措施范围内增加工作任务时，应由工作负责人征得工作票签发人和工作许可人同意，并在工作票上增填工作项目。若需变更或增设安全措施者应填用新的工作票，并重新履行签发许可手续。

变更工作负责人或增加工作任务，如工作票签发人和工作许可人无法当面办理，应通过电话联系，并在工作票登记簿和工作票上注明。

第一种工作票应在工作前一日预先送达运维人员，可直接送达或通过传真、局域网传送，但传真传送的工作票许可应待正式工作票到达后履行。临时工作可在工作开始前直接交给工作许可人。第二种工作票和带电作业工作票可在进行工作的当天预先交给工作许可人。

工作票有破损不能继续使用时，应补填新的工作票，并重新履行签发许可手续。

（5）工作票的有效期与延期。

第一、二种工作票和带电作业工作票的有效时间，以批准的检修期为限。

第一、二种工作票需办理延期手续，应在工期尚未结束以前由工作负责人向运维负责人提出申请（属于调控中心管辖、许可的检修设备，还应通过值班调控人员批准），由运维负责人通知工作许可人给予办理。第一、二种工作票只能延期一次。带电作业工作票不准延期。

（6）工作票所列人员的基本条件。

工作票签发人应是熟悉人员技术水平、熟悉设备情况、熟悉《电力安全工作规程》，并具有相关工作经验的生产领导人、技术人员或经本单位批准的人员。工作票签发人员名单应公布。

工作负责人（监护人）应是具有相关工作经验，熟悉设备情况和《电力安全工作规程》，经工区（车间）批准的人员。工作负责人还应熟悉工作班成员的工作能力。

工作许可人应是经工区（车间）批准的有一定工作经验的运维人员或检修操作人员（进行该工作任务操作及做安全措施的人员）；用户变、配电站的工作许可人应是持有效证书的高压电气工作人员。

专责监护人应是具有相关工作经验，熟悉设备情况和《电力安全工作规程》的人员。

（7）工作票所列人员的安全责任。

工作票签发人：

1）确认工作必要性和安全性；

2）确认工作票上所填安全措施是否正确完备；

3）确认所派工作负责人和工作班人员是否适当和充足。

工作负责人（监护人）：

1）正确组织工作；

2）检查工作票所列安全措施是否正确完备，是否符合现场实际条件，必要时予以补充完善；

3）工作前，对工作班成员进行工作任务、安全措施、技术措施交底和危险点告知，并确认每一个工作班成员都已签名；

4）严格执行工作票所列安全措施；

5）督促工作班成员遵守《电力安全工作规程》、正确使用劳动防护用品和安全工器具以及执行现场安全措施；

6）关注工作班成员身体状况和精神状态是否出现异常迹象，人员变动是否合适。

工作许可人：

1）负责审查工作票所列安全措施是否正确、完备，是否符合现场条件；

2）工作现场布置的安全措施是否完善，必要时予以补充；

3）负责检查检修设备有无突然来电的危险；

4）对工作票所列内容即使发生很小疑问，也应向工作票签发人询问清楚，必要时应要求作详细补充。

专责监护人：

1）明确被监护人员和监护范围；

2）工作前，对被监护人员交待监护范围内的安全措施、告知危险点和安全注意事项；

3）监督被监护人员遵守《电力安全工作规程》和现场安全措施，及时纠正被监护人员的不安全行为。

工作班成员：

1）熟悉工作内容、工作流程，掌握安全措施，明确工作中的危险点，并在工作票上履行交底签名确认手续；

2）服从工作负责人（监护人）、专责监护人的指挥，严格遵守《电力安全工作规程》和劳动纪律，在确定的作业范围内工作，对自己在工作中的行为负责，互相关心工作安全；

3）正确使用施工机具、安全工器具和劳动防护用品。

3. 工作许可制度

工作许可制度，是在完成安全措施之后，为进一步加强工作责任感，确保工作安全所采取的必不可少的组织措施。因此，在完成各项安全措施之后，必须再履行工作许可手续，方可开始工作。

工作许可人在完成施工现场的安全措施后，会同工作负责人到现场再次检查所做的安全措施，对具体的设备指明实际的隔离措施，指明带电设备的位置和工作过程中的注意事项，证明检修设备确无电压后，和工作负责人在工作票上分别确认、签名。

在办理工作许可手续之前，任何车辆及工作班成员都不得进入遮栏内或触及设备。

运维人员不得变更有关检修设备的运行接线方式。工作负责人、工作许可人任何一方不得擅自变更安全措施，工作中如有特殊情况需要变更时，应先取得对方的同意并及时恢复。变更情况及时记录在值班日志内。

变电站（发电厂）第二种工作票可采取电话许可方式，但应录音，并各自做好记录。采取电话许可的工作票，工作所需安全措施可由工作人员自行布置，工作结束后应汇报工作许可人。

4. 工作监护制度

工作许可手续完成后，工作负责人、专责监护人应向工作班成员交待工作内容、人员分工、带电部位和现场安全措施，进行危险点告知，并履行确认手续，工作班方可开始工作。工作负责人、专责监护人应始终在工作现场，对工作班人员的安全认真监护，及时纠正不安全的行为。

所有工作人员（包括工作负责人）不许单独进入、滞留在高压室、阀厅内和室外高压设备区内。

若工作需要（如测量极性、回路导通试验、光纤回路检查等），而且现场设备允许时，可以准许工作班中有实际经验的一个人或几人同时在它室进行工作，但工作负责人应在事前将有关安全注意事项予以详尽的告知。

工作票签发人或工作负责人，应根据现场的安全条件、施工范围、工作需要等具体情况，增设专责监护人和确定被监护的人员。

专责监护人不得兼做其他工作。专责监护人临时离开时，应通知被监护人员停止工作或离开工作现场，待专责监护人回来后方可恢复工作。若专责监护人必须长时间离开工作现场时，应由工作负责人变更专责监护人，履行变更手续，并告知全体被监护人员。

工作期间，工作负责人若因故暂时离开工作现场时，应指定能胜任的人员临时代替，离开前应将工作现场交待清楚，并告知工作班成员。原工作负责人返回工作现场时，也应履行同样的交接手续。

若工作负责人必须长时间离开工作的现场时，应由原工作票签发人变更工作负责人，履行变更手续，并告知全体工作人员及工作许可人。原、现工作负责人应做好必要的交接。

5. 工作间断、转移和终结制度

（1）工作间断时，工作班人员应从工作现场撤出，所有安全措施保持不动，工作票仍由工作负责人执存，间断后继续工作，无需通过工作许可人。每日收工，应清扫工作地点，开放已封闭的通路，并电话告知工作许可人。若工作间断后所有安全措施和接线方式保持不变，工作票可由工作负责人执存。次日复工时，工作负责人应电话告知工作许可人，并重新认真检查确认安全措施是否符合工作票的要求。间断后继续工作，若无工作负责人或专责监护人带领，作业人员不得进入工作地点。

在未办理工作票终结手续以前，任何人员不准将停电设备合闸送电。

在工作间断期间，若有紧急需要，运维人员可在工作票未交回的情况下合闸送电，但应先通知工作负责人，在得到工作班全体人员已经离开工作地点、可以送电的答复后方可执行，并应采取下列措施：拆除临时遮栏、接地线和标示牌，恢复常设遮栏，换挂"止步，高压危险！"的标示牌；应在所有道路派专人守候，以便告诉工作班人员"设备已经合闸送电，不得继续工作"，守候人员在工作票未交回以前，不得离开守候地点。

检修工作结束以前，若需将设备试加工作电压，应按下列条件进行：全体工作人员撤离工作地点；将该系统的所有工作票收回，拆除临时遮栏、接地线和标示牌，恢复常设遮栏；应在工作负责人和运维人员进行全面检查无误后，由运维人员进行加压试验。

工作班若需继续工作时，应重新履行工作许可手续。

（2）在同一电气连接部分用同一张工作票依次在几个工作地点转移工作时，全部安全措施由运维人员在开工前一次做完，不需再办理转移手续。但工作负责人在转移工作地点时，应向工作人员交待带电范围、安全措施和注意事项。

（3）全部工作完毕后，工作班应清扫、整理现场。工作负责人应先周密地检查，待全体作业人员撤离工作地点后，再向运维人员交待所修项目、发现的问题、试验结果和存在问题等，并与运维人员共同检查设备状况、状态，有无遗留物件，是否清洁等，然后在工作票上填明工作结束时间。经双方签名后，表示工作终结。

工作班成员在完成工作票所列的工作任务撤离工作现场后，如又发现问题需要处理时，必须向工作负责人汇报，禁止擅自处理。若尚未办理工作终结手续，则由工作负责人向工作许可人说明情况后，在工作负责人带领下进行处理。如已办理工作终结手续，则必须重新办理工作许可手续后方可进行。

待工作票上的临时遮栏已拆除，标示牌已取下，已恢复常设遮栏，未拆除的接地线、未拉开的接地刀闸（装置）等设备运行方式已汇报调控人员，工作票方告终结。

只有在同一停电系统的所有工作票都已终结，并得到值班调控人员或运维负责人的许可指令后，方可合闸送电。

已终结的工作票、事故紧急抢修单应保存一年。

二、保证安全的技术措施

（一）在电力线路上工作，保证安全的技术措施

在电力线路上工作时，为了保证工作人员的安全，一般都是在停电状态下进行，停电分为全部停电和部分停电，不管是在全部停电或部分停电的电气设备工作或电力线路上工作，都必须采取停电、验电、接地、使用个人保安线以及悬挂标示牌和装设遮栏（围栏）五项基本措施，这是电力线路工作人员安全的重要技术措施。

1. 停电

停电是指对电气设备供电电源进行隔离操作的过程，是将需要停电设备与电源可靠隔离，包括工作线路和配合停电线路的停电操作。

（1）进行线路停电作业前，应做好的安全措施有：断开发电厂、变电站、换流站、开闭所、配电站（所）（包括用户设备）等线路断路器（开关）和隔离开关（刀闸）；断开线路上需要操作的各端（含分支）断路器（开关）、隔离开关（刀闸）和熔断器；断开危及线路停电作业，且不能采取相应安全措施的交叉跨越、平行和同杆架设线路（包括用户线路）的断路器（开关）、隔离开关（刀闸）和熔断器；断开有可能反送电低压电源的断路器（开关）、隔离开关（刀闸）和熔断器。

（2）停电设备的各端，应有明显的断开点，若无法观察到停电设备的断开点，应有能够反映设备运行状态的电气和机械等指示。

（3）可直接在地面操作的断路器（开关）、隔离开关（刀闸）的操作机构上应加锁，不能直接在地面操作的断路器（开关）、隔离开关（刀闸）应悬挂标示牌；跌落式熔断器的熔管应摘下或悬挂标示牌。

2. 验电

（1）在停电线路工作地段装接地线前，应使用相应电压等级、合格的接触式验电器验明线路确无电压。

直流线路和交流330kV及以上的线路，可使用合格的绝缘棒或专用的绝缘绳验电。验电时，绝缘棒或绝缘绳的金属部分应逐渐接近导线，根据有无放电

声和火花来判断线路是否确无电压。验电时应戴绝缘手套。

（2）验电前，应先在有电设备上进行试验，确认验电器良好；无法在有电设备上进行试验时，可用工频高压发生器等确证验电器良好。

验电时人体应与被验电设备保持表2-1的距离，并设专人监护。使用伸缩式验电器时应保证绝缘的有效长度。

（3）对无法进行直接验电的设备和雨雪天气时的户外设备，可以进行间接验电。即通过设备的机械指示位置、电气指示、带电显示装置、仪表及各种遥测、遥信等信号的变化来判断。判断时，至少应有两个非同样原理或非同源的指示发生对应变化，且所有这些确定的指示均已同时发生对应变化，才能确认该设备已无电。以上检查项目应填写在操作票中作为检查项。检查中若发现其他任何信号有异常，均应停止操作，查明原因。若进行遥控操作，可采用上述的间接方法或其他可靠的方法进行间接验电。

（4）对同杆塔架设的多层电力线路进行验电时，应先验低压、后验高压，先验下层、后验上层，先验近侧、后验远侧。禁止作业人员穿越未经验电、接地的10（20）kV及未采取绝缘措施的低压带电线路对上层线路进行验电。

线路的验电应逐相（直流线路逐极）进行。检修联络用的断路器（开关）、隔离开关（刀闸）或其组合时，应在其两侧验电。

3. 接地

把工作地点的电气设备用导电性能良好的金属与大地的接地设施（接地网和接地极）可靠连接起来，使工作设备上的电位始终与地电位相同，形成一个等地电位作业保护区域。装设接地线不但可以将设备的感应电荷、断开部分的残余电荷放尽，还能作用于误送来的电源，使其三相短路保护瞬间跳闸、切断电源。装设接地线还能将雷电感应波、导线的"风磨电"全部放掉，因此，接地线是防触电的"生命线"。

（1）线路经过验明确无电压后，应立即装设接地线并三相短路（直流线路两极接地线分别直接接地）。

各工作班工作地段各端和工作地段内有可能反送电的各分支线（包括用户）都要接地。直流接地极线路，作业点两端应装设接地线。配合停电的线路可以只在工作地点附近装设一处工作接地线。装、拆接地线应在监护下进行。

工作接地线应全部列入工作票，工作负责人应确认所有工作接地线均已挂设完成方可宣布开工。

（2）禁止作业人员擅自变更工作票中指定的接地线位置。如需变更，应由工作负责人征得工作票签发人同意，并在工作票上注明变更情况。

（3）同杆塔架设的多层电力线路挂接地线时，应先挂低压、后挂高压，先挂下层、后挂上层，先挂近侧、后挂远侧。拆除时次序相反。

（4）成套接地线应由有透明护套的多股软铜线和专用线夹组成，其截面不准小于 $25mm^2$，同时应满足装设地点短路电流的要求。

禁止使用其他导线接地或短路。

接地线应使用专用的线夹固定在导体上，禁止用缠绕的方法进行接地或短路。

（5）装设接地线时，应先接接地端，后接导线端，接地线应接触良好、连接应可靠。拆接地线的顺序与此相反。装、拆接地线导体端均应使用绝缘棒或专用的绝缘绳。人体不准碰触接地线和未接地的导线。

（6）在杆塔或横担接地良好的条件下装设接地线时，接地线可单独或合并后接到杆塔上，但杆塔接地电阻和接地通道应良好。杆塔与接地线连接部分应清除油漆，接触良好。

（7）无接地引下线的杆塔，可采用临时接地体。临时接地体的截面积不准小于 $190mm^2$（如 $\phi16$ 圆钢）、埋深不准小于 $0.6m$。对于土壤电阻率较高地区，如岩石、瓦砾、沙土等，应采取增加接地体根数、长度、截面积或埋地深度等措施改善接地电阻。

（8）在同塔架设多回线路杆塔的停电线路上装设的接地线，应采取措施防止接地线摆动，并满足表 2-1 安全距离的规定。

断开耐张杆塔引线或作业中需要拉开断路器（开关）、隔离开关（刀闸）时，应先在其两侧装设接地线。

（9）电缆及电容器接地前应逐相充分放电，星形接线电容器的中性点应接地，串联电容器及与整组电容器脱离的电容器应逐个多次放电，装在绝缘支架上的电容器外壳也应放电。

4. 使用个人保安线

（1）工作地段如有邻近、平行、交叉跨越及同杆塔架设线路，为防止停电检修线路上感应电压伤人，在需要接触或接近导线工作时，应使用个人保安线。

（2）个人保安线应在杆塔上接触或接近导线的作业开始前挂接，作业结束脱离导线后拆除。装设时，应先接接地端，后接导线端，且接触良好，连接可靠。拆个人保安线的顺序与此相反。个人保安线由作业人员负责自行装、拆。

（3）个人保安线应使用有透明护套的多股软铜线，截面积不准小于 16mm^2，且应带有绝缘手柄或绝缘部件。禁止用个人保安线代替接地线。

（4）在杆塔或横担接地通道良好的条件下，个人保安线接地端允许接在杆塔或横担上。

5. 悬挂标示牌和装设遮栏（围栏）

悬挂标示牌可以提醒作业人员纠正将要进行的错误操作或动作；装设遮栏（围栏）可防止作业人员过分靠近带电设备，以保障作业人员的安全。

（1）在一经合闸即可送电到工作地点的断路器（开关）、隔离开关（刀闸）及跌落式熔断器的操作处，均应悬挂"禁止合闸，线路有人工作！"或"禁止合闸，有人工作！"的标示牌。

（2）进行地面配电设备部分停电的工作，人员工作时距设备小于表 2－4 安全距离以内的未停电设备，应增设临时围栏。临时围栏与带电部分的距离，不准小于表 2－5 的规定。临时围栏应装设牢固，并悬挂"止步，高压危险！"的标示牌。35kV 及以下设备可用与带电部分直接接触的绝缘隔板代替临时遮栏。绝缘隔板绝缘性能应符合规程的要求。

表 2－4	设备不停电时的安全距离
电压等级（kV）	安全距离（m）
10 及以下	0.70
20、35	1.00
66、110	1.50

注 表中未列电压应选用高一电压等级的安全距离。

表 2－5	工作人员工作中正常活动范围与带电设备的安全距离
电压等级（kV）	安全距离（m）
10 及以下	0.35
20、35	0.60
66、110	1.50

注 表中未列电压应选用高一电压等级的安全距离。

（3）在城区、人口密集区地段或交通道口和通行道路上施工时，工作场所周围应装设遮栏（围栏），并在相应部位装设标示牌。必要时，派专人看管。

（4）高压配电设备做耐压试验时应在周围设围栏，围栏上应向外悬挂适当数量的"止步，高压危险！"标示牌。禁止作业人员在工作中移动或拆除围栏和标示牌。

（二）在电气设备上工作，保证安全的技术措施

在电气设备上工作时，为了保证工作人员的安全，一般都是在停电状态下进行，停电分为全部停电和部分停电，不管是在全部停电或部分停电的电气设备工作或电力线路上工作，都必须采取停电、验电、接地以及悬挂标示牌和装设遮栏（围栏）四项基本技术措施，上述措施由运维人员或有权执行操作的人员执行。

1. 停电

（1）工作地点，应停电的设备如下：检修的设备；与作业人员在进行工作中正常活动范围的距离小于表2-6规定的设备；在35kV及以下的设备处工作，安全距离虽大于表2-6规定，但小于表2-3规定，同时又无绝缘挡板、安全遮栏措施的设备；带电部分在工作人员后面、两侧、上下，且无可靠安全措施的设备；其他需要停电的设备。

表2-6　　　　作业人员工作中正常活动范围与设备带电部分的安全距离

电压等级（kV）	安全距离（m）	电压等级（kV）	安全距离（m）
10及以下（13.8）	0.35	750	8.00
20、35	0.60	1000	9.50
66、110	1.50	±50及以下	1.50
220	3.00	±500	6.80
330	4.00	±660	9.00
500	5.00	±800	10.10

注　1. 表中未列电压应选用高一电压等级的安全距离。
　　2. 750kV数据是按海拔2000m校正的，其他等级数据按海拔1000m校正。

（2）检修设备停电，应把各方面的电源完全断开（任何运行中的星形接线设备的中性点，应视为带电设备）。禁止在只经断路器（开关）断开电源或只经换流器闭锁隔离电源的设备上工作。应拉开隔离开关（刀闸），手车开关应拉至试验或检修位置，应使各方面有一个明显的断开点，若无法观察到停电设备的明显断开点，应有能够反映设备运行状态的电气和机械等指示。与停电设备有关的变压器和电压互感器，应将设备各侧断开，防止向停电检修设备反送电。

（3）检修设备和可能来电侧的断路器（开关）、隔离开关（刀闸）应断开控制电源和合闸电源，隔离开关（刀闸）操作把手应锁住，确保不会误送电。

（4）对难以做到与电源完全断开的检修设备，可以拆除设备与电源之间的电气连接。

2. 验电

验电可以验证停电设备是否确无电压，是防止发生带电挂接地线或带电合接地开关恶性误操作事故的有效手段。

（1）验电时，应使用相应电压等级且合格的接触式验电器，在装设接地线或合接地刀闸（装置）处对各相分别验电。验电前，应先在有电设备上进行试验，确证验电器良好；无法在有电设备上进行试验时，可用工频高压发生器等确认验电器良好。

（2）高压验电应戴绝缘手套。验电器的伸缩式绝缘棒长度应拉足，验电时手应握在手柄处不得超过护环，人体应与被验电设备保持表2-3中规定的距离。雨雪天气时不得进行室外直接验电。

（3）对无法进行直接验电的设备、高压直流输电设备和雨雪天气时的户外设备，可以进行间接验电。即通过设备的机械指示位置、电气指示、带电显示装置、仪表及各种遥测、遥信等信号的变化来判断。判断时，至少应有两个非同样原理或非同源的指示发生对应变化，且所有这些确定的指示均已同时发生对应变化，才能确认该设备已无电。以上检查项目应填写在操作票中作为检查项。检查中若发现其他任何信号有异常，均应停止操作，查明原因。若进行遥控操作，可采用上述的间接方法或其他可靠的方法进行间接验电。

330kV及以上的电气设备，可采用间接验电方法进行验电。

（4）表示设备断开和允许进入间隔的信号、经常接入的电压表等，如果指示有电，在排除异常情况前，禁止在设备上工作。

3. 接地

（1）装设接地线应由两人进行（经批准可以单人装设接地线的项目及运维人员除外）。

（2）当验明设备确已无电压后，应立即将检修设备接地并三相短路。电缆及电容器接地前应逐相充分放电，星形接线电容器的中性点应接地，串联电容器及与整组电容器脱离的电容器应逐个多次放电，装在绝缘支架上的电容器外壳也应放电。

（3）对于可能送电至停电设备的各方面都应装设接地线或合上接地刀闸（装置），所装接地线与带电部分应考虑接地线摆动时仍符合安全距离的规定。

（4）对于因平行或邻近带电设备导致检修设备可能产生感应电压时，应加装工作接地线或使用个人保安线，加装的接地线应登录在工作票上，个人保安线由工作人员自装自拆。

（5）在门型构架的线路侧进行停电检修，如工作地点与所装接地线的距离小于 10m，工作地点虽在接地线外侧，也可不另装接地线。

（6）检修部分若分为几个在电气上不相连接的部分〔如分段母线以隔离开关（刀闸）或断路器（开关）隔开分成几段〕，则各段应分别验电接地短路。降压变电站全部停电时，应将各个可能来电侧的部分接地短路，其余部分不必每段都装设接地线或合上接地刀闸（装置）。

（7）接地线、接地刀闸与检修设备之间不得连有断路器（开关）和熔断器。若由于设备原因，接地刀闸与检修设备之间连有断路器（开关），在接地刀闸和断路器（开关）合上后，应有保证断路器（开关）不会分闸的措施。

（8）在配电装置上，接地线应装在该装置导电部分的规定地点，应去除这些地点的油漆或绝缘层，并划有黑色标记。所有配电装置的适当地点，均应设有与接地网相连的接地端，接地电阻应合格。接地线应采用三相短路式接地线，若使用分相式接地线时，应设置三相合一的接地端。

（9）装设接地线应先接接地端，后接导体端，接地线应接触良好，连接应可靠。拆接地线的顺序与此相反。装、拆接地线均应使用绝缘棒和戴绝缘手套。人体不得碰触接地线或未接地的导线，以防止触电。带接地线拆设备接头时，应采取防止接地线脱落的措施。

（10）成套接地线应由有透明护套的多股软铜线和专用线夹组成，其截面不得小于 25mm^2，同时应满足装设地点短路电流的要求。

禁止使用其他导线接地或短路。

接地线应使用专用的线夹固定在导体上，禁止用缠绕的方法进行接地或短路。

（11）禁止作业人员擅自移动或拆除接地线。高压回路上的工作，必须要拆除全部或一部分接地线后始能进行工作者〔如测量母线和电缆的绝缘电阻，测量线路参数，检查断路器（开关）触头是否同时接触〕，如：拆除一相接地线；拆除接地线，保留短路线；将接地线全部拆除或拉开接地刀闸（装置）。上述工作应征得运维人员的许可（根据调控人员指令装设的接地线，应征得调控人员的许可），方可进行。工作完毕后立即恢复。

（12）每组接地线及其存放位置均应编号，接地线号码与存放位置号码应一致。

（13）装、拆接地线，应做好记录，交接班时应交待清楚。

4. 悬挂标示牌和装设遮栏

（1）在一经合闸即可送电到工作地点的断路器（开关）和隔离开关（刀闸）的操作把手上，均应悬挂"禁止合闸，有人工作！"的标示牌。

如果线路上有人工作，应在线路断路器（开关）和隔离开关（刀闸）操作把手上悬挂"禁止合闸，线路有人工作！"的标示牌。

对由于设备原因，接地刀闸（装置）与检修设备之间连有断路器（开关），在接地刀闸（装置）和断路器（开关）合上后，在断路器（开关）操作把手上，应悬挂"禁止分闸！"的标示牌。

在显示屏上进行操作的断路器（开关）和隔离开关（刀闸）的操作处均应相应设置"禁止合闸，有人工作！"或"禁止合闸，线路有人工作！"以及"禁止分闸！"的标记。

（2）部分停电的工作，安全距离小于表2-3规定距离以内的未停电设备，应装设临时遮栏，临时遮栏与带电部分的距离，不得小于表2-6的规定数值，临时遮栏可用干燥木材、橡胶或其他坚韧绝缘材料制成，装设应牢固，并悬挂"止步，高压危险！"的标示牌。

35kV及以下设备可与带电部分直接接触的绝缘隔板代替临时遮栏。绝缘隔板绝缘性能应符合规程的要求。

（3）在室内高压设备上工作，应在工作地点两旁及对面运行设备间隔的遮栏（围栏）上和禁止通行的过道遮栏（围栏）上悬挂"止步，高压危险！"的标示牌。

（4）高压开关柜内手车开关拉出后，隔离带电部位的挡板封闭后禁止开启，并设置"止步，高压危险！"的标示牌。

（5）在室外高压设备上工作，应在工作地点四周装设围栏，其出入口要围至临近道路旁边，并设有"从此进出！"的标示牌。工作地点四周围栏上悬挂适当数量的"止步，高压危险！"标示牌，标示牌应朝向围栏里面。若室外配电装置的大部分设备停电，只有个别地点保留有带电设备而其他设备无触及带电导体的可能时，可以在带电设备四周装设全封闭围栏，围栏上悬挂适当数量的"止步，高压危险！"标示牌，标示牌应朝向围栏外面。

禁止越过围栏。

（6）在工作地点设置"在此工作！"的标示牌。

（7）在室外构架上工作，则应在工作地点邻近带电部分的横梁上，悬挂"止步，高压危险！"的标示牌。在作业人员上下铁架或梯子上，应悬挂"从此上下！"的标示牌。在邻近其他可能误登的带电构架上，应悬挂"禁止攀登，高压危险！"的标示牌。

（8）禁止作业人员擅自移动或拆除遮栏（围栏）、标示牌。因工作原因必须短时移动或拆除遮栏（围栏）、标示牌，应征得工作许可人同意，并在工作负责人的监护下进行。完毕后应立即恢复。

（9）直流换流站单极停电工作，应在双极公共区域设备与停电区域之间设置围栏，在围栏面向停电设备及运行阀厅门口悬挂"止步，高压危险！"标示牌。在检修阀厅和直流场设备处设置"在此工作"的标示牌。

第二节 电 气 安 全

随着电力的广泛应用，电气设备在各行各业的运用已相当普遍，电气设备安装不恰当、使用不合理、维修不及时，尤其是电气工作人员如果缺乏必要的电气安全知识，极易造成电气事故，危及人身安全，给国家和人民群众带来损失。因此，电气安全在生产领域和生活领域都具有特殊的重大意义，越来越引起人们的关注和重视。本节主要从人身安全角度出发讨论电气安全有关问题。

一、电流对人体的危害

电对人体的伤害主要来自电流。电流流过人体时，随着电流的增大，人体会产生不同程度的刺麻、酸疼、打击感，并伴随不自主的肌肉收缩、心慌、惊恐等症状，直至出现心律不齐、昏迷、心跳呼吸停止、死亡的严重后果。

所谓触电，是指电流流过人体时对人体产生的生理和病理伤害。这种伤害是多方面的，可以分为电击和电伤两种类型。

1. 电击

电击是电流通过人体内部对人体所产生的伤害。它主要是破坏了人体的心脏、呼吸和神经系统的正常工作，危及人的生命。例如，电流通过心脏，造成心脏功能紊乱、导致血液循环的停止；电流通过中枢神经系统的呼吸控制中心使呼吸停止；电流通过胸部可使胸肌收缩迫使呼吸停顿，这几种情况都会导致死亡。一般来说，触电死亡事故中的绝大多数是由于电击造成的。

2. 电伤

电伤是电流的热效应、化学效应和机械效应对人体外部造成的局部伤害。电伤往往在肌体上留下伤痕，严重时，也可致人于死。电伤可分为电灼伤、电烙伤和皮肤金属化三种。

电灼伤是由于电流热效应而产生的电伤，如带负荷拉开隔离开关时的强烈的电弧对皮肤的烧伤，电灼伤也称为电弧伤害。电灼伤的后果是皮肤发红、起泡以及烧焦、皮肤组织破坏等。

电烙伤发生在人体与带电体有良好接触的情况下，在皮肤表面留下和被接触带电体形状相似的肿块痕迹。有时在触电后并不立即出现，而是相隔一定时间后出现，电烙印一般不发炎或化脓，但往往造成局部麻木和失去知觉。

皮肤金属化是指在电流作用下，熔化和蒸发的金属微粒产生的电伤，这种电伤，是金属微粒渗入皮肤表面层，使皮肤受伤害的部分变得粗糙、硬化或使局部皮肤变为绿色或暗黄色。

二、电流对人体伤害程度的影响因素

1. 电流强度

通过人体的电流越大，人体的生理反应越强烈，对人体的伤害就越大。按照人体对电流的生理反应强弱和电流对人体的伤害程度，可将电流大致分为感知电流、摆脱电流和致命电流三级。上述这几种电流的大小与触电对象的性别、年龄以及触电时间等因素有关。

感知电流是指能引起人体感觉但无有害生理反应的最小电流。试验表明，不同的人其感知电流是不相同的，对应于 50% 的感知电流，成年男子的约为

1.1mA，成年女子的约为 0.7mA。

摆脱电流是指人体触电后能自主摆脱电源而无病理性危害的最大电流。当电流增大到一定程度时，触电者因肌肉收缩而紧抓带电体，不能自行摆脱电源。对应于 50%的摆脱电流，成年男子的约为 16mA，成年女子的约为 10.5mA，对应于 99.5%的摆脱电流，则分别为 9mA 和 6mA，儿童的摆脱电流较小。

致命电流是指能引起心室颤动而危及生命的最小电流。致命电流为 50mA（通过时间在 1s 以上时）。

在一般情况下，可取 30mA 为安全电流，即以 30mA 为人体所能忍受而无致命危险的最大电流。但在有高度触电危险的场所，应取 10mA 为安全电流，而在空中或水面触电时，考虑到人受电击后有可能会因痉挛而摔死或淹死，则应取 5mA 作为安全电流。

2. 电流通过人体的持续时间

触电致死的生理现象是心室颤动，一方面电流通过人体的持续时间越长越容易引起心室颤动；另一方面是由于心脏在收缩与舒张的时间间隙（约 0.1s）内对电流最为敏感，通电时间长，重合这段间隙的可能性就越大，心室颤动的可能性也就越大。此外，通电时间长，电流的热效应和化学效应将会使人体出汗和组织电解，从而降低人体电阻，使流过人体的电流逐渐增大，加重触电伤害。

3. 电流的频率

人体对不同频率的生理敏感性是不同的，因而不同种类的电流对人体的伤害也就有区别。工频（30～100Hz）电流对人体的伤害最为严重；高频电流对人体的伤害程度远不及工频交流电严重，故医疗临床上有利用高频电流作理疗者，但电压过高的高频电流仍会使人触电致死；冲击电流是作用时间极短（以微秒计）的电流，如雷电放电电流和静电放电电流。冲击电流对人体的伤害程度与冲击放电能量有关，由于冲击电流作用的时间极短暂，数十毫安才能被人体所感知。

4. 电流通过人体的路径

电流取任何路径通过人体都可以致人死亡，但电流通过心脏、中枢神经（脑部和脊髓）、呼吸系统是最危险的。因此，从左手经前胸到脚是最危险的电流路径，这时心脏、肺部、脊髓等重要器官都处于路径内，很容易引起心室颤动和中枢神经失调而死亡。从右手到脚的危险性要小些，但会因痉挛而摔倒，导致电流通过全身或二次伤害。

5. 人体状况

试验研究表明，触电危险性与人体状况有关。触电者的性别年龄、健康状况、精神状态和人体电阻都会对触电后果产生影响。例如一个患有心脏病、结核病、内分泌器官疾病的人，由于自身的抵抗力低下，会使触电后果更为严重。相反，一个身心健康，经常从事体育锻炼的人，触电的后果相对来说会轻一些。妇女、儿童、老年人以及体重较轻的人耐受电流刺激的能力也相对要弱一些，触电的后果也比青壮年男子更为严重。

人体电阻的大小是影响触电后果的重要物理因素。显然，当作用于人体的电压一定时，人体电阻越小，流过人体的电流越大，触电者也就越危险。人体电阻包括体内电阻和皮肤电阻，体内电阻较小（约为 500Ω），而且基本不变。人体电阻主要是皮肤电阻，其值与诸多因素有关，如接触电压、接触面积、接触压力、皮肤表面状况（干湿程度、有无组织损伤、是否出汗、有无导电粉尘、皮肤表层角质层的厚薄）等因素都会影响人体电阻的大小。必须指出，人体电阻只对低压触电有限流作用。

6. 作用于人体的电压

触电伤亡的直接原因在于电流在人体内引起的生理病变。但电流的大小与作用于人体的电压高低有关。这不仅是由于就一定的人体电阻而言（电压越高，电流越大），更由于人体电阻将随着作用于人体的电压升高而呈非线性急剧下降，致使通过人体的电流显著增大，使得电流对人体的伤害更加严重。

究竟多高的电压才是人体所能耐受的呢？这与人体所处的环境有关。上面提到在一般环境中的安全电流可按 30mA 考虑，人体电阻在一般情况下可按 $1000\sim2000\Omega$ 计算。这样一般环境下的安全电压范围是 $30\sim60V$。我国规定的安全电压等级是 42、36、24、12、6V，当设备采用超过 24V 安全电压时，应采取防止直接接触带电体的安全措施。对于一般环境的安全电压可取 36V，但在比较危险的地方、工作地点狭窄、周围有大面积接地体、环境湿热场所，如电缆沟、煤斗、油箱等地，则采用的电压不准超过 12V。

规程规定电压等级在 1000V 以上的电气装置称为高压设备；电压等级在 1000V 及以下电气装置称为低压设备。虽然高压对人体的危害比低压要严重得多，但是由于高压电气设备有较完善的安全防范措施，人们与高压设备接触机会较少，而且思想上较为重视，因此高压触电事故反而比低压触电事故少。值得注意的是，在潮湿的环境中也曾发生过 36V 触电死亡的事故。

三、触电的类型

人体触电的方式多种多样，一般可分为直接接触触电和间接接触触电两种类型。此外，还有高压电场、高频电磁场、静电感应、雷击等触电方式。

1. 直接接触触电

人体直接触及或过分靠近电气设备及线路的带电导体而发生的触电现象称为直接接触触电。单相触电、两相触电、电弧伤害都属于直接接触触电。

（1）单相触电。人体直接碰触带电设备或线路的一相导体时，电流通过人体而发生的触电现象称之为单相触电。

电网可分为中性点直接接地系统和中性点不接地（或经消弧线圈接地）系统。由于系统中性点的运行方式不同，发生单相触电时，电流经过人体的路径及大小就不一样，触电危险性也不相同。

在中性点直接接地的电网中发生单相触电的情况如图 2-1（a）所示。设人体与大地接触良好，土壤电阻忽略不计，由于人体电阻比中性点工作接地电阻大得多，加于人体的电压几乎等于电网相电压，这时流过人体的电流为

$$I_b = \frac{U_\phi}{R_b + R_c} \tag{2-1}$$

式中　I_b——流过人体的电流，A；

　　　U_ϕ——电网相电压，V；

　　　R_c——电网中性点工作接地电阻，Ω；

　　　R_b——人体电阻，Ω。

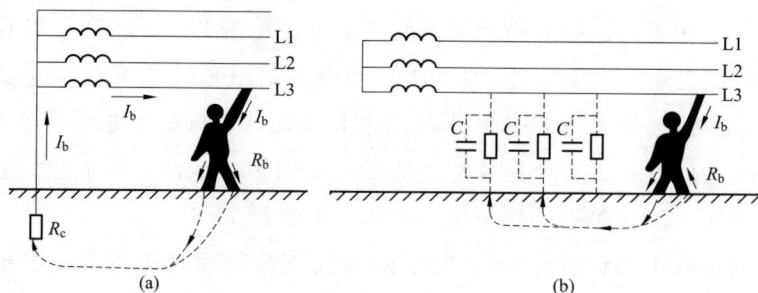

图 2-1　单相触电示意图

（a）中性点直接接地系统；（b）中性点不接地系统

对于 380/220V 三相四线制电网，$U_\phi = 220V$，$R_c = 4\Omega$，若取人体电阻 $R_b = 1000\Omega$，则由式（2-1）可算出流过人体的电流 $I = 219mA$，足以危及触电者的生命。

显然，单相触电的后果与人体和大地间的接触状况有关。如果人体站立在干燥的绝缘地板上，由于人体与大地间有很大的绝缘电阻，通过人体的电流就很小，就不会造成触电危险，但如地板潮湿，就有触电危险。

中性点不接地电网中发生单相触电的情况如图 2-1（b）所示。这时电流将从电源相线经人体、其他两相的对地阻抗（由线路的绝缘电阻和对地电容构成）回到电源的中性点形成回路，此时，通过人体的电流与线路的绝缘电阻和对地电容有关。在低压电网中，对地电容很小，通过人体的电流主要取决于线路绝缘电阻，正常情况下，设备的绝缘电阻相当大，通过人体的电流很小，一般不至造成对人体的伤害，但当线路绝缘下降时，单相触电对人体的危害仍然存在。而在高压中性点不接地电网中（特别在对地电容较大的电缆线路上）线路对地电容较大，通过人体的电容电流，将危及触电者的安全。

（2）两相触电。人体同时触及带电设备或线路中的两相导体而发生的触电方式称为两相触电，如图 2-2 所示。两相触电时，作用于人体上的电压为线电压，电流将从一相导体经人体流入另一相导体，这种情况是很危险的。以 380/220V 三相四线制为例，这时加于人体的电压为 380V，若人体电阻按 1000Ω 考虑，则流过人体内的电流将达 380mA，足以致人死亡。因此，两相触电要比单相触电严重得多。

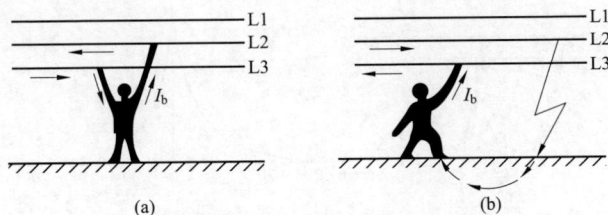

图 2-2　两相触电示意图

（a）两相直接触电；（b）两相与大地构成回路发生触电

（3）电弧伤害。电弧是气体间隙被强电场击穿时电流通过气体的一种现象。之所以将电弧伤害视为直接接触触电，是因为弧隙是被游离的带电气态导体，被电弧"烧"着的人，将同时遭受电击和电伤。在引发电弧的种种情形中，人体过分接近高压带电体所引起的电弧放电以及带负荷拉、合刀闸造成的弧光短路，对人体的危害是致命的。电弧不仅使人受电击，而且由于弧焰温度极高（中心温度高达 6000～10000℃），将对人体造成严重烧伤，烧伤部位多见于手部、胳膊、脸部及眼睛。

2. 间接接触触电

人体触及正常情况下不带电，而故障情况下变为带电的设备外露的导体，所引起的触电现象，称为间接接触触电。

例如，电气设备在正常运行时，其金属外壳或结构是不带电的，当电气设备绝缘损坏而发生接地短路故障（俗称"碰壳"或"漏电"）时，其金属外壳便带有电压，人体触及便会发生触电，此为间接接触触电。

（1）接地故障电流入地点附近地面电位分布。当电气设备发生碰壳故障、导线断裂落地或线路绝缘击穿而导致单相接地故障时，电流便经接地体或导线落地点呈半球形向地中流散，如图 2-3（a）所示。由于接近电流入地点的土层具有最小的流散截面，呈现出较大的流散电阻，接地电流将在流散途径的单位长度上产生较大的电压降，而远离电流入地点土层处电流流散的半球形截面随该处与电流入地点距离增大而增大，相应的流散电阻随之逐渐减少，接地电流在流散电阻上的压降也随之逐渐降低。于是，在电流入地点周围的土壤中和地表面各点便具有不同的电位分布，如图 2-3（b）电位分布曲线所示。

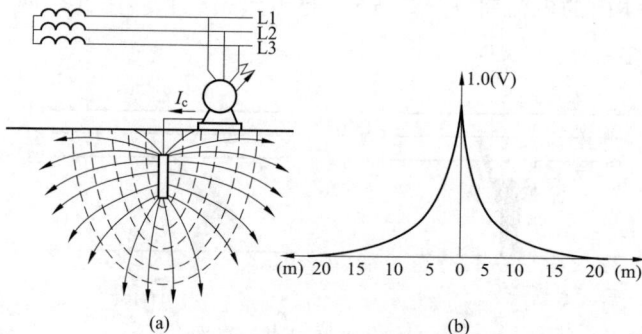

图 2-3 地中电流的流散电场和地面电位分布
（a）电流在地中的分布；（b）电流入地点周围的地面电位分布

图 2-3 中曲线表明，在电流入地点处电位最高，随着离此点的距离增大，地面电位呈先急后缓的趋势下降，在离电流入地点 10m 处，电位已下降至电流

入地点的 8%。在离电流入地点 20m 以外的地面，流散半球的截面已经相当大，相应的流散电阻可忽略不计，或者说地中电流不再于此处产生电压降，可以认为该地面电位为零，电工技术上所谓的"地"就是指此零电位处的地，而不是电流入地点的周围 20m 之内的"地"。通常我们所说的电气设备对地电压也是指带电体对此零电位点的电位差。

(2) 接触电压及接触电压触电。当电气设备因绝缘损坏而发生接地故障时，如人体的两个部分（通常是手和脚）同时触及漏电设备的外壳和地面，人体两部分分别处于不同的电位，其间的电位差即为接触电压，用 U_j 表示。图 2-4 (a) 所示的触电者手（电压 U_1）、脚电压 U_2 之间的电位差 $U_j = U_1 - U_2$ 便是该触电者承受的接触电压。在电气安全技术中是以站立在离漏电设备水平方向 0.8m 的人，手触及漏电设备外壳距地面 1.8m 处时，其手与脚两点间的电位差为接触电压计算值。由于受接触电压作用而导致的触电现象称为接触电压触电。

接触电压的大小，随人体站立点的位置而异。人体距离接地极越远，受到的接触电压越高，如图 2-4 (a) 曲线 4 所示。当 2 号电动机碰壳时，离接地极（电流入地点）远的 3 号电动机的接触电压比离接地极近的 1 号电动机的接触电压高，即 $U_{j3} > U_{j1}$，这是因为三台电动机的外壳都等于接地极电位之故。

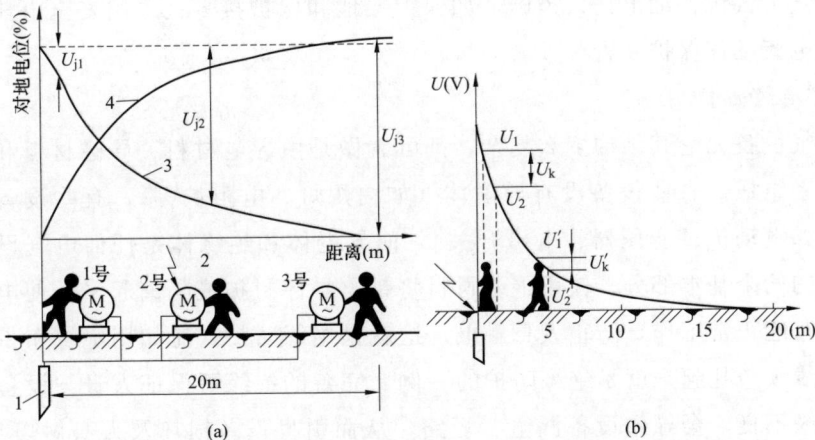

图 2-4 接触电压和跨步电压触电示意图

(a) 接触电压触电示意图；(b) 跨步电压触电示意图

1—接地体；2—漏电设备；3—设备出现接地故障时，接地体附近各点电位分布曲线；

4—人体距接地体位置不同时，接触电压变化曲线

71

（3）跨步电压及跨步电压触电。电气设备发生接地故障时，在接地电流入地点周围电位分布区（以电流入地点为圆心，半径为 20m 的范围内）行走的人，其两脚处于不同的电位，两脚之间（一般人的跨步约为 0.8m）的电位差称之为跨步电压。设前脚的电位为 U_1，后脚的电位为 U_2，则跨步电压 $U_k = U_1 - U_2$，人体距电流入地点越近，其所承受的跨步电压越高，见图 2-4（b）所示 $U_k > U_k'$。人体受到跨步电压作用时，电流将从一只脚经胯部到另一只脚与大地形成回路。触电者的症象是脚发麻、抽筋、跌倒在地。跌倒后，电流可能改变路径（如从头到脚或手）而流经人体重要器官，使人致命。

跨步电压触电还会发生在其他一些场合，如架空导线接地故障点附近或导线断落点附近，防雷接地装置附近地面等。

接触电压和跨步电压的大小与接地电流的大小、土壤电阻率、设备接地电阻及人体位置等因素有关。当人穿有靴鞋时，由于地与靴鞋的绝缘电阻上有电压降，人体受到的接触电压和跨步电压将明显降低，因此，严禁裸臂赤脚去操作电气设备。

四、触电防护技术

对系统或设备本身及工作环境采取技术措施是防止人身触电行之有效的方法，防止触电的技术措施主要有防止接触带电部件，如绝缘、屏护和安全间距；防止电气设备漏电伤人措施，如保护接地和保护接零；采用安全电压；安装剩余电流动作保护装置等。

1. 绝缘防护

电气设备无论其结构多么复杂，都可看做是由导电材料、导磁材料和绝缘材料三者组成。有些设备没有导磁体（如白炽灯、电阻炉等），有些设备有导磁体（如电动机、变压器、电磁开关），而导电体和绝缘体是任何电气设备不可缺少的两个基本部分。使用绝缘材料将带电导体封护或隔离起来，使电气设备及线路能正常工作，防止人身触电，这就是绝缘防护。比如用绝缘布带把裸露的接线头包扎起来就是绝缘防护的一例。完善的绝缘可保证人身与设备的安全；绝缘不良，会导致设备漏电、短路，从而引发设备损坏及人身触电事故。所以，绝缘防护是最基本的安全保护措施。

绝缘材料的绝缘性能恶化或破坏将引起绝缘事故，在现场作业中，预防电气设备绝缘事故的措施有以下几种。

（1）不使用质量不合格的电气产品。

（2）按规程和规范安装电气设备或线路。例如电线管与蒸汽管道之间的距离应符合规范要求，不能满足时应在管外包以隔热层；又如在有腐蚀性气体或蒸汽的场所，动配线应选用塑料绝缘导线，断路器设备应装在特制的密封箱内或浸在绝缘油中等。

（3）按工作环境和使用条件正确选用电气设备。例如潮湿场所使用的电动机，应选用密封型的。

（4）按照技术参数使用电气设备，避免过电压和过负荷运行。过负荷将使绝缘温升过高，引起绝缘材料软化，过电压有击穿绝缘的危险。

（5）正确选用绝缘材料。例如在修理电动机时，不应降低绝缘材料的耐热等级，否则绝缘的允许温升将降低，电动机额定电流将减少。

（6）按规定的周期和项目对电气设备进行绝缘预防性试验。对有绝缘缺陷的设备及时进行处理。

（7）改善绝缘结构也是积极的绝缘防护措施之一。例如采用双重绝缘结构对于家用电器和手持电动工具有显著作用。

（8）在搬运、安装、运行和维修中避免电气设备的绝缘结构受机械损伤、受潮、脏污。

（9）在中性点不接地的电力系统中装设绝缘监察装置。在这类电网中，当发生单相接地故障（一相绝缘降低）时，其他两相对地电压将升高，由于接地故障电流是电容电流而不是短路电流，短路保护装置不会动作，电网将长时间在故障状态下运行。这不仅会使非故障相的绝缘承受工频过电压，也增加了触电的危险性。因此，有必要在中性点不接地电网中装设绝缘监察装置，对电网的绝缘情况进行经常性的监视，以便及时处理接地故障。

2. 屏护与间距

（1）屏护。

屏护是采用遮栏、护罩、护盖等将带电体同外界隔绝开来，有防止触及带电导体、防止电弧烧伤、防止短路和便于安全操作的作用。高压设备往往很难做到全部绝缘，如果人接近至一定距离时会发生电弧放电事故，因此不论高压设备是否有绝缘，均需加装屏护装置。

屏护装置应与带电体保持足够的安全距离：遮栏与低压裸导体的距离不应

小于 0.8m；网眼遮栏与裸导体之间的距离，低压设备不应小于 0.15m，10kV 设备不应小于 0.35m。屏护装置所用材料应有足够的机械强度和阻燃性能，并安装牢固。金属材料制成的屏护装置应可靠接地或接零。屏护装置上应有明显的标志，如"止步，高压危险！"、"当心触电！"等警告牌。

（2）间距。

间距是将带电体置于可能触及的范围之外。其安全作用与屏护的安全作用基本相同。带电体与地面之间、带电体与树木之间、带电体与其他设施和设备之间、带电体与带电体之间均需保持一定的安全距离。安全距离的大小决定于电压高低、设备类型、环境条件和安装方式等因素。架空线路的间距需考虑气温、风力、覆冰和环境条件的影响。

在低压作业中，人体及所携带的工具与带电体的距离不应小于 0.1m。

在高压作业中，人体及所携带的工具与带电体的之间应符合表 2-3 的安全距离。

户外车辆和带电设备之间应符合表 2-7 的安全距离。

表 2-7　车辆（包括装载物）外廓至无遮栏带电部分之间的安全距离

电压等级（kV）	安全距离（m）	电压等级（kV）	安全距离（m）
10	0.95	500	4.55
20	1.05	750	6.70②
35	1.15	1000	8.25
66	1.40	±50 及以下	1.65
110	1.65（1.75）①	±500	5.60
220	2.55	±660	8.00
330	3.25	±800	9.00

① 括号内数字为 110kV 中性点不接地系统所使用。

② 750kV 数据是按海拔 2000m 校正的，其他等级数据按海拔 1000m 校正。

在架空电力线路进行起重工作时，起重机具与线路之间应符合表 2-8 的安全距离。

表 2-8　　　　　与架空输电线及其他带电体的最小安全距离

电压（kV）	<1	1~10	35~66	110	220	330	500
最小安全距离（m）	1.5	3.0	4.0	5.0	6.0	7.0	8.5

3. 保护接地

为防止人身因电气设备绝缘损坏而遭受触电，将电气设备的金属外壳与接地体连接起来，称为保护接地。

采用保护接地后，可使人体触及漏电设备时的接触电压明显降低，因而大大减轻了人体触电事故的发生。下面我们来分析保护接地的工作原理。

（1）保护接地在 IT 系统中应用。所谓 IT 系统，是指电源中性点不接地或经阻抗（约 1000Ω）接地，电气设备的外露可导电部分（如设备的金属外壳）经各自的保护线分别直接接地的三相三线制低压配电系统，如图 2-5（a）所示。在这种系统中，有人触及"碰壳"设备外壳时，流过人体的电流可由等值电路求得

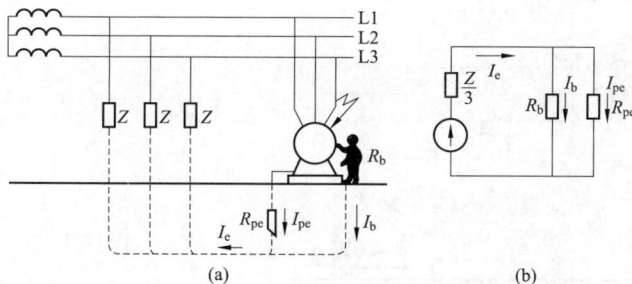

图 2-5 IT 系统发生"碰壳"故障时保护接地的作用
（a）示意图；（b）等值电路图

$$I_b = \frac{R_{pe}}{R_b} I_e \approx \frac{3UR_{pe}}{(Z + 3R_{pe})R_b}$$

式中 U——电网相电压，V；

R_b——人体电阻，Ω；

R_{pe}——接地电阻，Ω；

Z——电网每相导线对地的复阻抗，Ω。

由上可见，只要将接地电阻限制在足够小的范围内，就能使流过人体的电流小于安全电流，或者说可把人体的接触电压降低至安全电压以下，从而保证人身安全。这就是保护接地的工作原理。

（2）TT 系统中保护接地的功能。所谓 TT 系统是指电源中性点直接接地，而设备的外露可导电部分经各自的保护线分别直接接地的三相四线制低压供电

系统，如图 2-6（a）所示。电动机外壳是接地的，当电动机发生碰壳短路时，按图 2-6（b）所示的等值电路，可求得故障电流和人体所承受的电压

$$I_k = \frac{U}{R_c + \dfrac{R_e R_b}{R_e + R_b}}$$

$$U_b = \frac{R_e R_b}{R_e + R_b} I_k$$

式中　I_k——故障电流，A；

　　　R_c——电网中性点接地电阻，Ω；

　　　R_e——保护接地电阻，Ω；

　　　R_b——人体电阻，Ω。

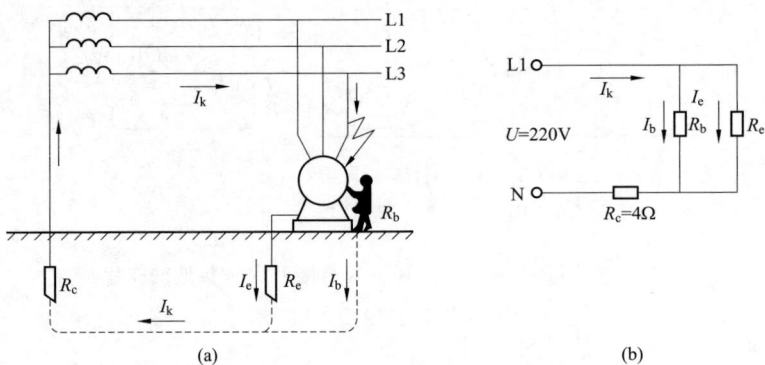

图 2-6　中性点直接接地电网采用保护接地的危险
（a）示意图；（b）等值电路图

一般情况下，R_c 和 R_e 都不超过 4Ω，如取人体电阻 $R_b = 1000$Ω，在 380/220V 电网中，故障电流和加于人体的电压分别为 27.5A 和 110V，流过人体的电流为 110mA，这个电流值仍然大于安全电流，且故障电流在 27.5A 时，一般是不能使电路的过流保护装置动作的，电动机外壳将长时间带电，这对人仍是很危险的。如将接地电阻 R_e 降至 0.78Ω 以下，就可将加于人体上的电压降至安全电压 36V 以下，但这样做将增大接地装置的费用和工程难度。随着高灵敏度剩余电流动作保护装置的推广应用，保护接地作为保安措施已被应用于中性点直接接地的三相四线制电网中。

4. 保护接零

所谓保护接零，就是把电气设备平时不带电的外露可导电部分与电源的中性线 N 连接起来。此时的中性线称保护中性线，代号为 PEN。凡采用这种保护方式的系统在 IEC 标准中统称为 TN‐C 系统。

如图 2‐7（a）所示，电动机正常运行时，中性线不带电压，由于电动机的外壳是与电源中性线相连接的，人体摸触设备外壳等于摸触中性线，并无触电的危险。当电动机发生"碰壳"故障时，电动机的金属外壳将相线与中性线直接连通，单相接地故障转变为单相短路。因为中性线阻抗很小，短路电流的数值足以使安装于线路上的熔断器或其他过电流保护装置迅速动作，从而把故障设备电源断开，消除触电危险。

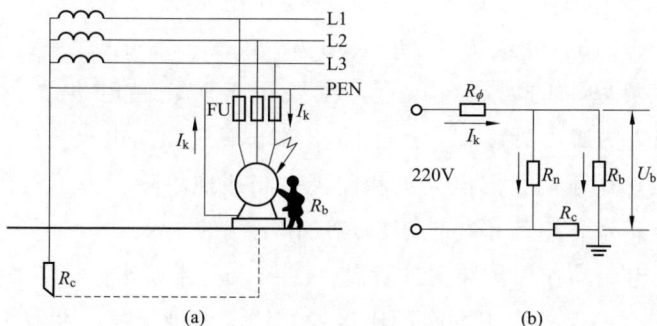

图 2‐7 中性点直接接地的低压配电系统的保护接零
(a) 保护接零示意图；(b) 等值电路图

必须指出，从设备"碰壳"短路的发生到过电流保护装置动作切断电源的时间间隔内，触及设备外壳的人体是要承受电压的，此电压近似等于短路电流在中性线上的压降。当忽略线路感抗，并考虑 $R_b \gg R_c$，$R_b \gg R_n$（中性线电阻）时，人体所承受的电压

$$U_b \approx I_k \cdot R_n \cdot U_n = \frac{U}{R_\phi + R_n} R_n$$

式中 R_ϕ——相线的电阻，Ω；

R_n——中性线的电阻，Ω；

假设相线截面为中性线的 2 倍，则 $R_n = 2R_\phi$，于是，人体所受的电压为 147V，显然，这个电压数值对人体仍是危险的。所以，保护接零的有效性在于线路的短路保护装置能否在"碰壳"短路故障发生后灵敏地动作，迅速切断电源。

保护接零用于用户装有配电变压器，且其低压中性点直接接地的380/220V三相四线制配电网。

5. 剩余电流保护装置

剩余电流动作保护装置，是指电路中带电导线对地故障所产生的剩余电流超过规定值时，能够自动切断电源或报警的保护装置。

低压配电系统中装设剩余电流动作保护装置是防止直接接触电击事故和间接接触电击事故的有效措施之一，也是防止电气线路或电气设备接地故障引起电气火灾和电气设备损坏事故的技术措施。

剩余电流动作保护装置的额定剩余动作电流分为0.006、0.01、0.015、0.03、0.05、0.075、0.1、0.2、0.3、0.5、1、3、5、10、20A等15个等级。其中，30mA及以下的属高灵敏度，主要用于防止触电事故；30mA以上、1000mA及以下的属中灵敏度，用于防止触电事故和漏电火灾；1000mA以上的属低灵敏度，用于防止漏电火灾和监视一相接地故障。为了避免误动作，保护装置的额定不动作电流不得低于额定动作电流的1/2。

（1）剩余电流动作保护装置的优越性。剩余电流动作保护装置的保护性能，在于对人身安全的保护作用方面远比接地、接零保护优越，并且效果显著，从以下情况可以证明。设电源中性点接地电阻 R_c 为1Ω（一般为4Ω以下），一相导线的电阻 R_x 为1Ω，相电压 U_{xg} 为220V，电气设备保护接地电阻 R_d 为10Ω，则设备碰壳短路电流为

$$I = \frac{U_{xg}}{R_c + R_d + R_x} = \frac{220}{1 + 1 + 10} = 18(\text{A})$$

18A的短路电流不足以引起一般过电流保护动作。设备外壳对大地零电位的接触电压为18×10=180（V），这个数值对人身安全有很大的威胁，按人身危险电流50mA和人体电阻为1000Ω计算，则安全接触电压的极限为50V，若采用接地保护方法将触电电压降低到50V以下，则必须将设备接地电阻降低到0.588Ω以下，这是难以办到的。而剩余电流动作保护装置的动作电流以一般可降低到30mA，若按接触电压为50V计算，则容许最大接地电阻 $R_d = U/I = 50/0.03 = 1666$（Ω）。一般固定安装的电气设备本身自然接地就具有如下的电阻值：①埋入有混凝土基础内的电动机用围栏为450Ω；②埋入灰砂浆中的钢

管为 360Ω；③湿土上的混凝土搅拌机为 250Ω。

因此在上述情况下，不必另设接地装置，只要采用 30mA 动作电流的剩余电流动作保护装置即可起到保护作用。

（2）剩余电流保护装置的应用。

在直接接触电击事故的防护中，剩余电流保护装置只作为直接接触电击事故基本防护措施的补充保护措施（不包括对相与相、相与 N 线间形成的直接接触电击事故的保护）。用于直接接触电击事故防护时，应选用一般型（无延时）的剩余电流保护装置。其额定剩余动作电流不超过 30mA。

间接接触电击事故防护的主要措施是采用自动切断电源的保护方式，以防止由于电气设备绝缘损坏发生接地故障时，电气设备的外露可接近导体持续带有危险电压而产生电击事故或电气设备损坏事故。当电路发生绝缘损坏造成接地故障，其故障电流值小于过电流保护装置的动作电流值时，应安装剩余电流保护装置。

为防止电气设备或线路因绝缘损坏形成接地故障引起的电气火灾，应装设当接地故障电流超过预定值时，能发出报警信号或自动切断电源的剩余电流保护装置。

低压供用电系统中为了缩小发生人身电击事故和接地故障切断电源时引起的停电范围，剩余电流保护装置应采用分级保护。

（3）必须安装剩余电流保护装置的设备和场所。

1）末端保护：属于Ⅰ类的移动式电气设备及手持式电动工具；生产用的电气设备；施工工地的电气机械设备；安装在户外的电气装置；临时用电的电气设备；机关、学校、宾馆、饭店、企事业单位和住宅等除壁挂式空调电源插座外的其他电源插座或插座回路；游泳池、喷水池、浴池的电气设备；安装在水中的供电线路和设备；医院中可能直接接触人体的电气医用设备；其他需要安装剩余电流保护装置的场所。

2）线路保护：低压配电线路根据具体情况采用二级或三级保护时，在总电源端、分支线首端或线路末端（农村集中安装电能表箱、农业生产设备的电源配电箱）安装剩余电流保护装置。

（4）剩余电流动作保护装置的选用。剩余电流动作保护装置的选用应当考虑多方面的因素。在浴室、游泳池、隧道等触电危险性很大的场合，应选用高灵敏度的剩余电流动作保护装置。如果在作业场所触电后，有其他人帮助及时脱离电源，则剩余电流动作保护装置的动作电流可以大于摆脱电流；如选用快速型保护装置，动作电流可按心室颤动电流选取；如果是前级保护，即分保护前面的总保护，动作电流可超过心室颤动电流。如果作业场所无他人配合工作，动作电流不应超过摆脱电流。在触电后可能导致严重二次伤害的场所，应选用 6mA 动作电流。为了保护儿童或病人，应采用 10mA 以下的动作电流。

（5）剩余电流动作保护装置的运行要求。运行中的剩余电流动作保护装置应当定期检查和试验。保护装置外壳各部及其上部件、连接端子应保持清洁、完好无损；胶木外壳不应变形、变色，不应有裂纹和烧伤痕迹；制造厂名称（或商标）、型号、额定电压、额定电流、额定动作电流等应标志清楚，并应与运行线路的条件和要求相符合。保护装置外壳防护等级应与作用场所的环境条件相适应。接线端子不应松动，不应有明显腐蚀；连接部位不得变色；保护装置工作时不应有杂音；剩余电流动作保护开关的操作手柄应灵活、可靠，使用过程中也应定期用试验按钮试验其可靠性。

五、电气防雷

1. 雷电产生的原因

雷电现象是由于地面湿气受热上升或空中不同冷热气团相遇凝成水滴或冰晶形成积云，在运动时使电荷发生分离，当电荷积聚到足够数量时，就在带有不同电荷的云间或由于静电感应而产生不同电荷的云地间发生的放电现象。

雷云中可能同时存在着几个电荷聚集中心，所以经常出现多次重复性的放电现象，常见的为 2～3 次，当第一个电荷聚集中心完成放电过程后，其电位迅速下降，第二个电荷聚集中心立即向着前一个放电位置移动，瞬间重复放电。每次间隔时间从几百毫秒到几百微秒不等，但其放电电流将逐次递减。

2. 雷电的种类

（1）直击雷。带电积云接近地面与地面凸出物之间的电场强度达到空气的介电强度（25～30kV/mm）时发生的放电现象，称为直击雷。通常含有先导放电、主放电、余光三个阶段。大约 50% 的直击雷有重复放电特征。每次雷击有三、四个冲击到数十个冲击。一次直击雷的全部放电时间一般不超过 500ms。

（2）感应雷。感应雷也称为静电感应，分为静电感应雷和电磁感应雷。静电感应雷是由于带电积云在架空导线或其他导电凸出物顶部感应出大量电荷，在带电积云与其他客体放电后，感应电荷失去束缚，以大电流、高电压冲击波的形式，沿线路导线或导电凸出物的传播。电磁感应雷是由于雷电放电时，巨大的冲击雷电流在周围空间产生迅速变化的强磁场在邻近的导体上产生的很高的感应电动势。

（3）球雷。球雷是雷电放电时形成的发红光、橙光、白光或其他颜色光的球状带电气体。

此外，直击雷和感应雷都能在架空线路或空中金属管道上产生沿线路或管道两个方向传播的雷电冲击波。

3. 雷电的危害

雷电具有雷电流幅值大（可达数十千安到数百千安）、雷电流陡度大（可达 $50kA/\mu s$）、冲击性强、冲击过电压高（可达数百万伏到数千万伏）的特点。

雷电有电性质、热性质、机械性质等多方面的破坏作用，均可能带来极为严重的后果。

（1）火灾与爆炸。直击雷放电的高温电弧、二次放电、巨大的雷电流、球雷侵入可直接引起火灾和爆炸；冲击电压击穿电气设备的绝缘等破坏可间接引起火灾和爆炸。

（2）触电。积云直接对人体放电、二次放电、球雷打击、雷电流产生的接触电压和跨步电压可直接使人触电；电气设备绝缘因雷击而损坏也可使人遭到电击。

（3）设备和设施毁坏。雷击产生的高电压、大电流伴随的汽化力、静电力、电磁力可毁坏重要的电气装置和建筑物及其他设施。

（4）大规模停电。电力设备或电力线路破坏后即可能导致大规模停电。

4. 防雷技术

（1）防雷建筑物分类。建筑物按其火灾和爆炸的危险性、人身伤亡的危险性、政治经济价值分为三类。不同类别的建筑物有不同的防雷要求。

第一类防雷建筑物是指制造、使用或贮存炸药、火药、起爆物、火工品等大量危险物质，遇电火花会引起爆炸，从而造成巨大破坏或人身伤亡的建筑物。

第二类防雷建筑物是指对国家政治或国民经济有重要意义的建筑物以及制造、使用和贮存爆炸危险物质，但火花不易引起爆炸，或不致造成巨大破坏和人身伤亡的建筑物。

第三类防雷建筑物是指需要防雷的除第一类、第二类防雷建筑物以外需要防雷的建筑物。

（2）直击雷防护。第一类防雷建筑物、第二类防雷建筑物、第三类防雷建筑物的易受雷击部位，遭受雷击后果比较严重的设施或堆料，高压架空电力线路、发电厂和变电站等，应采取防直击雷的措施。

装设避雷针、避雷线、避雷网、避雷带是直击雷防护的主要措施。避雷针分独立避雷针和附设避雷针。独立避雷针不应设在人经常通行的地方。

（3）二次放电防护。为了防止二次放电，不论是空气中或地下，都必须保证接闪器、引下线、接地装置与邻近导体之间有足够的安全距离。在任何情况下，第一类防雷建筑物防止二次放电的最小距离不得小于 3m，第二类防雷建筑物防止二次放电的最小距离不得小于 2m，不能满足间距要求时应予跨接。

（4）感应雷防护。有爆炸和火灾危险的建筑物、重要的电力设施应考虑感应雷防护。

为了防止静电感应雷的危险，应将建筑长期不带电的金属装备、金属结构连成整体并予以接地。为了防止电磁感应雷的危险，应将平行管道、相距不到 100mm 的管道用金属线跨接起来。

（5）雷电冲击波防护。变配电装置、可能有雷电冲击波进入室内的建筑物应考虑雷电冲击波防护。

为了防止雷电冲击波侵入变配电装置，可以在线路引入端安装避雷器。避雷器上端接在架空线路上，下端接地。正常时避雷器对地保持绝缘状态；当雷电冲击波到来时，避雷器被击穿，将雷电流引入大地；冲击波过后，避雷器自动恢复绝缘状态。

对于建筑物，可采用以下措施：全长直接埋地电缆供电，入户处金属电缆外皮接地；架空线转电缆供电，架空线与电缆连接处装设避雷器，避雷器、电缆金属外皮、绝缘子铁脚、金具等一起接地；架空线供电，入户处装设避雷器或保护间隙，并与绝缘子铁脚、金具等一起接地。

（6）人身防雷。雷暴时，应尽量减少在户外或野外逗留；在户外或野外最好穿塑料等不浸水的雨衣；如有条件，可进入有宽大金属架或有防雷设施的建筑物、汽车或船只。

雷暴时，应尽量离开小山、小丘、隆起的小道，应尽量离开海滨、湖滨、河边、池塘旁，应尽量避开铁丝网、金属晒衣绳以及旗杆、烟囱、宝塔、孤独的树木附近，还应尽量离开没有防雷保护的小建筑物或其他设施。

雷暴时，在户内应离开照明线、动力线、电话线、广播线、收音机和电视机电源线、收音机和电视机天线以及与其相连接的各种金属设备。

六、静电防护

1. 静电的产生

最常见产生静电的方式是接触——分离起电。当两种物体接触时，其间距离小于 25×10^{-8} cm 时，将发生电子转移，并在分界面两侧出现大小相等、极性相反的两层电荷。当两种物体迅速分离时即可能产生静电。

静电的大小与物体表面处电介质的性质和状态，物体表面之间相互贴近的压力大小，物体表面之间相互摩擦的速度，物体周围介质的温度、湿度有关。

下列工艺过程比较容易产生积累危险静电：

(1) 固体物质大面积的摩擦。

(2) 固体物质的粉碎、研磨过程；粉体物料的筛分、过滤、输送、干燥过程；悬浮粉尘的高速运动。

(3) 在混合器中搅拌各种高电阻率物质。

(4) 高电阻率液体在管道中高速流动、液体喷出管口、液体注入容器。

(5) 液化气体、压缩气体、高压蒸气在管道中流动或由管口喷出时。

(6) 穿化纤布料衣服、穿高绝缘鞋的人员在操作、行走、起立等。

2. 静电的特点

(1) 静电电压高。静电能量不大，但其电压很高，固体静电可达 20×10^4 V 以上，液体静电和粉体静电可达数万伏，气体和蒸气静电或达一万伏以上，人体静电也可达一万伏以上。

(2) 静电泄漏慢。由于积累静电材料的电阻率都很高，其上静电泄漏很慢。

(3) 静电的影响因素多。静电的产生和积累受材质、杂质、物料特征、工艺设备（如几何形状、接触面积）和工艺参数（如作业速度）、湿度和温度、带电历程等因素的影响。由于静电的影响因素多，静电事故的随机性强。

3. 静电的危害

工艺过程中产生的静电可能引起爆炸和火灾，也可能给人以电击，还可能妨碍生产。其中，爆炸和火灾是最大的危害和危险。

4. 防止静电危害的措施

静电最为严重的危险是引起爆炸和火灾。因此，静电安全防护主要是对爆炸和火灾的防护。这些措施对于防止静电电击和防止静电影响生产也是有效的。

（1）环境危险程度控制。静电引起爆炸和火灾的条件之一是有爆炸性混合物存在。为了防止静电的危险，可采取代易燃介质、降低爆炸性混合物的浓度、减少氧化剂含量等控制所在环境爆炸和火灾危险程度的措施。

（2）工艺控制。为了有利于静电的控制，可采用导电性好的工具；为了防止静电放电，在液体灌装过程中不得进行取样、检测或测温操作，进行上述操作前，应使液体静置一定的时间，使静电得到足够的消散或松弛；为了避免液体在容器内喷射和溅射，应将注油管延伸到容器底部；装油前清除罐底积水和污物，以减少附加静电。

（3）接地。接地的作用主要是消除导体上的静电。金属导体应直接接地。为了防止火花放电，应将可能发生火花放电的间隙跨接连通起来，并予以接地。防静电接地电阻原则上不超过 $1M\Omega$ 即可；对于金属导体，为了检测方便，可要求接地电阻不超过 $100\sim1000\Omega$。对于易产生和积累静电的高绝缘材料，宜通过 $10^6\Omega$ 或稍大一些的电阻接地。

（4）增湿。为防止大量带电，相对湿度应在 50% 以上；为了提高降低静电的效果，相对湿度应提高到 $65\%\sim70\%$；增湿的方法不宜用于防止高温环境里的绝缘体上的静电。

（5）抗静电添加剂。抗静电添加剂是化学药剂。在容易产生静电的高绝缘材料中加入抗静电添加剂之后，能降低材料的体积电阻率或表面电阻率以加速静电的泄漏，消除静电的危险。

（6）静电中和器。静电中和器又叫静电消除器。静电中和器是能产生电子和离子的装置。由于产生了电子和离子，物料上的静电电荷得到异性电荷的中和，从而消除静电的危险。静电中和器主要用来消除非导体上的静电。

（7）静电屏蔽。静电屏蔽是用屏蔽材料阻止带电体（绝缘体带电）对其附近物体的电气作用，而达到防止绝缘体带电引起的力学现象和放电现象。静电屏蔽的目的是屏蔽带电体的静电场，一般是通过接地的金属等导体（如金属丝、金属网等）覆盖带电体的表面。

（8）消除静电安全管理。静电安全管理包括制定关联静电安全操作规程、制定静电安全指标、静电安全教育、静电检测管理等内容。

第三节　带电作业安全

带电作业是指在不停电的电力线路和电气设备上进行检修、测试的一种作业方法。电气设备在长期运行中需要经常测试、检查和维修。带电作业是避免检修停电，保证正常供电的有效措施，它利于检修计划的实施，提高了供电可靠性和设备的可用率。因此带电作业被电网企业广泛采用。

1. 按人与带电体的相对位置来划分

可分为间接作业与直接作业两种方式。

（1）间接作业（也称距离作业）时，作业人员不直接接触带电体，保持一定的安全距离，利用绝缘工具操作高压带电部件的作业。如带电水冲洗、带电气吹清扫绝缘子等。

（2）直接作业（也称等电位作业）时，作业人员穿戴全套屏蔽防护用具，借助绝缘工具进入带电体，人体与带电设备处于同一电位的作业。

2. 按作业人员的人体电位来划分

可分为地电位作业法、中间电位作业法和等电位作业法三种。

（1）地电位作业是作业人员保持人体与大地（或杆塔）同一电位，通过绝缘工具接触带电体的作业。

（2）中间电位作业是在地电位法和等电位法不便采用的情况下，介于两者之间的一种作业方法。此时人体的电位是介于地电位和带电体电位之间的某一悬浮电位，它要求作业人员既要保持对带电体有一定的距离，又要保持对地有一定的距离。

（3）等电位作业是作业人员保持与带电体（导线）同一电位的作业。

3. 按采用的绝缘工具来划分

有绝缘操作杆作业法和绝缘手套作业法。

一、带电作业安全的基本要求

为了保证带电作业中的人身安全，不论是何种作业方法，在安全技术上都必须满足下列基本要求。

(1) 通过人体的电流不超过人体的感知水平 1mA。

(2) 人体体表局部场强不超过人体的感知水平 240kV/m。

(3) 工作人员与带电体保持规定的安全距离。

1. 人员要求

(1) 带电作业人员应身体健康，无妨碍作业的生理和心理障碍。应具有电工原理和电力线路的基本知识，掌握带电作业的基本原理和操作方法，熟悉作业工具的适用范围和使用方法。通过专门培训，考试合格并具有上岗证。

(2) 熟悉《电力安全工作规程》和《输配电线路带电作业技术导则》。会紧急救护法、触电急救法和人工呼吸法。

(3) 工作负责人（包括安全监护人）应具有 3 年以上的带电作业实际工作经验，熟悉设备状况，具有一定的组织能力和事故处理能力，经领导批准后，负责现场的监护。

2. 气象条件要求

(1) 带电作业应在良好天气下进行，如遇雷、雨、雪、雾天气，不得进行带电作业。风力大于 5 级时，一般不宜进行带电作业。

(2) 在特殊情况下，若必须在恶劣气候下带电抢修，工作负责人应针对现场气象和工作条件，组织有关人员充分讨论，制定可靠的安全措施，经领导审核批准后方可进行。

(3) 夜间抢修作业应有足够的照明设施。

(4) 带电作业过程中若遇天气突然变化，有可能危及人身或设备安全时，应立即停止工作，尽快恢复设备正常状况，或采取临时安全措施。

3. 其他要求

(1) 带电作业的新项目、新工具必须经过及时鉴定合格，通过在模拟设备上实际操作，确认切实可行，并订出相应的操作程序和安全技术措施。经本单位总工程师批准后方可在运行设备上进行作业。

(2) 凡是比较重大或较复杂的作业项目，必须组织有关技术人员、作业人员研究讨论，订出相应的操作程序和安全技术措施，经本单位技术负责人审核，本单位总工程师批准后方可能执行。

二、用绝缘操作杆与绝缘工具作业时的安全技术要求

绝缘杆作业法是指作业人员与带电体保持《国家电网公司电力安全工作规程（线路部分）》规定的安全距离，通过绝缘工具进行作业的方式。

用绝缘操作杆进行带电作业时，操作人员是处于地电位或中间电位并与带电体保持安全距离的情况下，利用各种绝缘工具进行作业。这种方法从安全上考虑，主要是在满足安全距离的基础上，要求使用的绝缘工具的绝缘强度必须大于系统可能发生的最大过电压值。

一般绝缘工具大都装有金属部件，如经常使用的操作杆。为了适应不同的电压等级及携带方便，通常都由3~4节组装而成，相互之间采用金属接头，操作杆头部根据不同的工作需要安装不同的操作头。如推拉隔离开关或跌落保险用的挂钩，取弹簧销或开口销用的各种取销器，装卸螺丝用的各种扳手等。操作杆头大都采用金属材料。由于这些金属部件的存在，在计算绝缘杆长度时，必须减去金属部件的长度。一般将减去金属部分后的绝缘工具的长度称为有效长度。

绝缘工具根据用途可分两类，一类是操作杆等。其特点是使用频繁，在操作时绝缘工具的有效长度可能随着工作人员的活动偶尔会有所减少。另一类是承力工具，如作支、拉、升、降、紧、吊、张、缩用的绝缘杆或绝缘绳索。此类绝缘工具的特点是，由于受设备的限制，在使用中不大可能减小有效长度。一般带电作业绝缘工具的有效长度主要根据上述两类工具特点来确定。

根据试验，绝缘工具的长度在3.5m以下时，其长度、电极形状以及周围接地体布置与空气间隙的情况相同。在干燥的条件下，1m长的空气间隙的击穿电压为363kV。而1m长的尼龙绳闪络电压为372~385kV；1m长的绝缘棒的闪络电压为340kV。对于绝缘操作杆，由于使用频繁和运输过程中可能磨损，以及使用时由于操作人员一时疏忽大意有可能使绝缘长度减小等原因，其绝缘有效长度要求在允许最小安全距离的基础上增加一定的安全裕度。一般220kV及以下系统中取0.3m安全裕度。传递用绳索的有效长度按绝缘杆的有效长度考虑。根据《电力安全工作规程》规定，不同电压等级的绝缘操作杆，绝缘承力工具和绝缘绳索的有效长度不得小于表2-9的规定。

表 2 - 9 绝缘工具最小有效绝缘长度

电压等级（kV）	有效绝缘长度（m）	
	绝缘操作杆	绝缘承力工具、绝缘绳索
10	0.7	0.4
35	0.9	0.6
66	1.0	0.7
110	1.3	1.0
220	2.1	1.8
330	3.1	2.8
500	4.0	3.7
750	—	5.3
绝缘工具最小有效绝缘长度（m）		
1000	6.8	
±500	3.7	
±660	5.3	
±800	6.8	

根据多年来的带电作业的实践经验，在用间接作业法和中间电位法时，安全技术上还应特别注意静电感应的问题。作业时人员与带电体的距离比较近，经常活动在高压电场中，由于带电体与非接地体和大地之间存在着杂散电容，故发生电容充电。当工作人员对地绝缘时，一旦人体的某一部分与杆塔、构架或其他接地物体相碰触，或与对地绝缘的导电体相接触时，都会发生人身触电现象，造成人员伤亡。

三、低压带电作业

（1）不填用工作票的低压电气工作可单人进行。

（2）使用有绝缘柄的工具，其外裸的导电部位应采取绝缘措施，防止操作时相间或相对地短路。低压电气带电工作应戴手套、护目镜，并保持对地绝缘。禁止使用锉刀、金属尺和带有金属物的毛刷、毛掸等工具。

（3）高、低压同杆架设，在低压带电线路上工作时应先检查与高压线的距离，采取防止误碰带电高压设备的措施。在下层低压带电导线未采取绝缘措施时，作业人员不准穿越。在带电的低压配电装置上工作时，应采取防止相间短路和单相接地的绝缘隔离措施。

（4）上杆前，应先分清相线、中性线，选好工作位置。断开导线时，应先断开相线，后断开地线。搭接导线时，顺序相反。人体不准同时接触两根线头。

四、带电作业工具的保管、使用和试验

带电作业工具是完成每个作业项目必不可少的重要装备，也是保护带电作业人员人身安全的重要环节，保证带电作业工具性能优良直接关系到带电作业人员的生命安全。工作中我们要严格执行带电作业工具保管、使用和试验的要求，确保作业人员的人身安全。

1. 带电作业工具的保管

(1) 带电作业工具应存放于通风良好，清洁干燥的专用工具房内。工具房门窗应密闭严实，地面、墙面及顶面应采用不起尘、阻燃材料制作。室内的相对湿度应保持在 $50\%\sim70\%$。室内温度应略高于室外，且不宜低于 $0℃$。

(2) 带电作业工具房进行室内通风时，应在干燥的天气进行，并且室外的相对湿度不得高于 75%。通风结束后，应立即检查室内的相对湿度，并加以调控。

(3) 带电作业工具房应配备湿度计、温度计、抽湿机（数量以满足要求为准）、辐射均匀的加热器，足够的工具摆放架、吊架和灭火器等。

(4) 带电作业工具应统一编号、专人保管、登记造册，并建立试验、检修、使用记录。

(5) 有缺陷的带电作业工具应及时修复，不合格的应予报废，严禁继续使用。

(6) 高架绝缘斗臂车应存放在干燥通风的车库内，其绝缘部分应有防潮措施。

2. 带电作业工具的使用

(1) 带电作业工具应绝缘良好、连接牢固、转动灵活，并按厂家使用说明书、现场操作规程正确使用。

(2) 带电作业工具使用前应根据工作负荷校核机械强度，并满足规定的安全系数。

(3) 带电作业工具在运输过程中，带电绝缘工具应装在专用工具袋、工具箱或专用工具车内，以防受潮和损伤。发现绝缘工具受潮或表面损伤、脏污时，应及时处理并经试验或检测合格后方可使用。

(4) 进入作业现场应将使用的带电作业工具放置在防潮的帆布或绝缘垫上，防止绝缘工具在使用中脏污和受潮。

（5）带电作业工具使用前，仔细检查确认没有损坏、受潮、变形、失灵，否则禁止使用。并使用 2500V 及以上绝缘电阻表或绝缘检测仪进行分段绝缘检测（电极宽 2cm，极间宽 2cm），阻值应不低于 700MΩ。操作绝缘工具时应戴清洁、干燥的手套。

3. 带电作业工具的试验

为了保证带电作业工具具有很好的电气和机械性能，带电作业工具应定期进行电气试验与机械试验。

（1）试验周期。电气试验：预防性试验每年一次，检查性试验每年一次，再次试验间隔半年。机械试验：绝缘工具每年一次，金属工具两年一次。

（2）预防性试验项目及标准。220kV 及以下带电作业工具只做工频时间（1min）试验。不做操作冲击试验，一般短时间 1min 耐压试验的电压值，已能满足操作过电压情况的要求。出厂及型式试验电压按绝缘材料 250kV/m 的平均电场强度计算。预防性试验电压则按操作过电压倍数计算得出，即 DL/T 596—1996《电力设备预防性试验规程》中规定数值。两者在 66、110、220kV 电压等级的试验电压数值基本相同，10、35kV 电压等级的出厂及型式试验电压数值高于预防性试验的数值，绝缘裕度大些，这主要由 10、35kV 工具绝缘长度所决定。330、500kV 工频和操作冲击的预防性试验电压均为出厂及型式试验电压的 90%。各电压等级的具体试验电压详见表 2-10。

表 2-10　　　　　　　　　绝缘工具的试验项目及标准

额定电压（kV）	试验长度（m）	1min 工频耐压（kV）		3min 工频耐压（kV）		15 次操作冲击耐压（kV）	
		出厂及型式试验	预防性试验	出厂及型式试验	预防性试验	出厂及型式试验	预防性试验
10	0.4	100	45	—	—	—	—
35	0.6	150	95	—	—	—	—
66	0.7	175	175	—	—	—	—
110	1.0	250	220	—	—	—	—
220	1.8	450	440	—	—	—	—
330	2.8	—	—	420	380	900	800
500	3.7	—	—	640	580	1175	1050
750	4.7	—	—	—	780	—	1300

续表

额定电压（kV）	试验长度（m）	1min 工频耐压（kV）		3min 工频耐压（kV）		15 次操作冲击耐压（kV）	
		出厂及型式试验	预防性试验	出厂及型式试验	预防性试验	出厂及型式试验	预防性试验
1000	6.3	—	—	1270	1150	1865	1695
±500	3.2	—	—	—	565	—	970
±660	4.8	—	—	820	745	1480	1345
±800	6.6	—	—	985	895	1685	1530

注 ±500kV、±660kV、±800kV 预防性试验采用 3min 直流耐压。

操作冲击耐压试验宜采用 $250/2500\mu s$ 的标准波形，以无一次击穿、闪络为合格。工频耐压试验以无击穿、无闪络及过热为合格。

高压电极应使用直径不小于 30mm 的金属管，被试品应垂直悬挂，接地极的对地距离为 1.0～1.2m。接地极及接高压的电极（无金具时）处，以 50mm 宽金属铂缠绕。试品间距不小于 500mm，单导线两侧均压球直径不小于 200mm，均压球距试品不小于 1.5m。试品应整根进行试验，不得分段。

（3）绝缘工具的检查性试验。绝缘工具的检查性试验条件是将绝缘工具分成若干段进行工频耐压试验，每 300mm 耐压 75kV，时间为 1min，以无击穿、闪络及过热为合格。

（4）带电作业工具的机械预防性试验标准。静荷重试验：将带电作业工具组装成工作状态，加上 1.2 倍允许工作负荷，持续时间为 1min，在这个时间内各部件均未发生变形和损伤为合格。动荷重试验：将带电作业工具组装成工作状态，加上 1.0 倍允许工作负荷，按工作情况操作 3 次，工具灵活、轻便、连接部分无卡住现象为合格。

第四节　高　处　作　业　安　全

一、高处作业相关术语

1. 高处作业

在距坠落高度基准面 2m 或 2m 以上有可能坠落的高处进行的作业称为高处作业。

2. 坠落高度基准面

通过可能坠落范围内最低处的水平面定义为坠落高度基准面。

3. 可能坠落范围

以作业位置为中心，可能坠落范围半径为半径划成的与水平面垂直的柱形空间，称为可能坠落范围。

4. 可能坠落范围半径 R

为确定可能坠落范围而规定的相对于作业位置的一段水平距离称为可能坠落范围半径。可能坠落范围半径用 m 表示，其大小取决于与作业现场的地形、地势或建筑物分布等有关的基础高度，具体的规定是在统计分析了许多高处坠落事故案例的基础上作出的。

不同高度的可能坠落半径见表 2 - 11。

表 2 - 11　　　　　　　不同高度的可能坠落半径　（m）

作业位置至其底部的垂直位置	2~5	5~15	15~30	>30
其可能坠落的范围半径	3	4	5	6

5. 基础高度 h_b

以作业位置为中心，6m 为半径，划出一个垂直水平面的柱形空间，此柱形空间内最低处与作业位置间的高度差称为基础高度。基础高度单位用 m 表示。

6. 高处作业高度 h_w

作业区各作业位置至相应坠落高度基准面的垂直距离中的最大值，称为该作业区的高处作业高度，简称作业高度。高处作业高度单位用 m 表示。

二、高处作业分级

作业高度分为 2~5m（含 5m），5~15m（含 15m），15~30m（含 30m）及大于 30m 四个区域。

直接引起坠落的客观危险因素分为 11 种：阵风风力五级（风速 8m/s）以上；GB/T 4200—2008《高温作业分级》规定的Ⅱ级或Ⅱ级以上的高温条件；平均气温等于或低于 5℃的室外环境；接触冷水的温度等于或低于 12℃的作业；作业场地有冰、雪、霜、水、油等易滑物；作业场所光线不足，能见度差；作业活动范围与危险电压带电体的距离小于表 2 - 12 的规定；摆动，立足处不是平面或只有很小的平面，即任一边小于 500mm 的矩形平面、直径小于 500mm 的圆形平面或类似尺寸的其他形状的平面，致使作业者无法维持正常姿势；GB 3869—1997《体力劳动强度分级》规定的Ⅲ级或Ⅲ级以上的体力劳动强度；存在有毒气体或空气中含氧量低于 0.195 的作业环境；可能会引起各种灾害事故的作业环境和抢救突然发生的各种灾害事故。

表 2-12　　　　　　　　　　　作业活动与危险电压带电体的距离

危险电压带电体的电压等级（kV）	距离（m）	危险电压带电体的电压等级（kV）	距离（m）
≤10	1.7	220	4.0
35	2.0	330	5.0
63～110	2.5	500	6.0

不存在上述列举的任一种客观危险因素的高处作业按表 2-13 规定 A 类法分级。存在上述列举的一种或一种以上的客观危险因素的高处作业按表 2-13 规定 B 类法分级。

表 2-13　　　　　　　　　　　高　处　作　业　分　级

作业高度（m） 分类法	2～5	＞5～15	＞15～30	＞30
A	Ⅰ	Ⅱ	Ⅲ	Ⅳ
B	Ⅱ	Ⅲ	Ⅳ	Ⅳ

三、高处作业高度计算方法

1. 可能坠落范围半径 R

可能坠落范围半径 R 根据基础高度 h_b 分别为：

（1）当 h_b 2～5m 时，R 为 3m。

（2）当 h_b＞5～15m 时，R 为 4m。

（3）当 h_b＞15～30m 时，R 为 5m。

（4）当 h_b＞30m 时，R 为 6m。

2. 高处作业高度的计算方法和示例

（1）作业高度计算方法

1）确定基础高度 h_b。

2）确定可能坠落范围半径 R。

3）确定作业高度 h_w。

（2）示例

例1：如图 2-8 所示，其中 h_b＝20m，R＝5m，h_w＝20m。

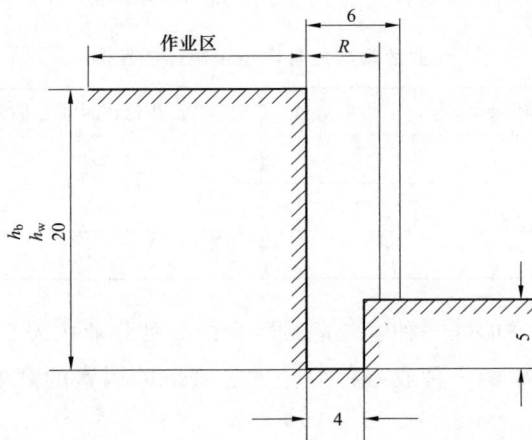

图 2-8　例 1 图

例2：如图 2-9 所示，其中 h_b＝20m，R＝5m，h_w＝14m。

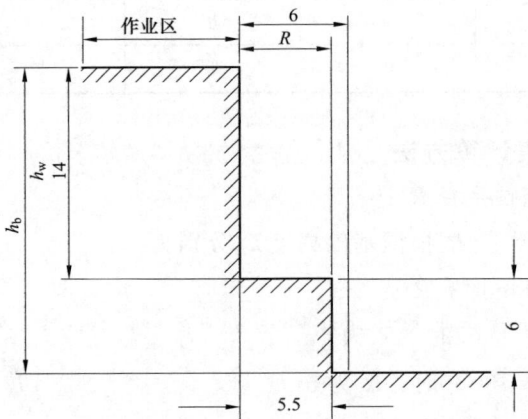

图 2-9　例 2 图

例3：如图 2-10 所示，其中 h_b＝29.5m，R＝5m，h_w＝4.5m。

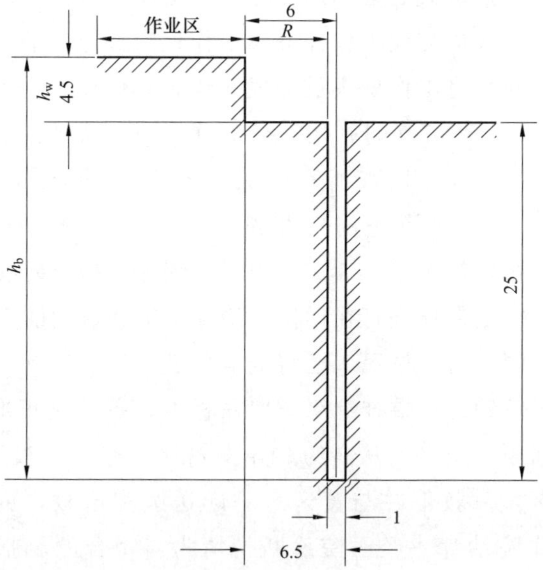

图 2-10　例 3 图

四、高处坠落事故案例

电网企业的高处作业是很多的，如变压器、断路器部分设备的安装、检修；起重设备的安装、检修；高处安装照明设备；输配电线路检修；立塔、架线作业等。

可见，高处作业对于电力生产和建设来说是少不了的。如果高处作业人员不注意或不遵守高处作业安全施工的有关规定，就有可能发生高处坠落、物体打击等事故。据 2000～2006 年间某电网生产、基建伤亡事故的统计，高处坠落事故仅次于触电事故。如果将触电后引发高处坠落伤亡事故作为高处坠落事故统计，则高处坠落事故的伤亡人数将超出触电伤亡，占据第一位。

案例1　高处作业 U 形环突断，造成高处坠落死亡。

9 月 22 日，某电力安装公司线路三公司，根据要求对已建成仍未投运（线路两端开关间隔未建）的 220kV××Ⅱ回线路进行改建，更换 1～28 号塔绝缘子。9 月 22 日线路三公司针对该工程的具体工作内容的要求并结合该线路是基建后一直未投运的实际情况，制定了详细的"组织、技术、安全"措施，并全面布置、落实到各工作班组。9 月 24 日检修三班工作任务是更换 8～14 号塔的绝缘子。上午9时，该班共8人到达8号塔，工作负责人拿着第一种工作票向参加工作的全体工作人员交代工作任务、工作地点段（起止杆号）以及详细的安措和注意事项，同时将工作班成员分成三组，其中张××、黄××、李××三人为一组，更换12号塔（耐张塔）绝缘子，并指定张××为工作监护人。该组到达现场后，张××检查所有工具及有关材料并作了分工，黄××、李××二人上杆工作，在换完前三相绝缘子后，约13时03分，黄××、李××转移至后三相换绝缘子，李××用安全带保护转移至绝缘子串线路侧，人骑在绝缘子上，安全带环绕打在横担与绝缘子串联板间的U形环与延长环组成的联结金具上，而此时二位民工已将双钩与黄××、李××的后备绳向上传递，李××随手将双钩的一端挂绝缘子串联板上，黄××正准备取后备保护绳时，U形环突然断脱，黄××从高约31m处摔下，李××被安全带挂在绝缘子串上，后紧急将李××救下并与黄××一起送医院抢救，黄××抢救无效死亡，李××受伤住院治疗，经医院诊断伤情为：闭合颅脑损伤、右第6肋骨骨折。

暴露问题： 作业人员自我保护意识不强，绝缘子串上工作未按规定使用后备保护绳；执行规程不认真，杆上作业前未认真对各连接部分的可靠性进行检查；材料验收和设备验收不认真，未及时发现受力金具的明显损伤。

案例2 缺少脚钉致登杆作业人员下杆时高空坠落死亡。

3月19日，送电工区在进行220kV 2214线春检清扫工作中，送电工区线路检修班分为五个组，其中一个作业组由工作人员颜××和监护人马×组成。当时下午14时左右，颜××登上该线路38号杆（杆上有固定的攀登用脚钉），检查完设备，清扫完绝缘子，拆除接地线后，颜××解开安全带，从距地面20m横担上踩着脚钉下杆，约14时10分，在距地面12m杆处（因缺少1个脚钉）不慎左脚踏空，右臂顺势夹住一脚钉，坚持瞬间，监护人呼喊并上杆救助无济于事，颜××高空坠落，落地后昏迷，尚有心跳。监护人立即做人工呼吸，并电话联系救助，20分钟后急送医院，诊断为内脏损伤脾脏破裂，经抢救无效于当日15时50分死亡。

暴露问题： 工作人员自我保护意识不强；装置性违章，杆塔设计时缺少脚钉，自1975年该线路投运以来，一直没有引起足够重视，暴露出安全管理有漏洞。

案例3 梯子无人扶持、无防滑措施，致作业人员坠落死亡。

11 月 14 日上午，某供电局客户中心营业管理所副所长按工作计划，分配陈××（工作负责人）、徐××、杨×三人前往××市古城路 267 号安装新表。三人到达现场后，徐××在墙壁上固定表板，陈××分配杨×准备登杆接线，约 9 时 10 分，陈××自己将铝合金梯子靠在屋檐雨披上，并向上攀登，当陈××登至约 2m 高时，梯子忽然滑落，陈××随梯子后仰坠地，因安全帽未系紧，造成安全帽飞出，陈××后脑碰地并有少量出血，徐××与杨×立即停止工作，拨打 120 电话求救，由救护车将陈××送至医院抢救，于 12 月 4 日死亡。

暴露问题：部门对安全工器具的检查、维护不到位，铝合金梯脚防滑垫丢失，未及时修复；工作人员在工作中存在违章现象，如工作中失去监护、安全帽不按规定要求佩戴、对不安全行为未能相互监督、存在思想麻痹、安全意识淡薄等现象；安全管理留有死角，对违章行为考核不严，使违章行为屡禁不止。

我们仅举以上几例就足以说明在高处作业时违规所造成的惨痛事故，给社会、家庭、本人和亲人造成不必要的损失！要切记，祸从麻痹起，灾从大意来。

五、高处作业的基本要求

为预防高处作业坠落事故的发生，应掌握高处作业的基本要求。

1. 维持工作位置

首先应利用防护装置维持作业人员在高处工作时的作业位置，防止其下跌。在高处作业场所，可通过设置作业平台或用安全网等器材在作业区设置临时作业平台，这样可保证作业人员在工作时始终处于作业区域，避免可能发生的坠落。

设定安全作业平台不仅能防止作业人员坠落，还能消除作业人员可能存在的高处作业恐惧感。但安全作业平台往往会因为工程的施工时间、作业性质和成本效益等不具实施的可行性。

2. 限制移动

限制移动是利用防护装置限制作业人员的活动范围，防止其下跌。在高处作业场所，可通过一根不可调挽索将作业人员与钢制的水平安全绳（或固定点）连接在一起。这样可保证作业人员在工作时避免进入有可能发生坠落的区域,此时不仅能防止作业人员坠落,还能让作业人员腾出本该去维持身体平衡的手进行其他操作,既保障作业人员从事高处作业时的安全性又可提高工作效率,是一种高处作业安全性及可行性较好的选择。

3. 利用防护装备

利用防护装备保护作业人员在高处工作时的活动过程,防止其下跌。输电线路杆塔一般情况下都没有作业保护平台装置,高处作业人员必须以个人保护装置确保自身的安全。

六、高处作业的安全要求

高处作业充满了危险性,所以各行各业均对高处作业制定了相关的安全工作规程,学习高处作业必要的安全规程,掌握高处作业必要的防护技术和安全措施,是每一个高处作业人员的责任。

在电力生产和建设中,为保障高处作业安全制定了相关的规定,对作业人员和工作条件等提出了下列安全要求。

(1)健康条件。凡是参加高处作业的人员每年应体检一次,患有心脏病、高血压、癫痫病、精神病、聋哑等都不得从事高处作业,经体检合格者才能参加高处作业。

(2)穿着。高处作业人员进入现场应穿戴好安全帽、安全带、软底鞋等劳动保护用品。严禁穿背心、短裤、裙子、高跟鞋和拖鞋等从事高处作业。

(3)安全措施。高处作业均应先搭设脚手架、使用高空作业车、升降平台或采取其他防止坠落措施,方可进行。在没有脚手架或者在没有栏杆的脚手架上工作,高度超过 1.5m 时,应使用安全带,或采取其他可靠的安全措施。安全带和专作固定安全带的绳索在使用前应进行外观检查。在电焊作业或其他有火花、熔融源等的场所使用的安全带或安全绳应有隔热防磨套。

(4)配带物品。高处作业应一律使用工具袋。较大的工具、工件、边角余料应用绳拴在牢固的物件上,放置在牢靠的地方或用铁丝扣牢并有防止坠落的措施,不准随便乱放,以防止从高空坠落发生事故。

(5)工作环境。在坝顶、陡坡、屋顶、悬崖、杆塔、吊桥以及其他危险的边沿进行工作,临空一面应装设安全网或防护栏杆,否则,工作人员应使用安全带。峭壁、陡坡的场地或人行道上的冰雪、碎石、泥土应经常清理,靠外面一侧应设 1050～1200mm 高的栏杆。在栏杆内侧设 180mm 高的侧板,以防坠物伤人。高处作业区周围的孔洞、沟道等应设盖板、安全网或围栏并有固定其位置的措施。同时，应设置安全标志，夜间还应设红灯示警。高处作业使用的脚手架应经验收合格后方可使用。上下脚手架应走坡道或梯子，作业人员不准沿脚手杆或栏杆等攀爬。当临时高处行走区域不能装设防护栏杆时，应设置1050mm 高的安全水平扶绳，且每隔 2m 应设一个固定支撑点。在夜间或光线不足的地方进行高处作业，应安装足够的照明。钢管塔、30m 以上杆塔和220kV 及以上线路杆塔宜设置防止作业人员上下杆塔和杆塔上水平移动的防坠安全保护装置，上述新建线路杆塔必须装设。

(6) 气候条件。低温或高温环境下进行高处作业，应采取保暖和防暑降温措施，作业时间不宜过长。如气温低于−10℃进行露天高处作业时，在施工场所附近应设取暖休息室；气温高于 35℃进行露天高处作业时，在施工集中区域应设凉棚并配备适当的防暑降温设施和饮料。如遇有 5 级及以上大风以及暴雨、雷电、冰雹、大雾、沙尘等恶劣天气时，应停止露天高处作业。特殊情况下，确需在恶劣天气进行抢修时，应组织人员充分讨论必要的安全措施，经本单位批准后方可进行。在霜冻或雨天进行露天高处作业时，应采取防滑措施。

(7) 作业要求。安全带的挂钩或绳子应挂在结实牢固的构件上，或专为挂安全带用的钢丝绳上，应采用高挂低用的方式。禁止系挂在移动或不牢固的物件上［如隔离开关（刀闸）支持绝缘子、CVT 绝缘子、母线支柱绝缘子、瓷横担、未经固定的转动横担、线路支柱绝缘子、避雷器支柱绝缘子等］。高处作业人员在作业过程中，应随时检查安全带是否拴牢。高处作业人员在转移作业位置时不准失去安全保护。高处作业中严禁将工具及材料上下投掷，应用绳索拴牢传递，以免打伤下方工作人员或击毁脚手架。在进行高处作业时，除有关人员外，不准他人在工作地点的下面通行或逗留，工作地点下面应有围栏或装设其他保护装置，防止落物伤人。如在格栅式的平台上工作，为了防止工具和器材掉落，应采取有效隔离措施，如铺设木板等。

在电杆上进行作业前应检查电杆及拉线埋设是否牢固，强度是否足够，并应选用适合杆型的脚扣，系好安全带，在构架及电杆作业时，地面应有专人监护、联络。使用软梯、挂梯作业或用梯头进行移动作业时，软梯、挂梯或梯头上只准一人工作。工作人员到达梯头上进行工作和梯头开始移动前，应将梯头的封口可靠封闭，否则应使用保护绳防止梯头脱钩。

使用单梯工作时，梯与地面的斜角度为 60°左右。人在梯子上时，禁止移动梯子。使用的梯子应坚固完整，有防滑措施。梯子的支柱应能承受作业人员及所携带的工具、材料攀登时的总重量。硬质梯子的横档应嵌在支柱上，梯阶的距离不应大于 40cm，并在距梯顶 1m 处设限高标志。梯子不宜绑接使用。人字梯应有限制开度的措施。

（8）休息地方。高处作业人员休息不得坐在平台、孔洞边缘。不得骑坐在档杆上或躺在走道板、安全网内休息。

（9）休息时间。高处作业人员还必须有足够的休息时间，因而有的部门为加强对高处作业人员作息时间的管理，规定晚上娱乐时间不得超过 11 点等。

实践证明，只要我们在高处作业中，切实注意并采取有效的安全措施，高处作业事故是可以避免的。

第五节　起重与运输作业安全

在电力建设、生产过程中，起重和运输也是一项很重要的工作。在施工安装过程中，起重作业人员要与其他安装人员密切配合，采取各种可行手段及时、正确而又安全地将各种设备和组件吊装和搬运到指定地点。如果工作稍有疏忽大意，轻者影响质量和进度，造成经济损失，重者造成人员伤亡。所以从事该项工作的人员，应经过专门的培训，掌握必要的专业知识和技能，熟悉操作规程和安全知识，并持有有关部门颁发的特种设备操作证书。现场其他作业人员则需要掌握起重与运输的有关安全知识，保障起重与运输过程的安全。

一、起重的设备及工具

1. 常用起重设备

起重的设备及工具种类繁多，除大型的桥式、门式、塔式起重机外，在施工现场常见的起重设备是流动式起重机，包括汽车式起重机、轮胎式起重机、履带式起重机等，电力企业常用的斗臂车也属于流动式起重设备。

2. 常用起重工器具

常用的起重工器具包括钢丝绳、千斤顶、链条葫芦、合成纤维吊装带、纤维绳、卸扣、吊钩、滑车和滑车组等。

二、起重作业一般注意事项

（1）起重设备需经检验检测机构监督检验合格，并在特种设备安全监督管理部门登记。

（2）起重设备的操作人员和指挥人员应经专业技术培训，经实际操作及有关安全规程考试合格、取得相应种类合格证后方可上岗作业，其合格证种类应与所操作（指挥）的起重机类型相符合。起重设备作业人员在作业中应当严格执行起重设备的操作规程和有关的安全规章制度。

（3）起重设备、吊索具和其他起重工具的工作负荷，不准超过铭牌使用。

（4）起重工作由专人指挥，明确分工；起重指挥信号应简明、统一、畅通。重大物件的起重、搬运工作应由有经验的专人负责，作业前应进行技术交底，使全体人员熟悉起重搬运方案和安全措施。

（5）凡属下列情况之一者，应制订专门的安全技术措施，经本单位批准，作业时应有技术负责人在场指导，否则不准施工。

1）重量达到起重设备额定负荷的90%及以上；

2）两台及以上起重设备抬吊同一物件；

3）起吊重要设备、精密物件、不易吊装的大件或在复杂场所进行大件吊装；

4）爆炸品、危险品必须起吊时；

5）起重设备在带电导体下方或距带电体较近时。

（6）雷雨天时，应停止野外起重作业。遇有5级以上的大风时，禁止露天进行起重工作。当风力达到5级以上时，受风面积较大的物体不宜起吊。遇有大雾、照明不足、指挥人员看不清各工作地点或起重机操作人员未获得有效指挥时，不准进行起重工作。

（7）移动式起重设备应安置平稳牢固，并应设有制动和逆止装置。禁止使用制动装置失灵或不灵敏的起重机械。

（8）起吊物体应绑扎牢固，若物体有棱角或特别光滑的部位时，在棱角和滑面与绳索（吊带）接触处应加以包垫。起重吊钩应挂在物体的重心线上。起吊电杆等长物件及应选择合理的吊点，并采取防止突然倾倒的措施。

（9）在起吊、牵引过程中，受力钢丝绳的周围、上下方、转向滑车内角侧、吊臂和起吊物的下面，禁止有人逗留和通过。

(10) 更换绝缘子和移动导线的作业，当采用单吊线装置时，应采取防止导线脱落时的后备保护措施。

(11) 吊物上不许站人，禁止作业人员利用吊钩来上升或下降。

三、起重设备的一般规定

(1) 没有得到司机的同意，任何人不准登上起重机。

(2) 起重机上应备有灭火装置，驾驶室内应铺橡胶绝缘垫，禁止存放易燃物品。

(3) 对在用起重机械应当在每次使用前进行一次经常性检查，并做好记录。起重机械每年至少应做一次全面技术检查。

(4) 起吊重物前，应由工作负责人检查悬吊情况及所吊物件的捆绑情况，认为可靠后方准试行起吊。起吊重物稍一离地（或支持物），应再检查悬吊及捆绑情况，认为可靠后方准继续起吊。

(5) 禁止与工作无关人员在起重工作区域内行走或停留。

(6) 起吊重物不准让其长期悬在空中。有重物悬在空中时，禁止驾驶人员离开驾驶室或做其他工作。

(7) 禁止用起重机起吊埋在地下的物件。

(8) 在变电站内使用起重机械时，应安装接地装置，接地线就用多股软铜线，其截面应满足接地短路容量的要求，但不得小于 $16mm^2$。

(9) 各式起重机应根据需要安设过卷扬限制器、过负荷限制器、起重臂俯仰限制器、行程限制器、联锁开关等安全装置；其起升、变幅、运行、旋转机构都应装设制动器，其中起升和变幅机构的制动器应是常闭式的。臂架式起重机应设有力矩限制器和幅度指示器。铁路起重机应安有夹轨钳。

四、人工搬运

移动设备的工作称为搬运作业。设备的搬运可分为一次搬运和二次搬运。一次搬运是指设备由制造厂运到工地仓库、设备的组装场地或堆放地，这种运输距离较长，通常采用铁路、公路或水路运输。二次搬运是指设备由工地仓库或堆放地运输到安装现场，这种运输距离一般较短，在施工现场常采用人工搬运。

人工搬运作业时的安全要求如下：

(1) 搬运的过道应当平坦畅通，如在夜间搬运应有足够的照明。如需经过山地陡坡或凹凸不平之处，应预先制定运输方案，采取必要的安全措施。

（2）装运电杆、变压器和线盘应绑扎牢固，并用绳索绞紧；水泥杆、线盘的周围应塞牢，防止滚动、移动伤人。运载超长、超高或重大物件时，物件重心应与车厢承重中心基本一致，超长物件尾部应设标志。严禁客货混装。

（3）装卸电杆等笨重物件应采取措施，防止散堆伤人。分散卸车时，每卸一根之前，应防止其余杆件滚动；每卸完一处，应将车上其余的杆件绑扎牢固后，方可继续运送。

（4）使用机械牵引杆件上山，应将杆身绑牢，钢丝绳不准触磨岩石或坚硬地面，牵引路线两侧 5m 以内，不准有人逗留或通过。

（5）人力运输的道路应事先清除障碍物，山区抬运笨重的物件应事先制定运输方案，采取必要的安全措施。

（6）多人抬扛，应同肩，步调一致，起放电杆时应相互呼应协调。重大物件不得直接用肩扛运，雨、雪后抬运物件时应有防滑措施。

（7）用管子滚动搬运应遵守下列规定：

1）应由专人负责指挥。

2）管子承受重物后两端各露出约 30cm，以便调节转向。手动调节管子时，应注意防止手指压伤。

3）上坡时应用木楔垫牢管子，以防管子滚下；同时，无论上坡、下坡，均应对重物采取防止下滑的措施。

总之，起重和搬运在电力建设和生产中是项重要的技术工作，所以，从事起重和搬运的每一个工作人员，都要努力学习和钻研技术，熟悉安全知识和规程，树立"安全为了生产，生产必须安全"的思想，才能有效地工作。

第六节　动火作业安全

在电力生产、建设中广泛使用焊接、切割工艺及在易燃易爆场所使用喷灯、电钻、砂轮等操作。在这些作业中，如果现场安全管理和安全措施不到位，就可能酿成爆炸、火灾、灼烫、触电和中毒等事故，危及人身安全或造成国家财产损失。因此，必须加强动火作业的安全管理，保障动火作业安全。

一、动火作业的概念

1. 动火作业的概念

电力企业所指的动火作业是指能直接或间接产生明火的作业，包括熔化焊接、切割、喷枪、喷灯、钻孔、打磨、锤击、破碎、切削等。

2. 动火级别

防火重点部位是指火灾危险性大、发生火灾损失大、伤亡大、影响大（简称"四大"）的部位和场所。

动火作业根据火灾"四大"原则划分为二级。

（1）一级动火区：油区和油库围墙内；油管道及与油系统相连的油箱（除此之外的部位列为二级动火区域）；危险品仓库及汽车加油站、液化气站内；变压器、充油电缆等注油设备、蓄电池室（铅酸）；一旦发生火灾可能严重危及人身、设备和电网安全以及对消防安全有重大影响的部位。

（2）二级动火区：油管道支架及支架上的其他管道；动火地点有可能火花飞溅落至易燃易爆物体附近；电缆沟道（竖井）内、隧道内、电缆夹层；调度室、控制室、通信机房、电子设备间、计算机房、档案室；一旦发生火灾可能危及人身、设备和电网安全以及对消防安全有影响的部位。

二、动火工作票

在防火重点部位或场所以及禁止明火区动火作业，应填用动火工作票。根据动火区不同分别填用一级、二级动火工作票。

1. 动火工作票的填写与签发

（1）动火工作票应使用黑色或蓝色的钢（水）笔、圆珠笔填写与签发，内容应正确、填写应清楚，不得任意涂改。如有个别错、漏字需要修改，应使用规范的符号，字迹应清楚。用计算机生成或打印的动火工作票应使用统一的票面格式，由工作票签发人审核无误，手工或电子签名后方可执行。

动火工作票一般至少一式三份，一份由工作负责人收执；一份由动火执行人收执；一份保存在安监部门（或具有消防管理职责的部门）（指一级动火工作票）或动火部门（指二级动火工作票）。若动火工作与运行有关，即需要运行值班人员对设备系统采取隔离、冲洗等防火安全措施者，还应多一份交运维人员收执。

（2）一级动火工作票由申请动火的工区动火工作票签发人签发，工区安监负责人、消防管理负责人审核，工区分管生产的领导或技术负责人（总工程师）批准，必要时还应报当地公安消防部门批准。

二级动火工作票由申请动火的工区动火工作票签发人签发，工区安监人员、消防人员审核，动火工区分管生产的领导或技术负责人（总工程师）批准。

（3）动火工作票经批准后由工作负责人送交运维许可人。

（4）动火工作票签发人不准兼任该项工作的工作负责人。动火工作票由动火工作负责人填写。动火工作票的审批人、消防监护人不准签发动火工作票。

（5）动火单位到生产区域内动火时，动火工作票由设备运维管理单位（或工区）签发和审批，也可由动火单位和设备运维管理单位（或工区）实行"双签发"。

2. 动火工作票的有效期

一级动火工作票应提前办理。一级动火工作票的有效期为 24h，二级动火工作票的有效期为 120h。动火作业超过有效期限，应重新办理动火工作票。

3. 动火工作票所列人员的基本条件

一、二级动火工作票签发人应是经本单位（动火单位或设备运维管理单位）考试合格并经本单位批准且公布的有关部门负责人、技术负责人或经本单位批准的其他人员。

动火工作负责人应是具备检修工作负责人资格并经本单位考试合格的人员。

动火执行人应具备有关部门颁发的合格证。

4. 动火工作票所列人员的安全责任

（1）动火工作票各级审批人员和签发人要对工作的必要性、工作的安全性、工作票上所填安全措施是否正确完备负责。

（2）动火工作负责人要负责正确安全地组织动火工作；负责检修应做的安全措施并使其完善；向有关人员布置动火工作，交待防火安全措施和进行安全教育；始终监督现场动火工作；负责办理动火工作票开工和终结；动火工作间断、终结时检查现场无残留火种。

（3）运维许可人要对工作票所列安全措施是否正确完备，是否符合现场条件，动火设备与运行设备是否确已隔绝，向工作负责人现场交待运行所做的安全措施是否完善负责。

（4）消防监护人要负责动火现场配备必要的、足够的消防设施；负责检查现场消防安全措施的完善和正确；要测定或指定专人测定动火部位（现场）可燃性气体、可燃液体的可燃蒸气含量符合安全要求；要始终监视现场动火作业的动态，发现失火及时扑救；在动火工作间断、终结时检查现场无残留火种。

（5）动火执行人动火前应收到经审核批准且允许动火的动火工作票；负责按本工种规定的防火安全要求做好安全措施；要全面了解动火工作任务和要求，并在规定的范围内执行动火；动火工作间断、终结时清理并检查现场无残留火种。

三、动火作业安全防火要求

（1）有条件拆下的构件，如油管、阀门等应拆下来移至安全场所。

（2）可以采用不动火的方法代替而同样能够达到效果时，尽量采用替代的方法处理。

（3）尽可能地把动火时间和范围压缩到最低限度。

（4）凡盛有或盛过易燃易爆等化学危险物品的容器、设备、管道等生产、储存装置，在动火作业前应将其与生产系统彻底隔离，并进行清洗置换，检测可燃气体、易燃液体的可燃蒸气含量合格后，方可动火作业。

（5）动火作业应有专人监护，动火作业前应清除动火现场及周围的易燃物品，或采取其他有效的安全防火措施，配备足够适用的消防器材。

（6）动火作业现场的通排风要良好，以保证泄漏的气体能顺畅排走。

（7）动火作业间断或终结后，应清理现场，确认无残留火种后，方可离开。

（8）下列情况严禁动火：

1）压力容器或管道未泄压前；

2）存放易燃易爆物品的容器未清理干净前或未进行有效置换前；

3）风力达5级以上的露天作业；

4）喷漆现场；

5）遇有火险异常情况未查明原因和消除前。

四、动火的现场监护

（1）一级动火在首次动火时，各级审批人和动火工作票签发人均应到现场检查防火安全措施是否正确完备，测定可燃气体、易燃液体的可燃蒸气含量是否合格，并在监护下作明火试验，确无问题后方可动火。

二级动火时，工区分管生产的领导或技术负责人（总工程师）可不到现场。

（2）一级动火时，工区分管生产的领导或技术负责人（总工程师）、消防（专职）人员应始终在现场监护。

（3）二级动火时，工区应指定人员，并和消防（专职）人员或指定的义务消防员始终在现场监护。

（4）一、二级动火工作在次日动火前应重新检查防火安全措施，并测定可燃气体、易燃液体的可燃蒸气含量，合格方可重新动火。

（5）一级动火工作的过程中，应每隔 2～4h 测定一次现场可燃气体、易燃液体的可燃蒸气含量是否合格，当发现不合格或异常升高时应立即停止动火，在未查明原因或排除险情前不准动火。

动火执行人、监护人同时离开作业现场，间断时间超过 30min，继续动火前，动火执行人、监护人应重新确认安全条件。

一级动火作业，间断时间超过 2h，继续动火前，应重新测定可燃气体、易燃液体的可燃蒸气含量，合格后方可重新动火。

（6）动火工作完毕后，动火执行人、消防监护人、动火工作负责人和运维许可人应检查现场有无残留火种，是否清洁等。确认无问题后，在动火工作票上填明动火工作结束时间，经四方签名后（若动火工作与运维无关，则三方签名即可），盖上"已终结"印章，动火工作方告终结。

（7）动火工作终结后，工作负责人、动火执行人的动火工作票应交给动火工作票签发人，签发人将其中一份交工区。动火工作票至少应保存 1 年。

思 考 题

1. 在电力线路或电气设备上工作保证安全的组织措施包括哪些内容？履行工作许可手续和执行工作监护制度的目的各是什么？

2. 工作许可人与工作负责人有何区别？

3. 什么是工作票？它有哪几种主要形式？

4. 请简述工作负责人、工作班成员的安全职责。

5. 保证安全的技术措施是什么？

6. 进行线路停电作业前，应做好哪些安全措施？

7. 试述装设接地线前验电的必要性，并说明如何正确验电。

8. 什么是间接验电？

9. 在检修设备时装设三相短路接地线有什么作用？装设的顺序是什么？

10. 试述个人保安线的作用和装设要求。

11. 同杆塔架设的多层电力线路如何挂、拆接地线？

12. 高压回路上的工作中，关于接地线的移动或拆除有何严格规定？

13. 试述电流对人体有哪些危害？伤害的程度与哪些因素有关？

14. 人体触电的方式有哪几种？

15. 简述保护接地、保护接零的作用，两者在防止触电的原理上有何本质区别？

16. 为什么在由同一台变压器供电的系统中，不允许保护接零和保护接地同时混用？

17. 为了保证在带电作业中的人身安全，不论是何种作业方法，在安全技术上必须满足哪些基本要求？

18. 低压带电作业中有哪些安全要求？

19. 带电作业工具在现场使用有什么要求？

20. 带电作业工具需要满足哪两种试验？

21. 何为高处作业？

22. 试述高处作业四个等级的标准。

23. 高处作业均应采取哪些防坠落措施后才允许进行？

24. 起重作业有哪些一般注意事项？

25. 哪些情况起重作业应制订专门的安全技术措施，经本单位批准，作业时应有技术负责人在场指导？

26. 搬运有哪些方法？

27. 什么是动火作业？如何划分动火级别？

28. 哪些情况严禁动火？

第三章

安全工器具常识

第一节　电力安全工器具的作用和分类

一、安全工器具的概念和作用

1. 电力安全工器具的概念

电力安全工器具是指为防止触电、灼伤、坠落、摔跌等事故，保障工作人员人身安全的各种专用工具和器具。

2. 电力安全工器具的作用

电力生产、建设工作中，无论是施工安装、运行操作，还是检修工作，为了保障工作人员的人身安全，顺利地完成工作任务，必须使用相应的安全工器具。例如，登杆作业时，工作人员必须使用脚扣、安全带等安全工器具。正确地使用脚扣才能安全地登高，在杆上正确的固定好安全带，才能防止高空坠落伤亡事故的发生。

二、安全工器具的分类

安全工器具分为个体防护装备、绝缘安全工器具、登高工器具、安全围栏（网）和标识牌四大类。

1. 个体防护装备

个体防护装备是指保护人体避免受到急性伤害而使用的安全用具，包括安全帽、防护眼镜、正压式消防空气呼吸器、安全带、速差自控器、缓冲器、静电防护服、SF_6防护服、耐酸手套、耐酸靴、导电鞋（防静电鞋）、个人保安线、SF_6气体检漏仪、含氧量测试仪及有害气体检测仪等。

2. 绝缘安全工器具

绝缘安全工器具指作业中为防止工作人员触电，必须使用的绝缘工具。依据绝缘强度和所起的作用又可分为基本绝缘安全工器具、带电作业安全工器具和辅助绝缘安全工器具。

(1) 基本绝缘安全工器具。基本绝缘安全工器具是指能直接操作带电装置、接触或可能接触带电体的工器具，其中大部分为带电作业专用绝缘安全工器具，包括电容型验电器、携带型短路接地线、绝缘杆、核相器、绝缘遮蔽罩、绝缘隔板、绝缘绳和绝缘夹钳等。

(2) 带电作业安全工器具。带电作业安全工器具是指在带电装置上进行作业或接近带电部分所进行的各种作业所使用的工器具，特别是工作人员身体的任何部分或采用工具、装置或仪器进入限定的带电作业区域的所有作业所使用的工器具，包括带电作业用绝缘安全帽、绝缘服装、屏蔽服装、带电作业用绝缘手套、带电作业用绝缘靴（鞋）、带电作业用绝缘垫、带电作业用绝缘毯、带电作业用绝缘硬梯、绝缘托瓶架、带电作业用绝缘绳（绳索类工具）、绝缘软梯、带电作业用绝缘滑车和带电作业用提线工具等。

(3) 辅助绝缘安全工器具。辅助绝缘安全工器具是指绝缘强度不是承受设备或线路的工作电压，只是用于加强基本绝缘工器具的保安作用，用于防止接触电压、跨步电压、泄漏电流电弧对操作人员的伤害。不能用辅助绝缘安全工器具直接接触高压设备带电部分，包括辅助型绝缘手套、辅助型绝缘靴（鞋）和辅助型绝缘胶垫。

3. 登高工器具

登高工器具是用于登高作业、临时性高处作业的工具，包括脚扣、升降板（登高板）、梯子、快装脚手架及检修平台等。

4. 安全围栏（网）和标识牌

安全围栏（网）包括用各种材料做成的安全围栏、安全围网和红布幔，标识牌包括各种安全警告牌、设备标示牌、锥形交通标、警示带等。

第二节 安全工器具的使用

一、绝缘杆

绝缘杆是用于短时间对带电设备进行操作或测量的杆类绝缘工具，如接通或断开高压隔离开关、跌落熔丝具，在接装和拆除携带型接地线及带电测量和试验工作时，往往也要用绝缘杆。不同电压等级的绝缘杆可以承受相应的电压。绝缘杆也叫绝缘棒或操作杆、令克棒。

1. 绝缘杆的结构

绝缘杆的结构一般分为工作部分、绝缘部分和手握部分。工作部分是用机械强度较大的金属或玻璃钢制作。绝缘部分是用浸过绝缘漆的硬木、硬塑料、环氧玻璃管或胶木等合成材料制成，其长度也应根据使用场合、电压等级和工作需要来选定。例如 110kV 以上电气设备使用的绝缘杆，其绝缘部分较长，为了携带和使用方便，往往将其分段制作，各段之间通过端头的金属丝扣连接，或用其他镶接方式连接起来，使用时可拉长缩短，如图 3-1 所示。

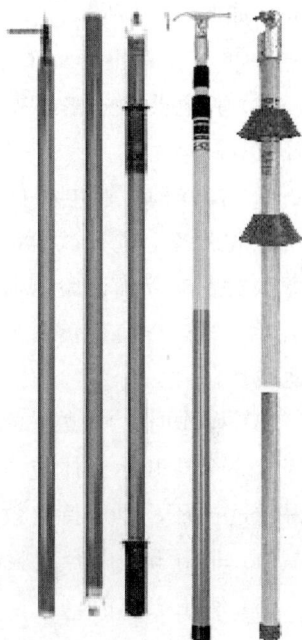

图 3-1 绝缘杆

2. 绝缘杆的使用要求

绝缘杆使用前必须核准与被操作设备的电压等级是否相符。使用绝缘杆前，应擦拭干净并检查绝缘杆的堵头，如发现破损，禁止使用。使用绝缘杆时工作人员应戴绝缘手套，穿上绝缘靴（鞋），人体与带电设备保持足够的安全距离，以保持有效的绝缘长度，并注意防止绝缘棒被人体或设备短接。遇下雨天在户外使用绝缘杆操作电气设备时，操作杆的绝缘部分应有防雨罩。罩的上口应与绝缘部分紧密结合，无渗漏现象。使用过程中，应防止绝缘杆与其他物体碰撞而损坏表面绝缘漆。绝缘杆不得移作他用，也不得直接与墙壁或地面接触，防止破坏绝缘性能。工作完毕应将绝缘杆放在干燥的特制的架子上，或垂直地悬挂在专用的挂架上。

二、验电器

电容型验电器是通过检测流过验电器对地杂散电容中的电流来指示电压是否存在的装置。

电容型验电器一般由接触电极、验电指示器、连接件、绝缘杆和护手环等组成，如图 3-2 所示。

1. 电容型验电器的使用要求

（1）验电器的规格必须符合被操作设备的电压等级，使用验电器时，应轻拿轻放。

（2）操作前，验电器杆表面应用清洁的干布擦拭干净，使表面干燥、清洁。并在有电设备上进行试验，确认验电器良好。无法在有电设备上进行试验时可用高压发生器等确证验电器良好。如在木杆、木梯或木架上验电，不接地不能指示者，经运行值班负责人或工作负责人同意后，可在验电器绝缘杆尾部接上接地线。

（3）操作时，应戴绝缘手套，穿绝缘靴。使用抽拉式电容型验电器时，绝缘杆应完全拉开。人体应与带电设备保持足够的安全距离，操作者的手握部位不得越过护环，以保持有效的绝缘长度。

（4）非雨雪型电容型验电器不得在雷、雨、雪等恶劣天气时使用。

（5）使用操作前，应自检一次，声光报警信号应无异常。

2. 低压验电器

低压验电器也称验电笔，是检验低压电气设备和线路是否带电的一种专用工具，现有氖管式验电笔和数字式验电笔两种，外形有笔型、改锥型和组合型等，如图 3-3 所示。

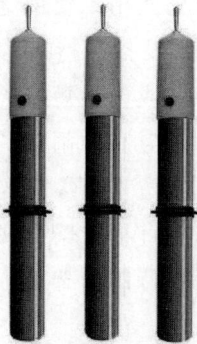

图 3-2　验电器

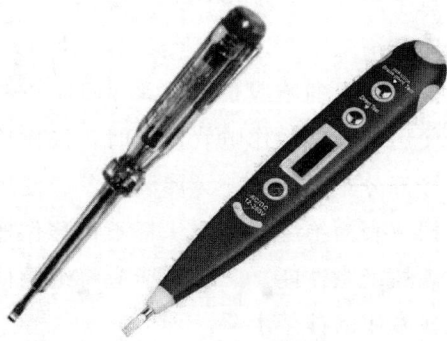

图 3-3　低压验电器

氖管式验电笔的结构通常由笔尖（工作触头）、电阻、氖管、弹簧和笔身等组成。验电笔一般利用电容电流经氖管灯泡发光的原理制成，故也称发光型验电笔。只要带电体与大地之间电位差超过一定数值（36V 以下），验电器就会发出辉光，低于这个数值，就不发光，从而来判断低压电气设备是否带有电压。验电笔也可区分相线和地线，接触电线时，使氖管发光的线是相线，氖管不亮的线为地线或中性线。验电笔还可区分交流电和直流电，使氖管式验电笔氖管两极发光的是交流电。一极发光的是直流电，且发光的一极是直流电源的负极。

数字式验电笔由笔尖（工作触头）、笔身、指示灯、电压显示、电压感应通电检测按钮、电压直接检测按钮、电池等组成。

低压验电笔在使用中需注意以下几点：

（1）使用前应在确认有电的设备上进行试验，试验时必须保证手握部位与带电设备的安全距离，不准沿设备外壳或绝缘子表面移动验电笔，确认验电笔良好后方可进行验电。

（2）在强光下验电时，应采取遮挡措施，以防误判断。

（3）验电笔不准放置于地面上，应选择合适干燥地点放置。

（4）数字式验电器还应注意，当右手指按断点检测按钮，并将左手触及笔尖时，若指示灯发亮，则表示正常工作。若指示灯不亮，则应更换电池。测试交流电时，切勿按电子感应按钮。

三、绝缘隔板和绝缘遮蔽罩

绝缘隔板是由绝缘材料制成，用于隔离带电部件、限制工作人员活动范围、防止接近高压带电部分的绝缘平板。绝缘隔板又称绝缘挡板，一般应具有很高的绝缘性能，它可与 35kV 及以下的带电部分直接接触，起临时遮栏作用。绝缘遮蔽罩是由绝缘材料制成，起遮蔽或隔离的保护作用，防止作业人员与带电体发生直接碰触。如图 3-4 所示为母线槽绝缘隔板和断路器绝缘遮蔽罩。

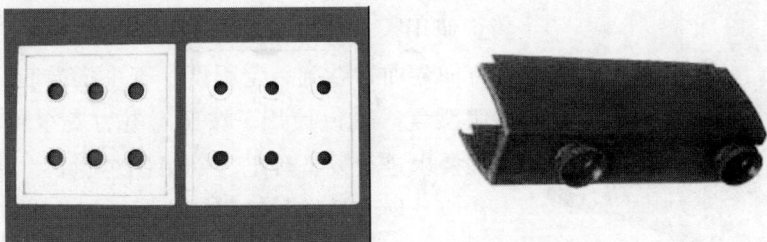

图 3-4　母线槽绝缘隔板和断路器绝缘遮蔽罩

绝缘隔板在使用时的要求如下：

（1）装拆绝缘隔板时应与带电部分保持一定距离（符合安全规程的要求），或者使用绝缘工具进行装拆。

（2）使用绝缘隔板前，应先擦净绝缘隔板的表面，保持表面洁净。

（3）现场放置绝缘隔板时，应戴绝缘手套。如在隔离开关动、静触头之间放置绝缘隔板时，应使用绝缘棒。

（4）绝缘隔板在放置和使用中要防止脱落，必要时可用绝缘绳索将其固定并保证牢靠。

（5）绝缘隔板应使用尼龙等绝缘挂线悬挂，不能使用胶质线，以免在使用中造成接地或短路。

绝缘遮蔽罩在使用时的要求如下：

1）绝缘遮蔽罩应根据使用电压的等级来选择，不得越级使用。

2）当环境为 −25～+55℃ 时，建议使用普通遮蔽罩。当环境温度为 −40～+55℃，建议使用 C 类遮蔽罩。当环境温度为 −10～+70℃ 时，建议使用 W 类遮蔽罩。

3）现场带电安放绝缘遮蔽罩时，应戴绝缘手套。

四、绝缘手套

辅助型绝缘手套是由特种橡胶制成的起电气辅助绝缘作用的手套。套身应有足够长度，戴上后应超过手腕 10cm，其式样如图 3-5 所示。

戴上绝缘手套在高压电气设备、线路上操作隔离开关、跌落保险、断路器时是作为辅助安全工器具。在低压设备上操作时，戴上绝缘手套，可直接带电操作，可作为基本安全工器具使用。

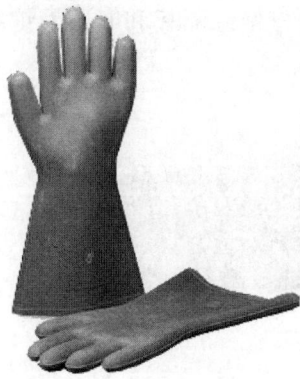

绝缘手套使用前应进行外观检查，如发现有发粘、裂纹、破口（漏气）、气泡、发脆等损坏时禁止使用。检查方法是将手套筒吹气压紧筒边朝手指方向卷曲，卷到一定程度，若手指鼓起，证明无砂眼漏气，可以使用。按照《电力安全工作规程》有关要求进行设备验电、倒闸操作、装拆接地线等工作应戴绝缘手套。使用绝缘手套时应将上衣袖口套入手套筒口内。使用完毕应擦净，晾干，最好在绝缘手套内洒些滑石粉，以免粘连。

图 3-5　绝缘手套

五、绝缘靴（鞋）

辅助型绝缘靴（鞋）是由特种橡胶制成的、用于人体与地面辅助绝缘的靴（鞋）子，如图3-6所示。

图3-6　绝缘靴（鞋）

绝缘靴（鞋）是高压操作时保持绝缘的辅助安全工器具，在低压操作或防护跨步电压时，可作基本安全工器具使用。

绝缘靴（鞋）使用前应检查：不得有外伤，无裂纹、无漏洞、无气泡、无毛刺、无划痕等缺陷。如发现有以上缺陷，应立即停止使用并及时更换。使用绝缘靴时，应将裤管套入靴筒内，并要避免接触尖锐的物体，避免接触高温或腐蚀性物质，防止受到损伤。严禁将绝缘靴挪作他用。雷雨天气或一次系统有接地时，巡视变电站室外高压设备应穿绝缘靴。要及时检查，发现绝缘鞋底面磨光并露出黄色绝缘层时，应清除换新。

六、绝缘胶垫

辅助型绝缘胶垫是由特种橡胶制成的、用于加强工作人员对地辅助绝缘的橡胶板，如图3-7所示。绝缘胶垫与绝缘靴（鞋）的保护作用相同，只不过是一种固定位置的"绝缘靴（鞋）"。

绝缘垫又称绝缘毯，一般铺设在配电装置室地面及控制屏、保护屏、发电机和调相机励磁机端处，用以带电操作时，增强操作人员对地绝缘，避免单相短路、电气设备绝缘损坏时接触电压、跨步电压对人体的伤害。

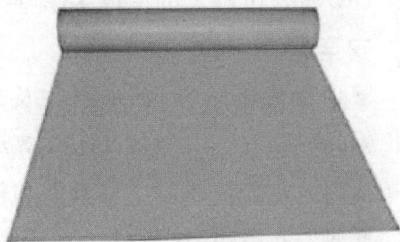

图3-7　绝缘胶垫

图 3-8 安全带

绝缘胶垫使用过程中应保持完好，出现割裂、破损、厚度减薄，不足以保证绝缘性能等情况时，应及时更换。不得与酸、碱及各种油类物接触，以免腐蚀老化、龟裂、变粘。

七、安全带

安全带是防止高处作业人员发生坠落或发生坠落后将作业人员安全悬挂的个体防护装备，安全绳是连接安全带系带与挂点的绳（带、钢丝绳等），如图 3-8 所示。

安全带的使用要求如下：

（1）安全带使用期一般为 3~5 年，发现异常应提前报废。

（2）安全带的腰带和保险带、绳应有足够的机械强度，材质应具有耐磨性，卡环（钩）应具有保险装置，操作应灵活。保险带、绳使用长度在 3m 以上的应加缓冲器。

（3）使用安全带前应进行外观检查，检查内容包括：①组件完整、无短缺、无伤残破损。②绳索、编带无脆裂、断股或扭结。③金属配件无裂纹、焊接无缺陷、无严重锈蚀。④挂钩的钩舌咬口平整不错位，保险装置完整可靠。⑤铆钉无明显偏位，表面平整。

（4）安全带应系在牢固的物体上，禁止系挂在移动或不牢固的物件上。不准系在棱角锋利处。安全带要高挂低用。

（5）在杆塔上工作时，应将安全带后备保护绳系在安全牢固的构件上（带电作业视其具体任务决定是否系后备安全绳），不准失去后备保护。

（6）高处作业人员在转移作业位置时不准失去安全保护。

八、安全帽

安全帽是对人头部受坠落物及其他特定因素引起的伤害起防护作用。安全帽由帽壳、帽衬、下颏带及附件等组成，外形如图 3-9 所示。任何人进入生产现场（办公室、控制室、值班室和检修班组室除外）都应正确佩戴安全帽。

普通型安全帽的帽壳普遍采用硬质地强度较高的塑料或玻璃钢制作，包括帽舌、帽沿。帽壳内用韧性很好的衬带材料制作帽衬，它由围绕头围的固定衬

图 3-9　安全帽

带、头顶部接触的衬带和箍紧后枕骨部位的后箍组成。另外还有为戴稳帽子系在下颏上的下颏带和通气孔等。

安全帽保护原理是，安全帽受到冲击载荷时，可将其传递分布在头盖骨的整个面积上，避免集中打击在头顶一点而致命。头部和帽顶的空间位置构成一个一冲击能量吸收系统，起缓冲作用，以减轻或避免外物对头部的打击伤害。

安全帽的使用要求如下：

（1）安全帽的使用期，从产品制造完成之日起计算：植物枝条编织帽不超过两年，塑料帽、纸胶帽不超过两年半，玻璃钢（维纶钢）橡胶帽不超过三年半。对到期的安全帽，应进行抽查测试，合格后方可使用，以后每年抽检一次，抽检不合格，则该批安全帽报废。

（2）使用安全帽前应进行外观检查，检查安全帽的帽壳、帽箍、顶衬、下颏带、后扣或帽箍扣等组件完好无损。

（3）安全帽戴好后，应将后扣拧到合适位置或将帽箍扣调整到合适的位置，锁好下颏带，防止工作中前倾后仰或其他原因造成滑落。

（4）高压近电报警安全帽使用前应检查其音响部分是否良好，但不得作为无电的依据。

九、脚扣和登高板

脚扣和登高板是架空线路工作人员登高作业时攀登电杆的工具。脚扣是由钢或铝合金材料制作的，近似半圆形的电杆套扣和带有皮带脚扣环的脚登板组成，登高板由质地坚韧的木板制作成踏板和吊绳组成，如图 3-10 所示。

使用脚扣和登高板必须经训练，掌握攀登技能，否则易发生跌伤事故。脚扣和登高板的使用要求如下：

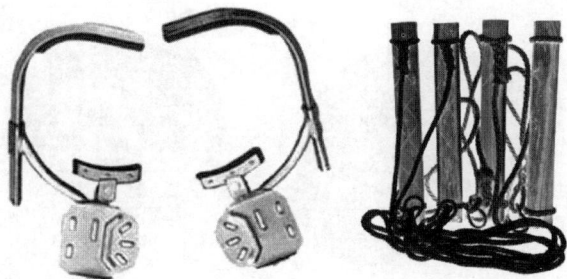

图 3-10　脚扣和登高板

（1）脚扣和登高板使用前应进行外观检查。

脚扣的检查内容包括金属母材及焊缝无任何裂纹及可目测到的变形，橡胶防滑块（套）完好、无破损，皮带完好、无霉变、裂缝或严重变形，小爪连接牢固，活动灵活。登高板应检查各部分无裂纹、腐蚀，绳带无损伤。

（2）正式登杆前在杆根处用力试登，判断脚扣和登高板是否有变形和损伤。

（3）登杆前应将脚扣登板的皮带系牢，登杆过程中应根据杆径粗细随时调整脚扣尺寸。

（4）特殊天气使用脚扣和登高板时，应采取防滑措施。

（5）严禁从高处往下扔摔脚扣和登高板。

十、接地线

携带型短路接地线是用于防止设备、线路突然来电，消除感应电压，放尽剩余电荷的临时接地装置。个人保安接地线（俗称"小地线"）是用于防止感应电压危害的个人用接地装置。

携带型接地线和个人保安线在结构上类似，如图 3-11 所示，由专用夹头和多股软铜线组成，通过接地线的夹头将接地装置与需要短路接地的电气设备连接起来。

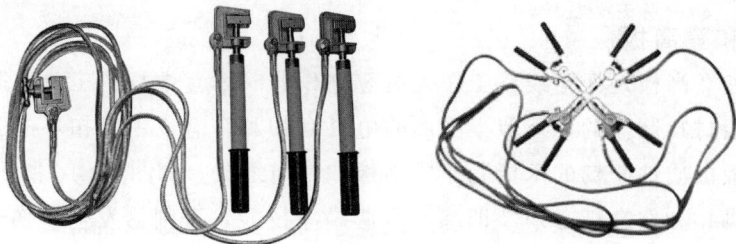

图 3-11　携带型接地线和个人保安接地线

接地线的使用要求如下：

（1）接地线应用多股软铜线，其截面应满足装设地点短路电流的要求，但不得小于 $25mm^2$，长度应满足工作现场需要。接地线应有透明外护层，护层厚度大于 1mm。

（2）接地线的两端线夹应保证接地线与导体和接地装置接触良好、拆装方便，有足够的机械强度，并在大短路电流通过时不致松动。

（3）接地线使用前，应进行外观检查，如发现绞线松股、断股、护套严重破损、夹具断裂松动等不准使用。

（4）装设接地线时，人体不准碰触接地线或未接地的导线，以防止感应电触电。

（5）装设接地线，应先装设接地线接地端。验电证实无电后，应立即接导体端，并保证接触良好。拆接地线的顺序与此相反。接地线严禁用缠绕的方法进行连接。

（6）设备检修时模拟盘上所挂地线的数量、位置和地线编号，应与工作票和操作票所列内容一致，与现场所装设的接地线一致。

（7）个人保安接地线仅作为预防感应电使用，不准以此代替《电力安全工作规程》规定的工作接地线。只有在工作接地线挂好后，方可在工作相上挂个人保安接地线。

（8）个人保安接地线由工作人员自行携带，凡在同杆塔并架或相邻的平行有感应电的线路上停电工作，应在工作相上使用，并不准采用搭连虚接的方法接地。工作结束时，工作人员应拆除所挂的个人保安接地线。

十一、梯子

梯子是由木料、竹料、绝缘材料、铝合金等材料制作的登高作业的工具，有靠（直）梯和人字梯两种，如图 3－12 所示。

梯子的使用要求如下：

（1）梯子应能承受工作人员携带工具攀登时的总重量。

（2）梯子不得接长或垫高使用。如需接长时，应用铁卡子或绳索切实卡住或绑

图 3－12 靠（直）梯和人字梯

牢并加设支撑。

（3）梯子应放置稳固，梯脚要有防滑装置。使用前，应先进行试登，确认可靠后方可使用。有人员在梯子上工作时，梯子应有人扶持和监护。

（4）梯子与地面的夹角应为60°左右，工作人员必须在距梯顶1m以下的梯蹬上工作。

（5）人字梯应具有坚固的铰链和限制开度的拉链。

（6）靠在管子上、导线上使用梯子时，其上端需用挂钩挂住或用绳索绑牢。

（7）在通道上使用梯子时，应设监护人或设置临时围栏。梯子不准放在门前使用，必要时应采取防止门突然开启的措施。

（8）严禁人在梯子上时移动梯子，严禁上下抛递工具、材料。

（9）在变电站高压设备区或高压室内应使用绝缘材料的梯子，禁止使用金属梯子。搬动梯子时，应放倒两人搬运，并与带电部分保持安全距离。

十二、过滤式防毒面具

自吸过滤式防毒面具（简称"防毒面具"）是用于有氧环境中使用的呼吸器，如图3-13所示。防毒面具分导管式和直接式两种。导管式防毒面具的滤毒罐通过导气管与面罩连接，直接式防毒面具的滤毒罐（盒）直接与面罩连接。防毒面具面罩分为全面罩和半面罩，全面罩有头罩式和头带式两种，能遮盖住眼、鼻和口。半面罩能遮盖住鼻和口。每种面罩按尺寸大小分号。

图3-13 过滤式防毒面具

过滤式防毒面具的使用要求如下：

（1）使用防毒面具时，空气中氧气浓度不得低于18%，温度为-30～45℃，不能用于槽、罐等密闭容器环境。

（2）使用者应根据其面型尺寸选配适宜的面罩号码。

（3）使用前应检查面具的完整性和气密性，面罩密合框应与佩戴者颜面密合，无明显压痛感。

（4）使用中应注意有无泄漏和滤毒罐失效。

（5）防毒面具的过滤剂有一定的使用时间，一般为30～100min。过滤剂失去过滤作用（面具内有特殊气味）时，应及时更换。

十三、正压式消防空气呼吸器

正压式消防空气呼吸器（简称"空气呼吸器"）是用于无氧环境中的呼吸器，如图 3-14 所示。空气呼吸器自携储存压缩空气的贮气瓶，呼吸时使用气瓶内的气体，不依赖外界环境气体，气瓶内的压缩空气依次经过气瓶阀、减压器、供气阀进入面罩供给佩戴者吸气，呼气则通过呼气阀排出面罩外。

正压式消防空气呼吸器使用时要求如下：

（1）使用者应根据其面型尺寸选配适宜的面罩号码。

（2）使用前应检查面具的完整性和气密性，面罩密合框应与人体面部密合良好，无明显压痛感。

（3）使用中应注意有无泄漏。

十四、SF$_6$气体检漏仪

SF$_6$气体检漏仪是用于绝缘电气设备现场维护时，测量 SF$_6$气体含量的专用仪器，如图 3-15 所示。

图 3-14　正压式消防空气呼吸器　　　　图 3-15　SF$_6$气体检漏仪

SF$_6$气体检漏仪的使用要求如下：

（1）应按照产品使用说明书正确使用。

（2）工作人员进入 SF$_6$配电装置室，入口处若无 SF$_6$气体含量显示器，应先通风 15min，并用 SF$_6$气体检漏仪测量 SF$_6$气体含量合格。

第三节　安全工器具的试验、保管与存放

一、安全工器具的试验

为防止电力安全工器具性能改变或存在隐患而导致在使用中发生事故，对

电力安全工器具要应用试验、检测和诊断的方法和手段进行预防性试验。

各类电力安全工器具必须通过国家和行业规定的型式试验，进行出厂试验和使用中的周期性试验，试验由具有资质的电力安全工器具检验机构进行。

应进行试验的安全工器具如下：规程要求进行试验的安全工器具。新购置和自制的安全工器具。检修后或关键零部件经过更换的安全工器具。对安全工器具的机械、绝缘性能发生疑问或发现缺陷时。出了质量问题的同批安全工器具。

电力安全工器具经试验合格后，在不妨碍绝缘性能且醒目的部位贴上"试验合格证"标签，注明试验人、试验日期及下次试验日期。

各类绝缘安全工器具试验项目、周期和要求见表3－1。

表 3－1 绝缘安全工器具试验项目、周期和要求

序号	器具	项目	周期	要 求				说 明
1	电容型验电器	启动电压试验	1年	启动电压值不高于额定电压的40%，不低于额定电压的15%				试验时接触电极应与试验电极相接触
		工频耐压试验	1年	额定电压（kV）	试验长度（m）	工频耐压（kV） 1min	工频耐压（kV） 5min	
				10	0.7	45	—	
				35	0.9	95	—	
				63	1.0	175	—	
				110	1.3	220	—	
				220	2.1	440	—	
				330	3.2	—	380	
				500	4.1	—	580	
2	携带型短路接地线	成组直流电阻试验	不超过5年	在各接线鼻之间测量直流电阻，对于25、35、50、70、95、120mm²的各种截面，平均每米的电阻值应分别小于0.79、0.56、0.40、0.28、0.21、0.16mΩ				同一批次抽测，不少于2条，接线鼻与软导线压接的应做该试验
		操作棒的工频耐压试验	5年	额定电压（kV）	试验长度（m）	工频耐压（kV） 1min	工频耐压（kV） 5min	试验电压加在护环与紧固头之间
				10	—	45	—	
				35	—	95	—	
				63	—	175	—	
				110	—	220	—	
				220	—	440	—	
				330	—	—	380	
				500	—	—	580	

续表

序号	器具	项目	周期	要　　　求	说　　明
3	个人保安线	成组直流电阻试验	不超过5年	在各接线鼻之间测量直流电阻，对于10、16、25mm² 各种截面，平均每米的电阻值应小于1.98、1.24、0.79mΩ	同一批次抽测，不少于两条

序号	器具	项目	周期	要求			说明
4	绝缘杆	工频耐压试验	1年	额定电压（kV）	试验长度（m）	工频耐压（kV） 1min / 5min	

工频耐压试验表：

额定电压（kV）	试验长度（m）	1min	5min
10	0.7	45	—
35	0.9	95	—
63	1.0	175	—
110	1.3	220	—
220	2.1	440	—
330	3.2	—	380
500	4.1	—	580

核相器（序号5）：

连接导线绝缘强度试验（周期：必要时）　说明：浸在电阻率小于100Ω·m水中

额定电压（kV）	工频耐压（kV）	持续时间（min）
10	8	5
35	28	5

绝缘部分工频耐压试验（周期：1年）：

额定电压（kV）	试验长度（m）	工频耐压（kV）	持续时间（min）
10	0.7	45	1
35	0.9	95	1

电阻管泄漏电流试验（周期：半年）：

额定电压（kV）	工频耐压（kV）	持续时间（min）	泄漏电流（mA）
10	10	1	≤2
35	35	1	≤2

动作电压试验（周期：1年）　要求：最低动作电压应达0.25倍额定电压

绝缘罩（序号6）　工频耐压试验（周期：1年）：

额定电压（kV）	工频耐压（kV）	时间（min）
6～10	30	1
35	80	1

序号	器具	项目	周期	要　　求			说　　明
7	绝缘隔板	表面工频耐压试验	1年	额定电压（kV）	工频耐压（kV）	持续时间（min）	电极间距离300mm
				6～35	60	1	
		工频耐压试验	1年	额定电压（kV）	工频耐压（kV）	持续时间（min）	
				6～10	30	1	
				35	80	1	
8	绝缘胶垫	工频耐压试验	1年	电压等级	工频耐压（kV）	持续时间（min）	使用于带电设备区域
				高压	15	1	
				低压	3.5	1	
9	绝缘靴	工频耐压试验	半年	工频耐压（kV）	持续时间（min）	泄漏电流（mA）	
				15	1	≤7.5	
10	绝缘手套	工频耐压试验	半年	电压等级	工频耐压（kV）	持续时间（min）	泄漏电流（mA）	
				高压	8	1	≤9	
				低压	2.5	1	≤2.5	
11	导电鞋	直流电阻试验	穿用不超过200h	电阻值小于100kΩ			符合GB 4385—1995《防静电鞋导电鞋安全技术要求》
12	绝缘绳	高压	每六个月一次	105kV/0.5m			

注 绝缘安全工器具的试验方法参照《电力安全工器具预防性试验规程（试行）》（国电发〔2002〕777）号的相关内容。

各类登高工器具试验标准见表3－2。

表3－2　　　　　　　　　登高工器具试验标准

序号	名称	项目	周期	要　　求			说　　明
1	安全带	静负荷试验	1年	种类	试验静拉力（N）	载荷时间（min）	牛皮带试验周期为半年
				围杆带	2205	5	
				围杆绳	2205	5	
				护腰带	1470	5	
				安全绳	2205	5	

续表

序号	名称	项目	周期	要 求	说 明
2	安全帽	冲击性能试验	按规定期限	受冲击力小于 4900N	使用期限：从制造之日起，塑料帽≤2.5 年，玻璃钢帽≤3.5 年
		耐穿刺性能试验	按规定期限	钢锥不接触头模表面	
3	脚扣	静负荷试验	1 年	施加 1176N 静压力，持续时间 5min	
4	升降板	静负荷试验	半年	施加 2205N 静压力，持续时间 5min	
5	竹（木）梯	静负荷试验	半年	施加 1765N 静压力，持续时间 5min	
6	软梯钩梯	静负荷试验	半年	施加 4900N 静压力，持续时间 5min	
7	防坠自锁器	静负荷试验	1 年	将 15kN 力加载到导轨上，保持 5min	试验标准来自于 GB/T 6096—2009《安全带测试方法》4.7.3.2 和 4.10.3.3 条
		冲击试验	1 年	将 100kg±1kg 荷载用 1m 长绳索连接在防坠自锁器上，从与防坠自锁器水平位置释放，测试冲击力峰值在 6kN±0.3kN 之间为合格	
8	缓冲器	静负荷试验	1 年	a）悬垂状态下末端挂 5kg 重物，测量缓冲器端点长度。b）两端受力点之间加载挂 2kN 保持 2min，卸载 5min 后检查缓冲器是否打开，并在悬垂状态下末端挂 5kg 重物，测量缓冲器端点长度。计算两次测量结果差，即初始变形，精确至 1mm	试验标准来自于 GB/T 6096—2009《安全带测试方法》4.11.2 条
9	速差自控器	静负荷试验	1 年	将 15kN 力加载到速差自控器上，保持 5min	试验标准来自于 GB/T 6096—2009《安全带测试方法》4.7.3.3 和 4.10.3.4 条
		冲击试验	1 年	将 100kg±1kg 荷载用 1m 长绳索连接在速差自控器上，从与速差自控器水平位置释放，测试冲击力峰值在 6kN±0.3kN 之间为合格	

二、安全工器具的保管与存放

安全工器具的保管与存放，要满足国家和行业标准及产品说明书要求，并要满足下列要求。

1. 橡胶塑料类安全工器具

橡胶塑料类安全工器具应存放在干燥、通风、避光的环境下，存放时离开地面和墙壁 20cm 以上，离开发热源 1m 以上，避免阳光、灯光或其他光源直射，避免雨雪浸淋，防止挤压、折叠和尖锐物体碰撞，严禁与油、酸、碱或其他腐蚀性物品存放在一起。

2. 环氧树脂类安全工器具

环氧树脂类安全工器具应置于通风良好、清洁干燥、避免阳光直晒和无腐蚀、有害物质的场所保存。

3. 纤维类安全工器具

纤维类安全工器具应放在干燥、通风、避免阳光直晒、无腐蚀及有害物质的位置，并与热源保持 1m 以上的距离。

4. 其他类安全工器具

（1）钢绳索速差式防坠器，如钢丝绳浸过泥水等，应使用涂有少量机油的棉布对钢丝绳进行擦洗，以防锈蚀。

（2）安全围栏（网）应保持完整、清洁无污垢，成捆整齐存放。

（3）标识牌、警告牌等，应外观醒目，无弯折、无锈蚀，摆放整齐。

第四节 安全色、安全标志的使用

一、安全色

安全色是按国家标准 GB 2893—2008《安全色》中规定的颜色，显示不同的安全信息，通过安全标志的不同颜色告诫人们执行相应的安全要求，以防止事故的发生。

安全色与热力设备管道及电气母线涂色的作用、规定是完全不同的，两者不应混淆。

用红、黄、蓝、绿四种颜色分别表示禁止、警告、指令、提示的信息。对比色是黑白两种颜色，红、蓝、绿的对比色是白色，黄色的对比色是黑色。

由于红色引人注目，视认性极好，常用于紧急停止和禁止信息。用红色和白色条纹组成，特别醒目，常用来表示禁止。黄色对人眼的明亮度比红色还要高，常用来传递人们接受警告或引起注意的信息。用黄色和黑色组成的条纹，使人眼产生最高的视认性，能引起人们警觉，常用来做警告色。蓝色，尤其在太阳光照耀下非常明显，适宜做传递指令信息。绿色跃入眼帘，心理产生舒适、恬静、安全感，宜作传递情况是安全的信息。

安全色所表示的含义及用途见表3-3。

表3-3 安全色的含义及用途

颜色	含义	用途举例
红色	禁止停止	禁止标志。停止标志；机器、车辆上的紧急停止手柄或按钮。以及禁止人们触动的部位
		红色也表示防火
蓝色	指令必须遵守的规定	指令标志；如必须佩戴个人防护用具，道路上指引车辆和行人行驶方向的指令
黄色	警告注意	警告标志，警戒标志，横的警戒线，行车道中线，安全帽
绿色	提示安全状态通行	提示标志，车间内的安全通道，行人和车辆通行标志，消防设备和其他安全防护设备的位置

安全色使用部位很多，安全标志牌、交通标志牌、防护栏杆、机器上禁动部位、紧急停止按钮、安全帽、吊车、升降机、行车道中线等处，都应该涂刷相应的安全色。

二、安全标志

安全标志是用以表达特定安全信息的标志，由图形符号、安全色、几何形状（边框）和文字构成。安全标志分禁止标志、警告标志、指令标志、提示标志四大基本类型。

禁止标志是用以表达禁止或制止人们不安全行为的图形标志。

禁止标志牌的基本型式是一长方形衬底牌，上方是禁止标志（带斜杠的圆边框），下方是文字辅助标志（矩形边框）。长方形衬底色为白色，带斜杠的圆边框为红色，标志符号为黑色，辅助标志为红底白字、黑体字，字号根据标志牌尺寸、字数调整，如图3-16所示。

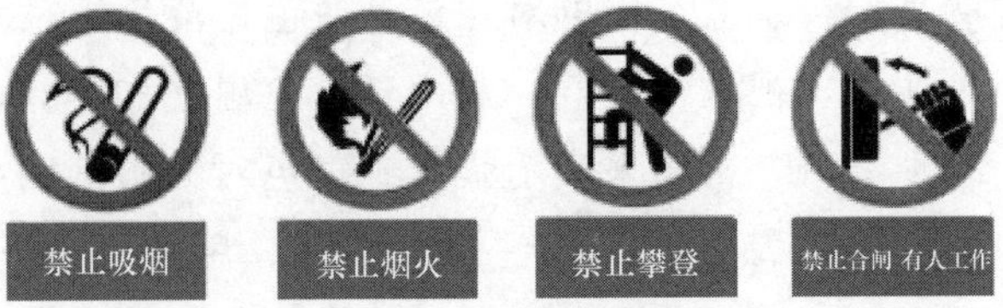
禁止吸烟
禁止烟火
禁止攀登
禁止合闸 有人工作
图 3-16　禁示标志

警告标志是用以表达提醒人们对周围环境引起注意，以避免可能发生危险的图形标志。

警告标志牌的基本型式是一长方形衬底牌，上方是警告标志（正三角形边框），下方是文字辅助标志（矩形边框）。长方形衬底色为白色，正三角形边框底色为黄色，边框及标志符号为黑色，辅助标志为白底黑字、黑体字，字号根据标志牌尺寸、字数调整，如图 3-17 所示。

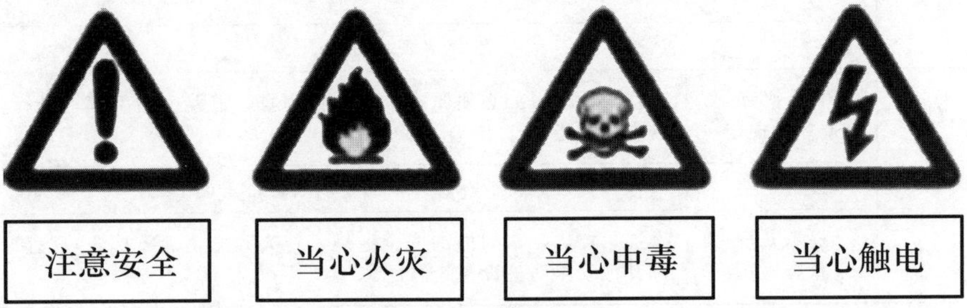
注意安全
当心火灾
当心中毒
当心触电
图 3-17　警告标志

指令标志是用以表达强制人们必须做出某种动作或采用防范措施的图形标志。

指令标志牌的基本型式是一长方形衬底牌，上方是指令标志（圆形边框），下方是文字辅助标志（矩形边框）。长方形衬底色为白色，圆形边框底色为蓝色，标志符号为白色，辅助标志为蓝底白字、黑体字，字号根据标志牌尺寸、字数调整，如图 3-18 所示。

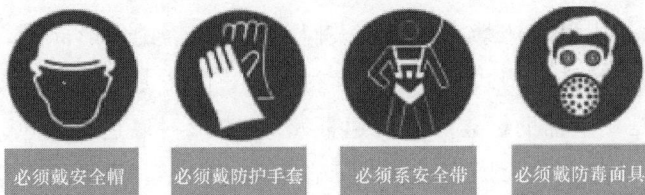

必须戴安全帽
必须戴防护手套
必须系安全带
必须戴防毒面具
图 3-18　指令标志

提示标志是用以表达向人们提供某种信息（如标明安全设施或场所等）的图形标志。

提示标志牌的基本型式是一正方形衬底牌和相应文字。衬底色为绿色，标志符号为白色，文字为黑色（白色）黑体字，字号根据标志牌尺寸、字数调整，如图 3－19 所示。

图 3－19　提示标志

移动式安全标志可用金属板、塑料板、木板制作，固定式安全标志可直接画在墙壁或机具上。但有触电危险场所的标志牌，必须用绝缘材料制作。

安全标志牌应挂在需要传递信息的相应部位且又十分醒目处。门、窗等可移动物体上不得悬挂标志牌，以免这些物体移动，人看不到安全信息。

第五节　常用机具的安全使用

一、施工机具的使用要求

1. 各类绞磨和卷扬机

（1）绞磨应放置平稳，锚固可靠，受力前方不准有人。锚固绳应有防滑动措施。在必要时宜搭设防护工作棚，操作位置应有良好的视野。

（2）牵引绳应从卷筒下方卷入，排列整齐，并与卷筒垂直，在卷筒上不准少于 5 圈（卷扬机：不准少于 3 圈）。钢绞线不准进入卷筒。导向滑车应对正卷筒中心。滑车与卷筒的距离：光面卷筒不应小于卷筒长度的 20 倍，有槽卷筒不应小于卷筒长度的 15 倍。

（3）作业前应进行检查和试车，确认卷扬机设置稳固，防护设施、电气绝缘、离合器、制动装置、保险棘轮、导向滑轮、索具等合格后方可使用。

（4）人力绞磨架上固定磨轴的活动挡板应装在不受力的一侧，严禁反装。人力推磨时推磨人员应同时用力。绞磨受力时人员不准离开磨杠，防止飞磨伤人。作业完毕应取出磨杠。拉磨尾绳不应少于2人，应站在锚桩后面，且不准在绳圈内。绞磨受力时，不准用松尾绳的方法卸荷。

（5）作业时禁止向滑轮上套钢丝绳，禁止在卷筒、滑轮附近用手扶运行中的钢丝绳，不准跨越行走中的钢丝绳，不准在各导向滑轮的内侧逗留或通过。吊起的重物必须在空中短时间停留时，应用棘爪锁住。

（6）拖拉机绞磨两轮胎应在同一水平面上，前后支架应受力平衡。绞磨卷筒应与牵引绳的最近转向点保持5m以上的距离。

2. 抱杆

（1）选用抱杆应经过计算或负荷校核。独立抱杆至少应有四根拉绳，人字抱杆至少应有二根拉绳并有限制腿部开度的控制绳，所有拉绳均应固定在牢固的地锚上，必要时经校验合格。

（2）抱杆的基础应平整坚实、不积水。在土质疏松的地方，抱杆脚应用垫木垫牢。

（3）抱杆有下列情况之一者严禁使用：圆木抱杆的木质腐朽、损伤严重或弯曲过大。金属抱杆整体弯曲超过杆长的1/600。金属抱杆局部弯曲严重、磕瘪变形、表面严重腐蚀、缺少构件或螺栓、裂纹或脱焊。抱杆脱帽环表面有裂纹或螺纹变形。

（4）抱杆的金属结构、连接板、抱杆头部和回转部分等，应每年对其变形、腐蚀、铆、焊或螺栓连接进行一次全面检查。每次使用前，也应进行检查。

（5）缆风绳与抱杆顶部及地锚的连接应牢固可靠。缆风绳与地面的夹角一般不大于45°。缆风绳与架空输电线及其他带电体的安全距离应不小于表2-8的规定。

（6）地锚的分布及埋设深度应根据地锚的受力情况及土质情况确定。地锚坑在引出线露出地面的位置，其前面及两侧的2m范围内不得有沟、洞、地下管道或地下电缆等。地锚埋设后应进行详细检查，试吊时应指定专人看守。

3. 导线联结网套

导线穿入联结网套应到位，网套夹持导线的长度不准少于导线直径的30倍。网套末端应以铁丝绑扎不少于20圈。

4. 双钩紧线器

经常润滑保养。换向爪失灵、螺杆无保险螺丝、表面裂纹或变形等禁止使用。紧线器受力后应至少保留 1/5 有效丝杆长度。

5. 卡线器

规格、材质应与线材的规格、材质相匹配。卡线器有裂纹、弯曲、转轴不灵活或钳口斜纹磨平等缺陷时应予报废。

6. 放线架

支撑在坚实的地面上，松软地面应采取加固措施。放线轴与导线伸展方向应形成垂直角度。

7. 地锚

（1）分布和埋设深度应根据其作用和现场的土质设置。

（2）弯曲和变形严重的钢质锚严禁使用。

（3）木质锚桩应使用较硬的木料，有严重损伤、纵向裂纹和出现横向裂纹时禁止使用。

8. 链条葫芦

（1）使用前应检查吊钩、链条、转动装置及刹车装置是否良好。吊钩、链轮、倒卡等有变形时，以及链条直径磨损量达 10% 时，禁止使用。

（2）两台及两台以上链条葫芦起吊同一重物时，重物的重量应不大于每台链条葫芦的允许起重量。

（3）起重链不得打扭，也不得拆成单股使用。

（4）不得超负荷使用，起重能力在 5t 以下的允许 1 人拉链，起重能力在 5t 以上的允许两人拉链，不得随意增加人数猛拉。操作时，人员不准站在链条葫芦的正下方。

（5）吊起的重物如需在空中停留较长时间，应将手拉链拴在起重链上，并在重物上加设保险绳。

（6）在使用中如发生卡链情况，应将重物垫好后方可进行检修。

（7）悬挂链条葫芦的架梁或建筑物，应经过计算，否则不得悬挂。禁止用链条葫芦长时间悬挂重物。

9. 钢丝绳

（1）钢丝绳应按出厂技术数据使用。无技术数据时，应进行单丝破断力试验。

（2）钢丝绳应按其力学性能选用，并应配备一定的安全系数。钢丝绳的安全系数及配合滑轮的直径应不小于表 3-4 的规定。

表 3-4　　　　　　　　钢丝绳的安全系数及配合滑轮直径

钢丝绳的用途			滑轮直径 D	安全系数 K
缆风绳及拖拉绳			≥12d	3.5
驱动方式	人　力		≥16d	4.5
	机　械	轻　级	≥16d	5
		中　级	≥18d	5.5
		重　级	≥20d	6
千斤绳	有　绕　曲		≥2d	6~8
	无　绕　曲			5~7
地　锚　绳				5~6
捆　绑　绳				10
载人升降机			≥40d	14

注　d 为钢丝绳直径。

（3）钢丝绳应定期浸油，遇有下列情况之一者应予报废：钢丝绳在一个节距中有表 3-5 内的断丝根数者。钢丝绳的钢丝磨损或腐蚀达到钢丝绳实际直径比其公称直径减少 7% 或更多者，或钢丝绳受过严重退火或局部电弧烧伤者。绳芯损坏或绳股挤出。笼状畸形、严重扭结或弯折。钢丝绳压扁变形及表面起毛刺严重者。钢丝绳断丝数量不多，但断丝增加很快者。

表 3-5　　　　　　　　钢 丝 绳 断 丝 根 数

最初的安全系数	钢丝绳结构							
	6×19＝114+1		6×37＝222+1		6×61＝366+1		18×19＝342+1	
	逆捻	顺捻	逆捻	顺捻	逆捻	顺捻	逆捻	顺捻
小于 6	12	6	22	11	36	18	36	18
6~7	14	7	26	13	38	19	38	19
大于 7	16	8	30	15	40	20	40	20

注　一个节距是指每股钢丝绳缠绕一周的轴向距离。

（4）钢丝绳端部用绳卡固定联结时，绳卡压板应在钢丝绳主要受力的一边，不得正反交叉设置。绳卡间距不应小于钢丝绳直径的 6 倍。绳卡数量应符合表 3-6 规定。

表 3-6   钢丝绳端部固定用绳卡数量

钢丝绳直径（mm）	7～18	19～27	28～37	38～45
绳卡数量（个）	3	4	5	6

（5）插接的环绳或绳套，其插接长度应不小于钢丝绳直径的 15 倍，且不准小于 300mm。新插接的钢丝绳套应作 125% 允许负荷的抽样试验。

（6）通过滑轮及卷筒的钢丝绳不准有接头。滑轮、卷筒的槽底或细腰部直径与钢丝绳直径之比应遵守下列规定：

起重滑车：机械驱动时不应小于 11。人力驱动时不应小于 10。

绞磨卷筒：不应小于 10。

10. 千斤顶

（1）使用前应检查各部分是否完好。油压式千斤顶的安全栓有损坏、螺旋式千斤顶或齿条式千斤顶的螺纹或齿条的磨损量达 20% 时，禁止使用。

（2）应设置在平整、坚实处，并用垫木垫平。千斤顶应与荷重面垂直，其顶部与重物的接触面间应加防滑垫层。

（3）禁止超载使用，不得加长手柄或超过规定人数操作。

（4）使用油压式千斤顶时，任何人不得站在安全栓的前面。

（5）用两台及两台以上千斤顶同时顶升一个物体时，千斤顶的总起重能力应不小于荷重的两倍。顶升时应由专人统一指挥，确保各千斤顶的顶升速度及受力基本一致。

（6）油压式千斤顶的顶升高度不得超过限位标志线。螺旋式及齿条式千斤顶的顶升高度不得超过螺杆或齿条高度的 3/4。

（7）禁止将千斤顶放在长期无人照料的荷重下面。

（8）下降速度应缓慢，禁止在带负荷的情况下使其突然下降。

11. 合成纤维吊装带

（1）合成纤维吊装带应按出厂数据使用，无数据时严禁使用。使用中应避免与尖锐棱角接触，如无法避免应寻求必要的护套。

（2）使用环境温度：-40～100℃。

（3）吊装带用于不同承重方式时，应严格按照标签给予的定值使用。

（4）发现外部护套破损显露出内芯时，应立即停止使用。

12. 起重机

（1）桥式起重机，应装有可靠的微量调节控制系统，以保证大件起吊时的可靠性。由厂房台架登上起重机的部位，宜设登机信号。

（2）任何人不得在桥式起重机的轨道上站立或行走。特殊情况需在轨道上进行作业时，应与桥式起重机的操作人员取得联系，桥式起重机应停止运行。

（3）起重机在轨道上进行检修时，应切断电源，在作业区两端的轨道上用钢轨夹夹住，并设标示牌。其他起重机不得进入检修区。

（4）厂房内的桥式起重机作业完毕后应停放在指定地点。

（5）在露天使用的起重机的机身上不得随意安设增加受风面积的设施。其驾驶室内，冬天可装有电气取暖设备，工作人员离开时，应切断电源。不准用煤火炉或电炉取暖。

13. 流动式起重机

（1）在带电设备区域内使用汽车吊、斗臂车时，车身应使用不小于 $16mm^2$ 的软铜线可靠接地。在道路上施工应设围栏，并设置适当的警示标志牌。

（2）起重机停放或行驶时，其车轮、支腿或履带的前端或外侧与沟、坑边缘的距离不准小于沟、坑深度的 1.2 倍。否则应采取防倾、防坍塌措施。

（3）作业时，起重机应置于平坦、坚实的地面上，机身倾斜度不准超过制造厂的规定。不准在暗沟、地下管线等上面作业。不能避免时，应采取防护措施，不准超过暗沟、地下管线允许的承载力。

（4）作业时，起重机臂架、吊具、辅具、钢丝绳及吊物等与架空输电线及其他带电体的最小安全距离不得小于表 2—8 的规定，且应设专人监护。

（5）长期或频繁地靠近架空线路或其他带电体作业时，应采取隔离防护措施。

（6）汽车起重机行驶时，应将臂杆放在支架上，吊钩挂在挂钩上并将钢丝绳收紧。车上操作室禁止坐人。

（7）汽车起重机及轮胎式起重机作业前应先支好全部支腿后方可进行其他操作。作业完毕后，应先将臂杆完全收回，放在支架上，然后方可起腿。汽车式起重机除设计有吊物行走性能者外，均不准吊物行走。

（8）汽车吊试验应遵守 GB 5905—1986《起重机试验、规范和程序》的规定，维护与保养应遵守 ZBJ 80001—1986《汽车起重机和轮胎起重机维护与保养》的规定。

（9）高空作业车（包括绝缘型高空作业车、车载垂直升降机）应按 GB/T 9465—2008《高空作业车》的规定进行试验、维护与保养。

14. 纤维绳

（1）麻绳、纤维绳用作吊绳时，其许用应力不得大于 0.98kN/cm²。用作绑扎绳时，许用应力应降低 50%。有霉烂、腐蚀、损伤者不得用于起重作业，纤维绳出现松股、散股、严重磨损、断股者禁止使用。

（2）纤维绳在潮湿状态下的允许荷重应减少一半，涂沥青的纤维绳应降低 20% 使用。一般纤维绳禁止在机械驱动的情况下使用。

（3）切断绳索时，应先将预定切断的两边用软钢丝扎结，以免切断后绳索松散，断头应编结处理。

15. 卸扣

（1）卸扣应是锻造的。卸扣不准横向受力。

（2）卸扣的销子不准扣在活动性较大的索具内。

（3）不准使卸扣处于吊件的转角处。

16. 滑车及滑车组

（1）滑车及滑车组使用前应进行检查，发现有裂纹、轮沿破损等情况者，不准使用。滑车组使用中，两滑车滑轮中心间的最小距离不得小于表 3-7 的规定。

表 3-7　　　　　滑车组两滑车滑轮中心最小允许距离

滑车起重量（t）	1	5	10～20	32～50
滑轮中心最小允许距离（mm）	700	900	1000	1200

（2）滑车不准拴挂在不牢固的结构物上。线路作业中使用的滑车应有防止脱钩的保险装置，否则必须采取封口措施。使用开门滑车时，应将开门勾环扣紧，防止绳索自动跑出。

（3）拴挂固定滑车的桩或锚，应按土质不同情况加以计算，使之埋设牢固可靠。如使用的滑车可能着地，则应在滑车底下垫以木板，防止垃圾窜入滑车。

二、常用机械作业工器（机）具的安全使用

作业工器（机）具包括范围很广，这里指大锤、手锤、凿子、锉刀、手锯、钻床、锯床、砂轮机等主要机械。

1. 大锤和手锤使用的安全要点

需检查锤头完整性，表面应光滑微凸，不准有歪斜、缺口、凹入及裂纹等情形。手柄应用整根的硬木制成，不准用大木林劈开制作，也不能用其他材料替代，应装得十分牢固，并将头部用楔栓固定。锤把上不可有油污。不准戴手套或用单手抡大锤，周围不准有人靠近。在狭窄区域，使用大锤应注意周围环境，避免反击力伤人。

2. 凿子使用的安全要点

用凿子凿坚硬或脆性物体时（如生铁、生铜、水泥等），应戴防护眼镜，必要时装设安全遮栏，以防碎片打伤旁人。凿子被锤击部分有伤痕不平整、沾有油污等，不准使用。

3. 锉刀、手锯、木钻、螺丝刀等使用的安全要点

锉刀、手锯、木钻、螺丝刀等的手柄应安装牢固，没有手柄的不准使用。

4. 钻床使用的安全要点

使用钻床时，应将工件设置牢固后，方可开始工作。清除钻孔内金属碎屑时，应先停止钻头的转动。禁止用手直接清除铁屑。使用钻床时不准戴手套。

5. 锯床使用的安全要点

使用锯床时，工件应夹牢，长的工件两头应垫牢，并防止工件锯断时伤人。

6. 砂轮使用的安全要点

砂轮应进行定期检查。砂轮应无裂纹及其他不良情况。砂轮应装有用钢板制成的防护罩，其强度应保证当砂轮碎裂时挡住碎块。防护罩至少要把砂轮的上半部罩住。禁止使用没有防护罩的砂轮（特殊工作需要的手提式小型砂轮除外）。砂轮机的安全罩应完整。

应经常调节防护罩的可调护板，使可调护板和砂轮间的距离不大于 1.6mm。

应随时调节工件托架以补偿砂轮的磨损，使工件托架和砂轮间的距离不大于 2mm。

使用砂轮研磨时，应戴防护眼镜或装设防护玻璃。用砂轮磨工具时应使火星向下。不准用砂轮的侧面研磨。

无齿锯应符合上述各项规定。使用时操作人员应站在锯片的侧面，锯片应缓慢地靠近被锯物件，不准用力过猛。

三、电气工具和用具的安全使用

（1）电气工具和用具应由专人保管，每 6 个月应由电气试验单位进行定期检查。使用前应检查电线是否完好，有无接地线。不合格的不准使用。使用时应按有关规定接好剩余电流动作保护器（漏电保护器）和接地线。使用中发生故障，应立即修复。

（2）使用金属外壳的电气工具时应戴绝缘手套。

（3）使用电气工具时，不准提着电气工具的导线或转动部分。在梯子上使用电气工具，应做好防止感电坠落的安全措施。在使用电气工具工作中，因故离开工作场所或暂时停止工作以及遇到临时停电时，应立即切断电源。

（4）使用手持行灯应注意下列事项：手持行灯电压不准超过 36V，在特别潮湿或周围均属金属导体的地方工作时，如在金属容器或水箱等内部，行灯的电压不准超过 12V。行灯电源应由携带式或固定式的隔离变压器供给，变压器不准放在金属容器或水箱等内部。携带式行灯变压器的高压侧，应带插头，低压侧带插座，并采用两种不能互相插入的插头。行灯变压器的外壳应有良好的接地线，高压侧宜使用单相二级带接地插头。

（5）电动的工具、机具应接地或接零良好。

（6）电气工具和用具的电线不准接触热体，不要放在湿地上，并避免载重车辆和重物压在电线上。

（7）移动式电动机械和手持电动工具的单相电源线应使用三芯软橡胶电缆。三相电源线在三相四线制系统中应使用四芯软橡胶电缆，在三相五线制系统中宜使用五芯软橡胶电缆。连接电动机械及电动工具的电气回路应单独设开关或插座，并装设剩余电流动作保护器（漏电保护器），金属外壳应接地。电动工具应做到"一机一闸一保护"。

（8）长期停用或新领用的电动工具应用 500V 的绝缘电阻表测量其绝缘电阻，如带电部件与外壳之间的绝缘电阻值达不到 2MΩ，应进行维修处理。对正常使用的电动工具也应对绝缘电阻进行定期测量、检查。

（9）电动工具的电气部分经维修后，应进行绝缘电阻测量及绝缘耐压试验，试验电压参见 GB 3787—2006《手持式电动工具的管理、使用、检查和维修安全技术规程》中的相关规定，试验时间为 1min。

（10）在一般场所（包括从属架上），应使用 Ⅱ 类电动工具（带绝缘外壳的工具）。在潮湿或含有酸类的场地上以及在金属容器内应使用 24V 及以下电动工具，否则应使用带绝缘外壳的工具，并装设额定动作电流不大于 10mA、一般型（无延时）的剩余电流动作保护器（漏电保护器），且应设专人不间断地监护。剩余电流动作保护器（漏电保护器）、电源连接器和控制箱等应放在容器外面。电动工具的开关应设在监护人伸手可及的地方。

四、风动工具使用的安全要点

风动工具指气锤、风动钻头等，以压缩气体作动力的机械工具。

（1）不熟悉风动工具使用方法和修理方法的作业人员，不准擅自使用或修理风动工具。

（2）使用风动工具之前应检查其完好性，发现破损不准使用。连接软管之前应把软管吹净，然后与工具连接牢固，拆装软管必须先停止送风。更换锤子、钻头等工作部件，必须先断风停止转动。

（3）风动工具的锤子、钻头等工作部件，应安装牢固，防止转动时脱落伤人。禁止将带有工作部件的风动工具对准人。工作部件停止转动前不准拆除。

思 考 题

1. 试述安全工器具的分类，及各类安全工器具的作用。

2. 绝缘杆、验电器的作用和使用、保管的注意事项是什么？

3. 电气辅助安全工器具有哪些？试述穿绝缘靴（鞋）的作用和使用保管注意事项。

4. 使用安全带和安全帽的必要性是什么？如何正确地使用？

5. 携带型接地线使用前应如何进行检查？

6. 梯子应如何正确使用？

7. 登高工器具有哪些？试验周期各是多少？

8. 试述安全色及其含义。

9. 什么是安全标志？如何分类？

10. 施工机具有哪些？

11. 试述使用砂轮的安全要点。

12. 试述电气工具和用具的安全使用要求。

第四章

消防与交通安全

第一节 消 防 安 全

火灾是指在时间和空间上失去控制的燃烧所造成的灾害。火是人类从野蛮进化到文明的重要标志。但火和其他事物一样具有两重性，一方面给人类带来了光明和温暖，带来了健康和智慧，从而促进了人类物质文明的不断发展；另一方面火又是一种具有很大破坏性的多发性的灾害，随着生产生活中用火用电的不断增多，由于人们用火用电管理不慎或者设备故障等原因而不断产生火灾，对人类的生命财产构成了巨大的威胁。

在发变电生产过程中，有许多容易引起火灾的客观因素，如火电厂存有大量的煤、煤粉、原油、可燃气体，汽轮机的透平油和变压器、互感器的绝缘油，发电机冷却用的氢气，多而分布广的电缆以及运行中带油设备的短路电弧等，如果防火措施不力都将极容易酿成火灾事故。例如某 $2 \times 300MW$ 电厂，因火灾事故烧毁各种电缆万余米，厂用变压器及断路器损坏，停电 28 天。又如某 500kV 变电站因所用电电缆选型不当，造成所用电电缆火灾事故，损失电量230.8 万 kWh，使国家和集体遭受重大损失，给社会造成重大的影响。

因此，为确保发电厂、变电站及电力生产的消防安全，必须认真贯彻"以防为主，防消结合"的方针。严格执行《中华人民共和国消防法》《电力设备典型消防规程》，切实落实消防及防火技术措施，完善电力生产区域必配的消防设施，提高全体职工的消防安全意识和消防安全知识。

一、燃烧灭火的基本常识

1. 物质燃烧的基本条件和充分条件

（1）物质燃烧须具备的三个基本条件（必要条件）是：①可燃物。有气体、液体和固体三态，如煤气、汽油、木材、塑料等。②助燃物。泛指空气、氧气及氧化剂。③着火源。如电点火源、高温点火源、冲击点火源和化学点火源等。

以上三个条件、必须同时具备，并相互结合、相互作用，燃烧才能发生，三个条件缺一不可。

（2）燃烧的充分条件。

需要说明的是，具备了燃烧的必要条件，并不等于燃烧必然发生。在各必要条件中，还有一个"量"的概念，这就是发生燃烧或持续燃烧的充分条件。物质燃烧的充分条件是：①一定的可燃物质浓度。可燃气体或可燃液体的蒸汽与空气混合只在达到一定浓度，才会发生燃烧或爆炸。达不到燃烧所需的浓度，虽有充足的氧气和明火，仍不能发生燃烧。②一定的氧含量。各种不同的可燃物发生燃烧，均有最低含氧量要求。低于这一浓度，虽然燃烧的其他必要条件已经具备，燃烧仍不会发生。③一定的导致燃烧的能量。各种不同可燃物质发生燃烧，均有固定的最小点火能量要求。达到这一能量才能引起燃烧反应，否则燃烧便不会发生。如：汽油的最小点火能量为 0.2mJ，乙醚为 0.19mJ，甲醇（2.24%）为 0.215mJ。

2. 火灾类型

火灾按着火可燃物类别，一般分为 5 类。

（1）A 类火：固定体有机物质燃烧的火，通常燃烧后会形成炽热的余烬。

（2）B 类火：液体或可熔化固体燃烧的火。

（3）C 类火：气体燃烧的火。

（4）D 类火：金属燃烧的火。

（5）E 类火：燃烧时物质带电的火。

3. 灭火原理

灭火原理就是破坏燃烧三个必要条件中的某个或几个，以达到终止燃烧的目的。可归纳为隔离、冷却、窒息三种基本方式，见表 4-1。

表 4-1　　　　　　　　　　灭 火 的 基 本 方 法

序号	灭火方法	灭火原理	具体施用方法举例
1	隔离法	使燃烧物和未燃烧物隔离，限定灭火范围	1）搬迁未燃烧物； 2）拆除毗邻燃烧处的建筑物、设备等； 3）断绝燃烧气体、液体的来源； 4）放空未燃烧的气体； 5）抽走未燃烧的液体或放入事故槽； 6）堵截流散的燃烧液体等

序号	灭火方法	灭火原理	具体施用方法举例
2	冷却法	降低燃烧物的温度于燃点之下，从而停止燃烧	1) 用水喷洒冷却； 2) 用砂土埋燃烧物； 3) 往燃烧物上喷泡沫； 4) 往燃烧物上喷射二氧化碳等
3	窒息法	稀释燃烧区的氧量，隔绝新鲜空气进入燃烧区	1) 往燃烧物上喷射氮气、二氧化碳； 2) 往燃烧物上喷洒雾状水、泡沫； 3) 用砂土埋燃烧物； 4) 用石棉被、湿麻袋捂盖燃烧物； 5) 封闭着火的建筑物和设备孔洞等

二、消防设施及器材

（一）火灾自动报警系统

火灾自动报警系统主要由火灾探测器或手动火灾报警控制器组成，分为区域报警、集中报警和控制中心报警三种。

区域报警系统如图 4-1 所示。由火灾探测器或手动火灾报警按钮及区域火灾报警控制器组成，适用于较小范围的保护。集中报警系统由火灾探测器或手动火灾报警按钮、区域火灾报警控制器和集中火灾报警器组成，如图 4-2 所示，适用较大范围内多个区域的保护。更进一步的控制中心报警系统，是由火灾探测器或手动火灾报警按钮、区域火灾报警控制器、集中火灾报警控制器以及消防控制设备组成，如图 4-3 所示。通常集中火灾报警控制器设在控制设备内，组成控制装置。

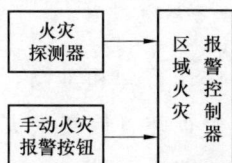

图 4-1　区域报警系统　　　　图 4-2　集中报警系统

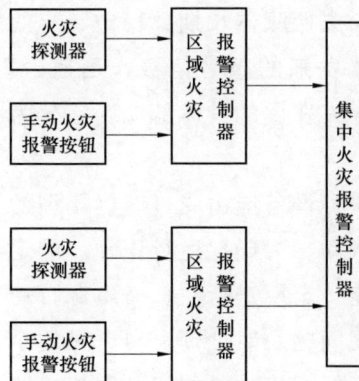

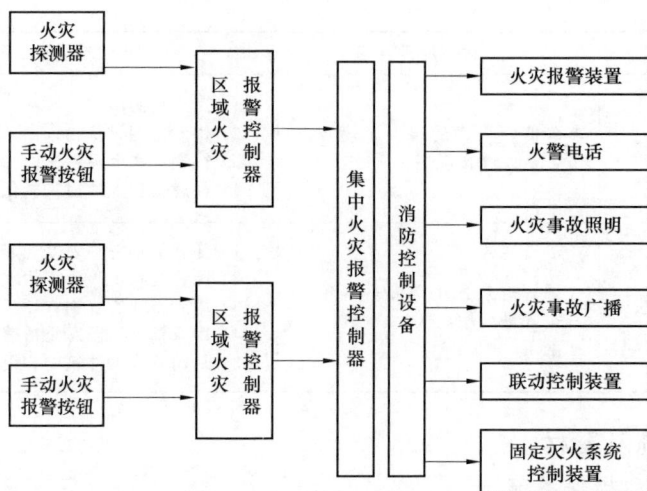

图 4-3 控制中心报警系统

探测器是报警系统的"感觉器官",它的作用是监视环境中有没有火灾发生。一有火情,即向火灾报警控制器发送报警信号。火灾探测器是探测火灾的传感器,由于在火灾发生的阶段,将伴随产生烟雾、高温和火光。这些烟、热和光可以通过探测器转变为电信号通过火灾报警控制器发出声、光报警信号,若装有自动灭火系统的则启动自动灭火系统,及时扑灭火灾。

火灾报警控制器是一种能为火灾探测器供电、接收、显示和传递火灾报警信号,并能对自动消防等装置发出控制信号的报警装置,它的主要作用是供给火灾探测器稳定的直流电流,监视连接各处火灾探测器的传输导线有无断线故障,保证火灾探测器长期、稳定、有效地工作,当探测器探到火灾后,能接受火灾探测器发来的报警信号,迅速、正确地进行转换处理,并以声光报警形式,指示火灾发生的具体部位。它分为区域火灾报警控制器和集中火灾报警控制器两种。

火灾报警设备应由受过专门培训的人员负责操作、管理和维修,其他人员不得随意触动。为确保运行正常,应定期通过手动检查装置检查火灾报警控制器各项功能。定期进行主、备电源自动转换试验,定期全面进行一次实效模拟试验,发现问题及时处理。对常见的主、备电源故障,应检查输入和充电设备装置是否完好,熔丝是否烧断,连接线是否脱开。发现探测回路故障,应检查探测器是否被人取下,终端监控器及探测回路线路接线是否完好。在发生误报警时应勘察探测器有无蒸汽、粉尘的干扰，若无干扰因素而频繁误报，应更换探测器，难以查处的故障应由专业人员或单位修复。

（二）固定式自动灭火系统

固定式灭火系统由固定设置的灭火剂供应源、管路、喷放器件和控制装置组成。火电厂中200MW及以上机组的车间（输煤栈桥及有必要装设的仓库）电缆夹层等处都应装设相应的固定自动灭火装置。

1. 自动喷水灭火系统

各种灭火剂中，水最广泛、价格低廉，水不但可以直接扑救火灾，其冷却作用也是其他灭火剂无法比拟的。

自动喷水灭火系统具有工作性能稳定、适应范围广、安全可靠、维护简便、投资少、不污染环境等优点，广泛应用于一切可以用于灭火的建筑物、构筑物和保护对象。

常见的湿式系统如图4-4所示，工作原理流程见图4-5。

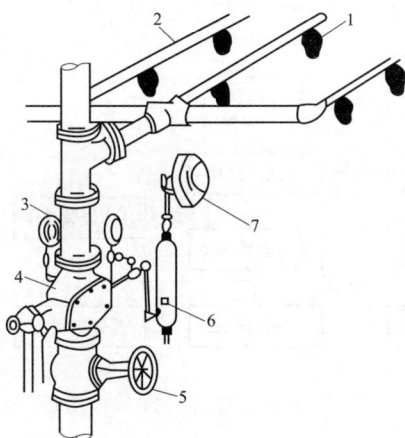

图4-4 湿式系统组成示意图

1—闭式喷头；2—供水管路；3—压力表；
4—湿式阀；5—水源闸阀；6—延迟器；
7—水力警铃

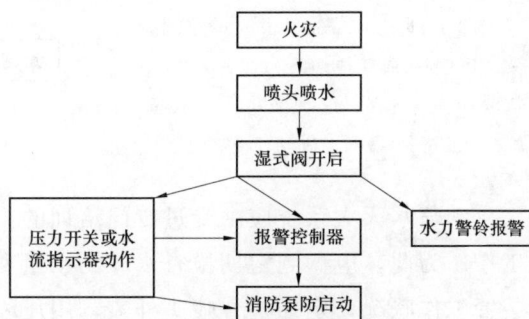

图4-5 湿式系统工作原理流程图

湿式系统由闭式喷头、湿式阀、水力警铃和供水管路组成。该系统具有自动探测、报警和喷水的功能，也可与火灾自动报警装置联合使用，使其功能更加安全可靠。因其供水管路和喷头内始终充满水，称为湿式或湿系统。当火灾发生时，火焰或高温气流使闭式喷头的感温元件动作，喷头开启，喷水灭火。水在管路中流动，冲开湿式阀，水力使警铃报警。当系统中装有压力开关或水流指示器时，可将报警信号送到报警控制器或控制室，也可以此联动消防泵工作。

干式系统适用于寒冷和高温场所，如图4-6所示。其管路和喷头内平时无水，称干式系统。该系统由干式喷头、干式阀、水力警铃、排气加速器，自动充气装置和供水管路组成。可以独立完成自动探测、报警和喷水任务，也可以与火灾自动探测报警装置联合使用。着火时，喷头感温开启，管路中的压缩空气从喷头喷出。使干式阀出口侧压力下降，干式阀被自动打开，水进入管路由喷头喷出。同时使水流冲击警铃发出报警信号。若系统装有压力开关，可将报警送至报警控制器，也可联动消防泵投入运行。其原理流程见图4-7。必要时该系统可干—湿交替使用，但管理维护量大，腐蚀大，应用较少。

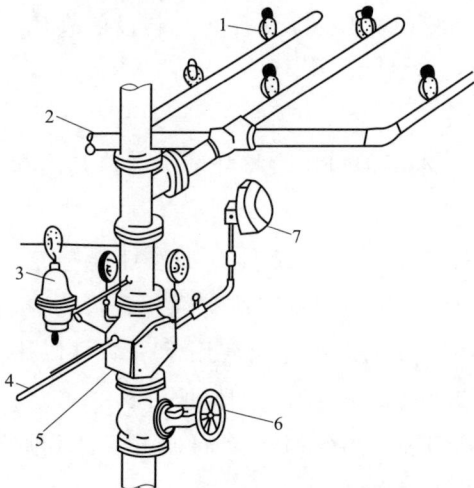

图4-6 干式系统组成示意图

1—干式喷头或直立型喷头；2—供水管路；

3—排气加速器；4—气源；5—干式阀；

6—水源阀；7—水力警铃

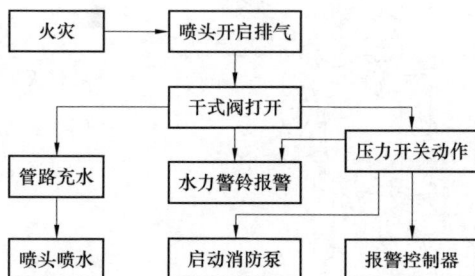

图4-7 干式系统工作原理流程图

自动喷水灭火系统应由受过专门培训的人员负责操作和维护，确保随时投入工作。为此，应做到定期检查水源的水量和水压、消防泵动力、报警阀的充气装置工作状况，定期检查喷头外表，用压缩空气或软布洁净粉尘、油污。还要对报警阀、警铃和管阀水源消防泵作性能检查试验；检查火灾探测报警装置和压力开关、水流指示器，发现故障及时检修更换。当灭火系统动作后，应做好恢复工作，在确认火灾已扑灭时，按规定步骤使系统重新恢复到正常待用状态。

2. 泡沫灭火系统

泡沫喷淋灭火系统分吸入空气和非吸入空气两种。其主要区别在于喷头是否吸入空气，不吸入空气时，喷出泡沫倍数低。当被保护的危险性场所起火后，自动探测系统报警，如安装有自动控制装置可自动启动消防泵，打开泵出口阀和泡沫比例混合器阀，通过管道送到泡沫喷头，将泡沫喷淋到被保护的危险物品表面，起到冷却降温、阻挡辐射热和覆盖窒息灭火。

吸入型泡沫喷淋灭火系统适用于室内外易燃液体发生泄漏，甚至是大量泄漏起火时进行初期防护，如对装卸油口的栈桥、卧式油罐、油泵房、烧油锅炉房及浸液槽等，能进行有效的防护但不适于扑救石油液化气或压缩气体引起的火灾，如丁烷、丙烷等引起的火灾；也不适宜扑救与水发生剧烈反应或与水反应生成有害物质的火灾；此外也不适用于电气设备火灾的扑救。主变合成型泡沫喷雾灭火系统原理如图4-8所示。

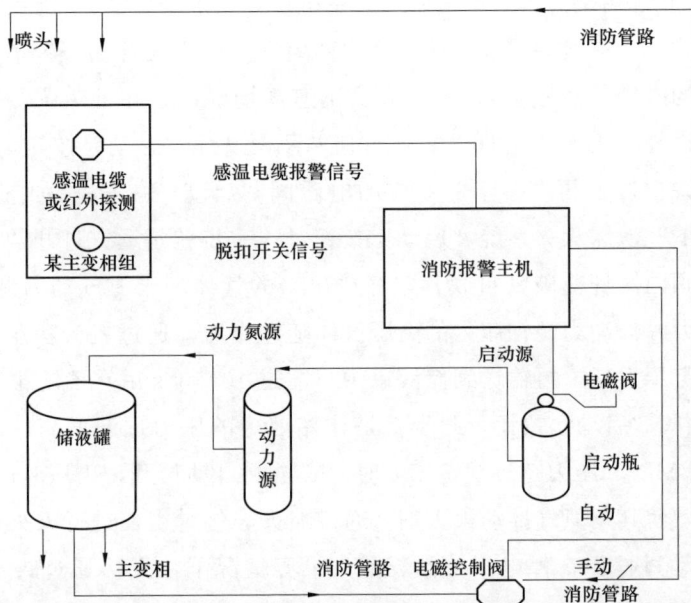

图4-8　主变合成型泡沫喷雾灭火系统原理图

合成型泡沫喷雾灭火系统应有完善的操作、维护管理规程，并由经过专业培训的人员进行操作和维护管理，从而确保灭火系统能够正常工作。

（1）使用操作。

警戒状态：平时，本系统氮气动力源处于警戒待用状态。高压钢瓶中的压缩气体被瓶头容器阀可靠地密封在钢瓶内，容器阀以外的部件和管路均处于常压状态，钢瓶内的压力可以通过一个高压阀门和一只压力表测出。

"自动"状态启动过程（即消防报警主机设置在自动状态）：当系统采用"自动"启动方式时，在接到同一个防护区内两组独立的火灾探测报警信号后才能启动。过程如下：消防报警主机接到感温电缆报警信号后发出火灾声光警报，以提醒防护区内的人员火情确认；主变失电脱扣开关动作报警主机确认主变断电。火灾报警控制盘在接收两组独立信号后启动氮气启动瓶再启动氮气动力瓶，延时 30s（10～30s 现场可调）后启动对应防护区的电动阀喷射合成泡沫灭火剂进行灭火。这时报警主机上出现四个报警信号和一个电源启动信号，在报警主机上显示，例如：对应主变某相感温电缆报警信号、脱扣开关动作信号某号主变 U 相、某号主变 V 相、某号主变 W 相和一个启动电源信号。

"手动"状态启动过程（即消防报警主机设置在手动状态）：当系统采用"手动"启动方式时，在接到同一个防护区内两组独立的火灾探测报警信号（消防报警主机出现的报警信号同上），值班人员迅速现场确认，并且确认主变确已失电时，在消防报警主机上，立即"按下"泡沫灭火系统"启动"按钮，过 10～30s 后在消防报警主机上再"按下"对应的电磁阀"启动"按钮。操作过程原理说明：①"按下"泡沫灭火系统"启动"按钮，这一步就是远方打开"启动"瓶上的电磁阀，阀内撞针撞破密封膜片，释放出来的气体冲破氮气动力源密封膜片，启动氮气动力源。动力源钢瓶内的高压气体随即出瓶，通过瓶头容器阀进入减压阀，减至一定压力后，再输送到储液罐中。②过 10～30s 后在消防报警主机上再"按下"电磁阀"启动"按钮，此步就是让储液罐的压力逐渐增高，让其压力达到 0.6～0.65MPa（压力超过规定压力时，安全阀自动打开，出厂时已调好），再开启电磁阀，使其用氮气推动灭火剂，通过喷头雾化对主变进行灭火。

应急启动过程：在停电、控制装置失灵等情况下，无法通过火灾报警联动控制系统（自动或手动）启动氮气动力源时，火灾确认后，并确认主变确已失电，可由操作人员在场地泡沫灭火室紧急启动，方法是操作人员拔掉启动源瓶头电磁阀上的保险卡环，然后敲打电磁阀上的铜按钮电磁阀，来"启动"启动瓶，从而启动氮气动力源，当罐内压力达到 0.6～0.65MPa 时使用专用扳手打开对应主变相需要灭火的主变电磁控制阀，从而启动灭火系统。在敲打启动瓶电磁阀上的铜按钮电磁阀，如不能启动氮气动力源时应逐个拔掉保险卡环，扳动启动拉环启动氮气动力瓶。

灭火系统恢复：本系统中的氮气动力源及合成泡沫灭火剂只供一次灭火喷放使用。灭火结束后，必须将氮气动力源的所有空瓶重新充气并复位，以供下次使用，同时将储液罐重新罐装灭火剂。

（2）日常巡视管理。

储液罐：目测巡检完好状态，无碰撞变形及其他机械性损伤，观察窗玻璃是否完好，每月检查一次。

氮气启动源：目测巡检完好状态，无碰撞变形及其他机械性损伤；目测检查铅封完好状态，压力表检查：压力表值为"0"，（当检查压力表有压力表示有漏气现象），每月检查一次。

氮气启动源压力检测：检测压力，压力值不应小于4MPa，每年检查一次。

氮气动力源：目测巡检完好状态，无碰撞变形及其他机械性损伤；目测检查铅封完好状态，压力表检查：压力表值为"0"（当检查压力表有压力表示有漏气现象），每月检查一次。

氮气动力源压力检测：检测压力，压力值不应小于8MPa，每年检查一次。

电磁阀巡检：目测巡检完好状态，无碰撞变形及其他机械性损伤，目测表盘为"CLOSE"状态，每月检查一次。

减压阀巡检：目测巡检完好状态，无碰撞变形及其他机械性损伤，每月检查一次。

安全泄压阀：无碰撞变形及其他机械性损伤，每月检查一次。

水雾喷头：目测巡检完好状态，检查有无异物堵塞喷头，每月检查一次。

设备房：温度计检查室温，室温不得低于0℃，寒冷季节每天检查一次。

3. 七氟丙烷灭火系统

由于海龙1301、1211灭火剂对臭氧层的影响，根据世界环保组织及我国政府有关规定，1301、1211灭火剂将逐步停止生产直至到21世纪初停止使用。由于七氟丙烷不含有氯或溴，不会对大气臭氧层产生破坏作用，所以被采用来替换对环境危害的海龙1301和海龙1211来作为灭火剂的原料。七氟丙烷在大气中的生命周期为31～42年，而且在释出后不会留下残余物或油渍，也可透过正常排气通道排走，所以很适合作为数据中心或服务器存放中心的灭火剂。通常这些地方都会把一罐含有压缩了的七氟丙烷的罐安装在楼层顶部，当火警发生时，七氟丙烷从罐的出气口排出，迅速把火警发生场所的氧气排走、并冷却火警发生处，从而达到灭火的目的。

七氟丙烷虽然在室温下比较稳定，但在高温下仍然会分解，并产生氟化氢，产生刺鼻的味道。其他燃烧产物还包括一氧化碳和二氧化碳。

接触液态七氟丙烷可以导致冻伤。

七氟丙烷在常温下气态，无色无味、不导电、无腐蚀，无环保限制，大气存留期较短。灭火机理主要是惰化火焰中的活性自由基，中断燃烧链，灭火速度极快，这对抢救性保护精密电子设备及贵重物品是有利的。七氟丙烷的无毒性反应（NOAEL）浓度为9%，有毒性反应（LOAEL）浓度为10.5%，七氟丙烷的设计浓度一般小于10%，对人体安全。其特点具有良好的清洁性（在大气中完全汽化不留残渣），良好的气相电绝缘性及良好的适用于灭火系统使用的物理性能。20世纪90年代初，工业发达国家首选用七氟丙烷替代海龙灭火系统并取得成功。

七氟丙烷灭火装置分为有管网和无管网（柜式）两种。

有管网七氟丙烷灭火系统（图4-9）由灭火瓶组、高压软管、灭火剂单向阀、启动瓶组、安全泄压阀、选择阀、压力信号器、喷头、高压管道、高压管件等组成。

七氟丙烷气体灭火系统的灭火剂贮存瓶平时放置在专用钢瓶间内，通过管网连接，在火灾发生时，将灭火剂由钢瓶间，输送到需要灭火的防护区内，通过喷头进行喷放灭火。

柜式七氟丙烷灭火系统（图4-10）储瓶置于柜体内，每套灭火装置包含灭火剂储存瓶、平头控制阀、安全阀、手动阀、压力表、连接管（含弯头）、喷头、七氟丙烷灭火剂。储存瓶根据容积大小可分为不同的型号（如QMP60-PL，容积60L；QMP180-PL，容积180L），可根据防护区的容积选择储存瓶。采用螺旋头或径向反射型喷头，使灭火剂能迅速、均匀地充满整个防护区。

图4-9　有管网七氟丙烷灭火系统　　　　图4-10　柜式七氟丙烷灭火系统

七氟丙烷灭火系统适用于电子计算机房、图书馆、档案馆、贵重物品库、电站（变压器室）、电讯中心、洁净厂房等重点部位的消防保护。

4. 二氧化碳灭火系统

二氧化碳灭火系统是通过向保护区或保护对象释放二氧化碳灭火剂来灭火的，它的原理是减少空气中的含氧比例，使含氧量降低到12％以下或二氧化碳含量达 30％～35％，一般可燃物质燃烧就被窒息。当二氧化碳含量达到 43.6％时，能抑制汽油蒸气及其他易燃气体的爆炸。

二氧化碳灭火效果逊于卤代烷，但灭火剂价格是卤代烷的 1/50 左右，与水灭火剂比较具有不沾污物品没有水渍损害和不导电等优点，故应用比较广泛，使用量仅次于喷水灭火系统。

灭火系统按规定要求进行常规和定期检查保养，注意检查起动瓶上的压力降低值不得大于最小充装压力的 10％，否则应查明原因，处理后充足气量。

（三）移动式灭火器材及使用

发电厂、变电站除按规范、标准要求设置自动报警和固定式自动灭火系统外，对其他可能发生火灾的地方，应设置移动式灭火器。目前常用的移动式灭火器主要有水基型、干粉、洁净气体和二氧化碳灭火器，其基本结构和使用方法，如图 4-11 所示。

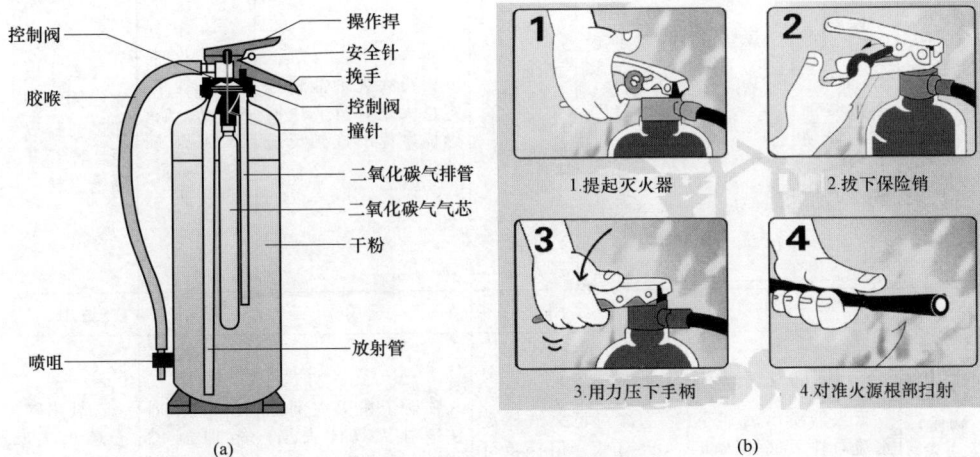

图 4-11　移动式灭火器示意图
（a）灭火器结构；（b）使用方法

结合电力生产现场的燃烧物质种类，灭火器选择和配置数量，应按照《电力设备典型消防规程》要求来确定，各类灭火器适用情况见表 4-2。

表 4-2　　　　　　　　　　　灭 火 器 适 用 情 况

灭火器类型	水基型灭火器				干粉灭火器		洁净气体灭火器	二氧化碳灭火器
	水型灭火器		泡沫灭火器		ABC类干粉（磷酸铵盐）	BC类干粉（碳酸氢钠）		
	清水	含可灭B类火的添加剂	机械泡沫	抗溶泡沫				
A类（固体物质）火灾场所	适用		适用		适用	不适用	适用	不适用
	水能冷却并穿透火焰和固体可燃物质而灭火，并可有效地防止复燃		具有冷却和覆盖可燃物表面而使其与空气隔绝的作用		粉剂能附着在固体可燃物的表面层，起到窒息火焰作用	碳酸氢钠对固体可燃物无黏附作用，只能控火，不能灭火	具有扑灭A类火灾的效能；洁净气体灭火器的灭火机理和适用性，与卤代烷1211灭火器类同	灭火器喷出的二氧化碳无液滴，全是气体，对扑灭A类火基本无效
B类（液体或可熔化固体物质）火灾场所	不适用	适用	适用	适用	适用		适用	适用
	水柱射流直接冲击油面，会激溅油火，致使火势蔓延，造成灭火困难	添加了能灭B类火的添加剂，加上喷雾功能，可灭B类火	适用于扑救非极性溶剂和油品火灾，覆盖可燃物表面，使其与空气隔绝	适用于扑救极性溶剂火灾	干粉灭火剂能快速窒息火焰，具有中断燃烧过程的连锁反应的化学活性		洁净气体灭火剂能快速窒息火焰，抑制燃烧连锁反应，而中止燃烧过程	二氧化碳靠气体堆积在燃烧物表面，稀释并隔绝空气
C类（气体物质）火灾场所	不适用		不适用		适用		适用	适用
	灭火器喷出的细小水流对扑灭气体火灾作用很小，基本无效		泡沫对可燃液体火灭火有效，但扑救可燃气体火基本无效		喷射干粉灭火剂能快速扑灭气体火焰，具有中断燃烧过程的连锁反应的化学活性		洁净气体灭火剂能抑制燃烧连锁反应，中止燃烧	二氧化碳窒息灭火，不留残迹，不污损设备

续表

灭火器类型	水基型灭火器				干粉灭火器		洁净气体灭火器	二氧化碳灭火器
	水型灭火器		泡沫灭火器		ABC类干粉（磷酸铵盐）	BC类干粉（碳酸氢钠）		
	清水	含可灭B类火的添加剂	机械泡沫	抗溶泡沫				
	不适用		不适用		适用	适用	适用	适用
E类（电气设备）火灾场所	灭火剂含水，导电，其击穿电压和绝缘电阻等性能指标不符合带电灭火的要求，存在电击伤人等危险				干粉、洁净气体、二氧化碳灭火剂的电绝缘性能合格，带电灭火安全			
					适用于扑灭带电的A类、B类、C类火	适用于扑灭带电的B类、C类火	适用于扑灭带电的A类、B类、C类火	适用于扑灭带电的B类、C类火，但不得选用装有金属喇叭喷筒的二氧化碳灭火器

灭火剂选用需兼顾灭火有效性、对设备及人体的影响。

1. 泡沫灭火器

筒身内悬挂装有硫酸铝水溶液和碳酸氢钠发沫剂的混合溶液。使用时勿颠倒。

泡沫灭火器适用于扑救油脂类、石油类产品及一般固体物质的初起火灾。筒内溶液一般每年更换一次。

2. 二氧化碳灭火器

二氧化碳成液态灌入钢瓶内，在20℃时钢瓶内的压力为6MPa，使用时液态二氧化碳从灭火器喷出后迅速蒸发，变成固体雪花状的二氧化碳，又称干冰，其温度为－78℃。固体二氧化碳在燃烧物体上迅速挥发而变成气体。当二氧化碳气体在空气含量达到30％～35％时，物质燃烧就会停止。

二氧化碳灭火器主要适用于扑救贵重设备、档案资料、仪器仪表、额定电压低于600V电器及油脂等的火灾，但不适用于扑灭金属钾、钠的燃烧。

它分为手轮和鸭嘴式两种手提灭火器，大容量的有推车式。鸭嘴式用法，一手拿喷筒对准火源，一手握紧鸭舌，气体即可喷出（见图4-12）。二氧化碳是电的不良导体，但电压超过600V时，必须先停电后灭火。二氧化碳怕高温，

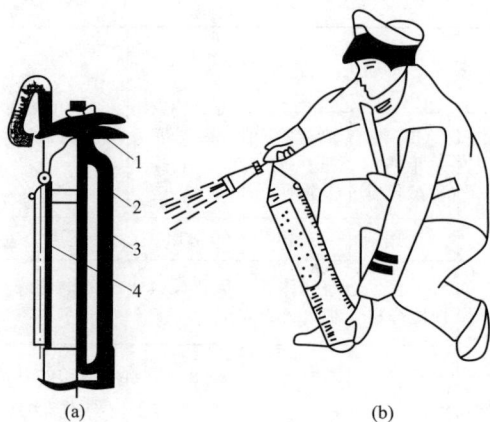

图 4 - 12　鸭嘴式二氧化碳灭火示意图
(a) 结构图；(b) 使用方法
1—启闭阀门；2—器桶；3—虹吸管摊喷筒；4—喷嘴

存放点温度不应超过 42℃。使用时不要用手摸金属导管，也不要把喷筒对着人，以防冻伤。喷射方向应顺风。一般每季检查两次，当二氧化碳重量比额定重量少 1/10，即应灌装。

3. 干粉灭火器

干粉灭火器主要适用于扑救石油及其产品、可燃气体和电器设备的初起火灾。

使用干粉灭火器先打开保险销，把喷管口对准火源，另一手紧握导杆提环并将顶针压下，干粉即喷出，如图 4 - 12 （b） 所示。

干粉灭火器应保持干燥、密封，以防止干粉结块，同时应防止日光曝晒，以防二氧化碳受热膨胀而发生漏气。干粉灭火器有手提和推车式两种。

（四）其他消防用具

消火栓是接通消防供水的阀门，与水龙带及其后的水枪接通，可用于扑灭室内外火灾。水枪可根据需要，选用直喷（喷射密集充实水流）、开花（既可喷射密集充实水流，又可喷射开花水，用于冷却容器外壁，阻隔辐射掩护灭火人员靠近火区）、喷雾型（直流水枪口加装一只双级离心喷雾头，喷出水雾，扑救油类火灾及油浸变压器、油断路器电气设备、煤粉系统火灾）。

三、电力生产火灾事故及预防

（一）电力生产火灾的特点

从众多供电企业的火灾事故看，除了雷击、物质自燃、地震等自然原因引发的火灾外，主要都是由于各种供用电设备安装使用不当、违反安全操作规程规定和用火不慎等人为因素引起的。

常见的供电企业电力生产火灾事故主要集中在变、配电站的变压器、电抗器、电缆等设备上，而这部分火灾具有以下特点。

（1）燃烧猛烈，蔓延迅速，易发生爆炸，扩大火势。

（2）火焰高，辐射热强。其火焰可高达数十米，并对其四周产生强烈的热辐射。

（3）易形成沸溢与喷溅。

（4）易造成大面积燃烧。变压器油发生沸溢、喷溅现象，瞬间即可造成大面积燃烧，对在火场内的人员、设备造成极大的威胁。

（5）电缆的绝缘层可燃，火势易顺着电缆蔓延，且燃烧产生有毒有害气体。

（二）电力生产火灾的主要起因

1. 违反电气安装安全规定

（1）电缆、导线选用、安装不当。

（2）变电设备、用电设备安装不符合规定。

（3）使用不合格的保险丝；或用铜、铁丝代替保险丝。

（4）没有安装避雷装置或避雷装置安装不当、接地电阻不符合要求。

（5）没有安装除静电设备或安装不当。

（6）没有安装剩余电流动作保护器或安装不当。

2. 违反电气使用安全规定

（1）发生短路。短路是指运用中的电气设备（线路）上，由于某种原因相接或相碰，阻抗突然减小，电流突然增大的现象。产生短路现象的原因主要有：导线绝缘老化；导线裸露相碰；导线与导电体搭接；导线受潮或被水浸湿；对地短路、电气设备绝缘击穿；插座短路等。

（2）过负荷。过负荷又称过负载或过载，是指电气设备通过的电流量超过了设备安全载流量的现象。安全载流量是电气设备允许通过而不致使设备过热的电流量。产生过负荷现象的原因主要有：乱用保险丝；电气设备超负荷；保险丝熔断冒火；电气、导线过热起火等。

（3）接触电阻过大。接触电阻过大是指在电气设备的连接处，由于接触不良，使局部电阻过大，致使电气设备在接线和接头等部位出现炽热的现象。这种现象不是由于故障产生过电流而引起，而是由接触不良而造成的。产生接触电阻过大现象的原因主要有：连接松动；导线连接处有杂质；导线连接未焊接；接头触点处理不当等。

（4）其他原因。电缆、电力管路未进行防火封堵或封堵不规范；PVC等管路未经防火检测；电热器接触可燃物；电气设备摩擦发热打火；静电放电；导线断裂、风偏引起的碰线；忘记切断电源等。

3. 违反安全操作规定

（1）违章使用电焊气焊。在存有可燃气体、易燃液体等危险性大的场所动火工作未对可燃气体含量测定；在带电带压的设备上进行焊接；焊割处有易燃物质；焊割设备发生故障；焊割有易燃物品的设备；违反动火规定等。

（2）违章烘烤。超温烘烤可燃设备；烘烤设备不严密；烘烤物距火源近；烘烤作业无人监视等。

（3）储存运输不当。储运中的易燃易爆物质挥发或液体外溢；储运的物品遇火源；化学物品混存；摩擦撞击；车辆故障起火等。

（4）违反操作规程，不按照操作流程操作。如带负荷拉闸等。

（5）其他。设备缺乏维修保养；仪器仪表失灵；违反用火规定；易燃易爆物接触火源；车辆排气管喷出火星等。

4. 工艺布置不合理

易燃易爆场所未采取相应的防火防爆措施，设备缺乏维护、检修，或检修质量低劣。

5. 自燃

易燃或可燃物品受热自燃，如棉纱、油布、沾油铁屑等放置不当，在一定条件下自燃起火；煤堆自燃；化学活性物质遇空气或遇水自燃；氧化性物质与还原性物质混合自燃等。

6. 设计、制造原因

电气设备（设施）在设计、制造时就存在缺陷。如：设备选型不当；制造工艺不规范等。

（三）预防措施

1. 技术措施

（1）防止形成燃爆的介质。这可以用通风的办法来降低燃爆物质的浓度，使它达不到爆炸极限；也可以用不燃或难燃物质来代替易燃物质。例如用水质清洗剂来代替汽油清洗零件，这样既可以防止火灾、爆炸，还可以防止汽油中毒。另外，也可采用限制可燃物的使用量和存放量的措施，使其达不到燃烧、爆炸的危险限度。

（2）防止产生着火源，使火灾、爆炸不具备发生的条件。应严格控制以下8种着火源，即冲击摩擦、明火、高温表面、自燃发热、绝热压缩、电火花、静电火花、光热射线等。

（3）安装防火防爆安全装置。例如阻火器、防爆片、防爆窗、阻火闸门以及安全阀等。

2. 组织管理措施

（1）加强对防火防爆工作的管理。企业（单位）各级领导主要负责人作为本企业（单位）消防第一责任人，要高度重视企业防火防爆工作，建立和完善本企业（单位）消防组织机构，落实相关费用和管理人员。

（2）建立和完善消防安全教育和培训制度，定期防火检查制度，每日防火巡查制度，消防安全疏散设施管理制度，火灾隐患整改制度，用电用火安全管理制度，灭火和应急疏散预案演练制度，燃气和电气设备检查和管理制度，消防控制室值班制度，消防安全工作考评和奖惩制度，志愿消防队管理制度，易燃易爆危险品和场所防火防爆管理制度等消防安全制度。

（3）加强消防安全"四个能力"（"四个能力"：检查消除火灾隐患能力、组织扑救初起火灾能力、组织人员疏散逃生能力、消防宣传教育培训能力）建设。

（4）按规定组织开展消防安全教育培训和消防演练，提高员工火场逃生自救互救基本技能，使每个员工达到"四懂四会"（"四懂"：懂本岗位的火灾危险性，懂火灾预防措施，懂初起火灾的扑救方法，懂火场的逃生方法；"四会"：会报警，会使用消防器材，会扑救初起火灾，会正确引导疏散）。

（四）常见电气设备（场所）的防火

1. 充油电气设备防火

电力生产企业应用着大量的充油式电气设备（如发电厂及变电站的充油式变压器、电抗器、互感器、电力电容器、断路器等），其设备内部的油受到强电流，造成绝缘被击穿，或在高温或电弧的作用，发热易分解析出一些易燃气体，在电弧或火花的作用下极易爆炸和燃烧，引发火灾。因此，在运行中应做到以下防火防爆注意事项。

（1）不能过载运行。长期过载运行，会引起线圈发热，使绝缘逐渐老化，造成短路。

（2）经常检验绝缘油质。油质应定期化验，不合格油应及时更换，或采取其他措施。

（3）防止变压器铁芯绝缘老化损坏，铁芯长期发热造成绝缘老化。

（4）防止因检修不慎破坏绝缘，如果发现擦破损伤，应及时处理。

（5）保证导线接触良好，接触不良产生局部过热。

（6）防止雷击，变压器等会因击穿绝缘而烧毁。

（7）短路保护。变压器线圈或负载发生短路，如果保护系统失灵或保护定值过大，就可能烧毁变压器，为此要安装可靠的短路保护。

（8）良好可靠的接地。

（9）通风和冷却。如果变压器线圈导线是 A 级绝缘，其绝缘体以纸和棉纱为主。温度每升高 8℃，其绝缘寿命要减少一半左右；变压器正常温度 90℃ 以下运行，寿命约 20 年；若温度升至 105℃，则寿命为 7 年。变压器运行，要保持良好的通风和冷却。

2. 电缆防火

电缆火灾事故大多发生在电力生产系统，特别是发电厂和变电站等生产场所，因为这些场所使用的电缆遍布各个角落且数量众多，采用隧道或架空密集敷设，有些电缆还处在与高温物体靠近平行或交错布置的恶劣环境中；在电缆夹层室电缆布置密度就更高，且都存在电缆竖井高差形成的自然抽风，特别是充油电缆，其电缆绝缘物属高热值易燃材料，而动力电缆在运行中处于发热状态。这些特殊条件下，不论是电缆本身故障产生的电弧或是电缆外部环境失火都会造成电缆起火并迅速沿其延燃，造成灾难性的后果。在发电厂、变电站生产现场发生的所有大的火灾事故，都殃及到了电缆着火或是通过电缆延燃扩大了火灾事故。因此，重视电力生产现场电缆防火是十分迫切而又重要的一项安全工作。要做好电缆火灾预防工作，必须认真落实以下防范措施。

（1）严格按正确的设计图册施工，做到布线整齐，各类电缆按规定分层布置，电缆的弯曲半径应符合要求，避免任意交叉并留出足够的人行通道。

（2）控制室、开关室、计算机室等通往电缆夹层、隧道、穿越楼板、墙壁、柜、盘等处的所有电缆孔洞和盘面之间的缝隙（含电缆穿墙套管与电缆之间缝隙）必须采用合格的不燃或阻燃材料封堵。

（3）扩建工程敷设电缆时，应加强与运行单位密切配合，对贯穿在役机组产生的电缆孔洞和损伤的阻火墙，应及时恢复封堵。

（4）电缆竖井和电缆沟应分段做防火隔离，对敷设在隧道和厂房内构架上的电缆要采取分段阻燃措施。

（5）靠近高温管道、阀门等热体的电缆应有隔热措施，靠近带油设备的电缆沟盖板应密封。

（6）应尽量减少电缆中间接头的数量。如需要，应按工艺要求制作安装电缆头，经质量验收合格后，再用耐火防爆槽盒将其封闭。

（7）建立健全电缆维护、检查及防火、报警等各项规章制度。坚持定期巡视检查，对电缆中间接头定期测温，按规定进行预防性试验。

（8）电缆沟应保持清洁，不积粉尘，不积水，安全电压的照明充足，禁止堆放杂物。锅炉、燃煤储运车间内架空电缆上的粉尘应定期清扫。

3. 酸性蓄电池室的防火防爆

变电站中，酸性蓄电池组由蓄电池串联而成，以作为变电站的直流电源。蓄电池的主要危险性在于它在充电或放电过程中会析出氢气，同时产生一定的热量。氢气和空气混合能形成爆炸气混合物，且其爆炸的上、下限范围较大（下限为 4%，上限为 75%），点火能量很小，只有 0.019mJ，极微小的明火，如腈纶衣服因摩擦而产生的静电火花，就能引起爆炸，另外猛烈的撞击也会引起爆炸。因此蓄电池室具有较大的火灾、爆炸危险性。酸性蓄电池室的防火防爆措施主要如下。

（1）新、改、扩建蓄电池室要严格贯彻"三同时"原则，即其防火防爆措施及安全设施，必须与主体工程同时设计、同时施工、同时投入生产使用。

（2）良好的通风。如自然通风不能满足通风要求时，可采用机械通风设施，并应符合防火防爆要求。

（3）不允许在室内安装开关、熔断器、插座等可能产生火花的电器，电气线路应加耐酸的套管保护，穿墙的导线应在穿墙处安装瓷管，并应用耐酸材料将管口四周封堵。蓄电池的汇流排和母线相互连接处，必须采用母线，与蓄电池电池连接处还必须镀锡防护，以免硫酸腐蚀，造成接触电阻过大而产生火花。

（4）蓄电池充电时不宜采用过大电流，以免发热过高，并必须将蓄电池组的全部加液口盖拧下，使产生的氢气可自由逸出。测定充电是否完毕，必须采用电解液化重计。室内使用的扳手等工具，应在手柄上包上绝缘层，以防不慎碰撞产生火花。

（5）硫酸与一些有机物接触时会发热，可能引起燃烧。因此，蓄电池室应保持清洁，严禁在室内储存纸张、棉纱等可燃物品。

（6）蓄电池室的取暖，最好使用热风设备，并设在充电室以外，将热风用专门管道输送室内。如在室内使用水暖或蒸汽采暖时，只允许安装无接缝的或者焊接的且无汽水门的暖气设备，不设法兰式接头或阀门，以防漏气、漏水。

（7）蓄电池室周围 30m 内不准明火作业。充电室内需要进行焊接动火时，必须严格执行动火作业工作票制度，动火前应停止充电，并通风两小时以后，经取样化验和用测爆仪测定，符合安全要求时方能动火。在焊接时必须连续通风，焊接地点与其他蓄电池应用石棉板隔离起来。

4. 油系统防火

油系统的法兰禁止使用塑料垫或橡皮垫；油管道法兰、阀门及可能漏泄部位附近不准有明火，必须明火作业时要采取有效措施。附近的热管道或其他热体保温层应坚固完整，并包好铁皮。卸油区及油灌区须有避雷、接地及防静电装置。油区的各项设施应符合防火、防爆要求，消防设施应完善，防火标志要明显，防火制度要健全，严禁吸烟，严禁将火种带进油区，严格执行防火制度、动火作业票制度。

5. 林区野外作业防火

林区野外作业容易发生森林火灾，森林火灾不仅能烧死许多树木，降低林分密度，破坏森林结构；同时还引起树种演替，向低价值的树种、灌丛、杂草更替，降低森林利用价值。由于森林烧毁，造成林地裸露，失去森林涵养水源和保持水土的作用，将引起水涝、干旱、山洪、泥石流、滑坡、风沙等其他自然灾害发生。被火烧伤的林木，生长衰退，为森林病虫害的大量衍生提供了有利环境，加速了林木的死亡。森林火灾后，促使森林环境发生急剧变化，使天气、水域和土壤等森林生态受到干扰，失去平衡，往往需要几十年或上百年才能得到恢复。森林火灾能烧毁林区各种生产设施和建筑物，威胁森林附近的村镇，危及林区人民生命财产的安全，同时森林火灾能烧死并驱走珍贵的禽兽。森林火灾发生时还会产生大量烟雾，污染空气环境。此外，扑救森林火灾要消耗大量的人力、物力和财力，影响工农业生产。森林火灾影响输配电线路的安全运行，危及电网安全运行，有时还造成人身伤亡，影响社会的安定。

1988 年 1 月 16 日国务院发布《森林防火条例》，我国森林防火的方针是"预防为主，积极消灭"。

森林火险等级分为五级。一级为难以燃烧的天气可以进行用火；二级为不易燃烧的天气，可以进行用火，但防止可能走火；三级为能够燃烧的天气，要控制用火；四级为容易燃烧的高火险天气，林区应停止用火；五级为极易燃烧的最高等级火险天气，要严禁一切里外用火。

森林防火期内。在林区禁止野外用火；因特殊情况需要用火的，必须严格申请批准手续，并领取野外用火许可证。

进入林区必须做到"五不准"。所谓"五不准"是指，不准在林区内乱扔烟蒂、火柴梗；不准在林区风燃放爆竹、焰火；不准在林区内烧火驱兽；不准在林区内烧火取暖、烧烤食物；不准在林区内玩火取乐。

6. 电气火灾的安全扑救

电气火灾事故与一般火灾事故有不同的特点：一是火灾时电气设备带电，若是不注意，可能使扑救人员触电；二是有的较多的电气设备充有大量的油。因此应特别注意以下几项。

（1）采取断电措施，防止扑救人员触电。在火灾发生时要立即切断电源，应尽可能通知电力部门切断着火地段电源。在现场切断电源时，应就近将电源开关拉开，或使用绝缘工具切断电源线路。切断低压配电线路时，不要选择同一地点剪断，防止短路。选择断电位置要适当，不要影响灭火工作的进行。不懂电气知识的人员一般不要去切断电源。

（2）选择使用不导电的灭火器具，采用二氧化碳、干粉灭火器，不能使用水溶液或泡沫灭火器材。

（3）如采用水枪灭火时，宜用喷雾水枪，其泄漏电流小，对扑救人员比较安全；在不得已的情况下采用直流水枪灭火时，水枪的喷头必须用软铜线接地；扑救人员穿绝缘靴和戴绝缘手套，防止水柱泄漏电流致使人体触电。

（4）使用水枪灭火，喷头与带电体之间距离：110kV 要大于 3m，220kV 要大于 5m；使用不导电的灭火器材，机体喷嘴距带电体的距离：10kV 要大于

0.4m，35kV要大于0.6m。

（5）架空线路着火，在空中进行灭火时，带电导线断落接地，应立即划定警戒区，所有人员距接地处8m以外，防止跨步电压触电。

四、日常消防管理

1. 做好消防工作基本要求

电力企业各单位要加强消防安全的管理工作，其基本要求归纳为：①提高对消防工作重要性的认识。②学习消防安全管理规定和防火、灭火和逃生基本知识。③明确法定消防安全职责、明确各级的消防安全责任、明确消防工作重点。④健全消防安全组织、健全各级责任制、健全消防管理规定、健全消防管理档案。⑤落实防火宣传、防火检查、隐患整改、灭火准备、安全奖惩五项工作。

2. 明确和落实消防安全职责

我国的消防工作按照政府统一领导、部门依法监督、单位全面负责、公民积极参与的原则，实行消防安全责任制。

（1）机关、团体、企业、事业单位的消防安全职责。《消防法》第十六条规定：机关、团体、企业、事业等单位应当履行下列消防安全职责：①落实消防安全责任制，制定本单位的消防安全制度、消防安全操作规程，制定灭火和应急疏散预案。②按照国家标准、行业标准配置消防设施、器材，设置消防安全标志，并定期组织检验、维修，确保完好有效。③对建筑消防设施每年至少进行一次全面检测，确保完好有效，检测记录应当完整准确，存档备查。④保障疏散通道、安全出口、消防车通道畅通，保证防火防烟分区、防火间距符合消防技术标准。⑤组织防火检查，及时消除火灾隐患。⑥组织进行有针对性的消防演练。⑦法律、法规规定的其他消防安全职责。

（2）单位的主要负责人是本单位的消防安全责任人。《机关、团体、企业事业单位消防安全管理规定》第36条规定：单位应当通过多种形式开展经常性的消防安全宣传教育。消防安全重点单位对每名员工应当至少每年进行一次消防安全培训，提高员工的消防安全意识和自防自救能力，做到会报火警，会扑救初起火灾，会自救逃生。第38条规定对单位消防安全责任人、管理人应当接受消防安全专门培训。

《国务院关于进一步加强消防工作的意见》（十二）规定：有关行业、单位要大力加强对消防管理人员和消防设计、施工、检查维护、操作人员，以及电工、电气焊等特种作业人员、易燃易爆岗位作业人员、人员密集的营业性场所工作人员和导游、保安人员的消防安全培训，严格执行消防安全培训合格上岗制度。地方各级人民政府和有关部门要责成用人单位对农民工开展消防安全培训。

3. 加强消防安全重点单位和防火重点部位（场所）管理

（1）消防安全重点单位。根据消防法的规定，应将发生火灾可能性较大以及发生火灾可能造成重大人身伤亡或者财产重大损失的单位，确定为消防安全重点单位。

消防安全重点单位除应当履行《消防法》第十六条规定的职责外，还应当履行下列消防安全职责：①确定消防安全管理人，组织实施本单位的消防安全管理工作。②建立消防档案，确定消防安全重点部位，设置防火标志，实行严格管理。③实行每日防火巡查，并建立巡查记录。④对职工进行岗前消防安全培训，定期组织消防安全培训和消防演练。

（2）防火重点部位（场所）。一般指油罐区、控制室、调度室、通信机房、档案室、锅炉燃油及制粉系统、汽轮机油系统、氢气系统及制氢站、变压器、电缆层（间、沟、井）及隧道、蓄电池室、开关室、电力设备间、易燃易爆物品存放场所以及各单位认定的其他部位和场所。

4. 加强消防安全"四个能力"建设

电力企业各单位要加强消防安全的"四个能力"建设，普及消防安全知识、增强员工的消防安全技能。根据法律法规规定，电力企业员工应当至少每年进行一次消防安全培训。新职工上岗前，必须进行岗前消防安全知识培训，经考试合格后，方能上岗。在消防安全技术方面应"四懂四会"。

五、典型火灾事故案例

电力生产火灾事故往往伴随电力安全生产事故，造成重大经济的损失，影响电网稳定安全运行，社会的稳定。

案例1　某500kV变电站因所用电电缆选型不当，造成所用电电缆火灾事故，51根380V所用电进出线电缆及13根保护用通信光缆和高频电缆烧损；四条500kV线路和四条220kV线路保护通道中断，主保护失去，站用直流系统交流充电电源失去，全站保护及自动装置仅靠蓄电池供电。事故造成累计拉停 10～35kV 配电线路 159 条次，占变电站供区内配电线路总条数的 15.9%，损失负荷 43.2 万 kW，占当时供区负荷的 25%；累计损失电量 230.8 万 kWh，直接财产损失 19 万元。

事故主要原因：一是所用变低压侧电缆在电缆沟直角转弯处局部绝缘受损，电缆运行中突发间歇性放电，发生单相接地短路并起火燃烧。二是所用变保护方式不可靠。熔断器保护在原理上存在保护死区，在所用变低压出线电缆末端故障时不能可靠熔断，无法快速切除电缆故障。三是所用变低压电缆质量不良。电缆采用的是聚氯乙烯护套，耐火阻燃性能差。四是所用电电缆同沟集中布置，单一电缆故障着火可能造成所用电系统全停。

案例2 1月7日中午某建设公司在某电厂烟囱施工中，施工人员共计 23 人，其中，18 名人员在烟囱 25.7m 层施工，4 人在 24.2m 层看护炉火，1 人在 0m。13 时 20 分许，该建设公司施工负责人高××发现烟囱西南角处的施工保温棉帘起火，立即喊烟囱上人员撤离，并组织 3 人到 0m 救火。电厂消防中队也随后赶到，由于风大，火势蔓延较快，约 13 时 40 分，保温棉帘已经烧完。施工人员撤离过程中有 4 人通过步道安全撤离；9 人从脚手架撤离，其中 1 人从脚手架跳下摔伤致死，2 人烧伤致死；5 人被困在烟囱顶部，其中 3 人获救，2 人烧伤致死。14 时 30 分，消防队将余火全部扑灭，受伤人员送往医院救治。

事故主要原因：一是由于烟囱施工取暖使用火炉管理不善，炉火掉落在烟囱西南侧引燃棉帘，造成火灾。二是由于炉火取暖保温措施是冬季施工常用的保温方法之一，事故应急预案的制定不全面，缺乏针对性。三是安全检查不到位，烟囱安全施工管理和检查人员没有对采用炉火取暖保温存在的火险隐患引起高度重视。四是现场施工人员缺乏防火意识和安全防护自救能力，思想麻痹，存在侥幸心理。

案例3 某 220kV 变电站 SFPSL—120000/220 型变压器的 220kV 电容型套管，正常运行中，套管爆炸冒火，引起火灾将变压器严重烧损。事故原因主要是套管芯电容极板间绝缘纸在卷制时，由于工艺粗糙，存在多处波状皱折而引发火灾。

第二节　道路交通安全

一、我国道路交通概况

随着社会、经济的快速发展，我国道路交通基础设施得到了快速发展，为全面建成小康社会提供了坚实的交通运输保障。到 2012 年末，全国公路总里程达 423.75 万公里，公路密度为 44.14 公里/百平方公里（见图 4 - 13）。

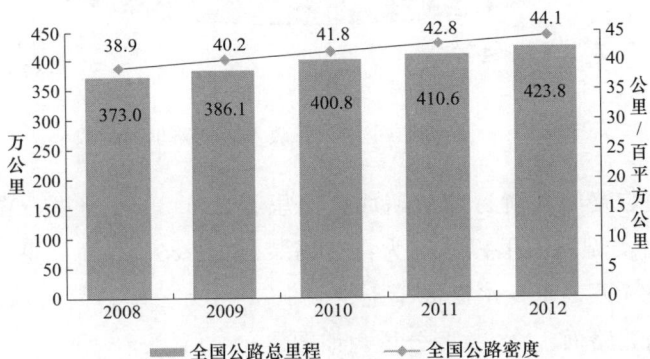

图 4 - 13　2008～2012 年全国公路总里程及公路密度

全国等级公路里程 360.96 万公里，等级公路占公路总里程的 85.2%。其中，二级及以上公路里程 50.19 万公里，占公路总里程的 11.8%（见图 4 - 14）。

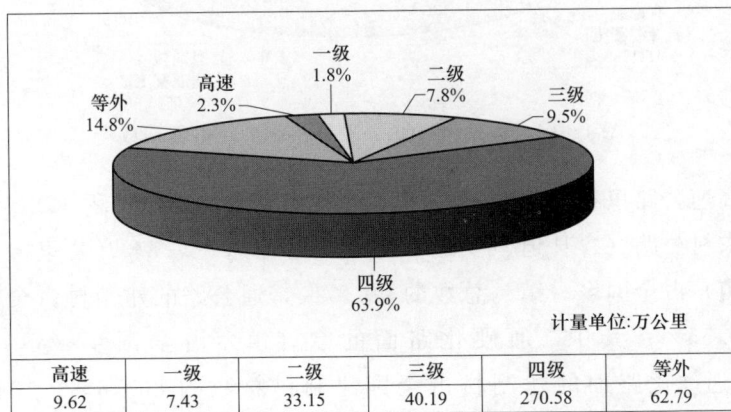

高速	一级	二级	三级	四级	等外
9.62	7.43	33.15	40.19	270.58	62.79

图 4 - 14　2012 年全国各技术等级公路里程构成

各行政等级公路里程分别为：国道 17.34 万公里、省道 31.21 万公里、县道 53.95 万公里、乡道 107.67 万公里、专用公路 7.37 万公里、村道 206.22 万公里。国道中，国家高速公路 6.80 万公里，已完成国家高速公路网规划目标的 79%；普通国道 10.54 万公里。如图 4-15 所示。

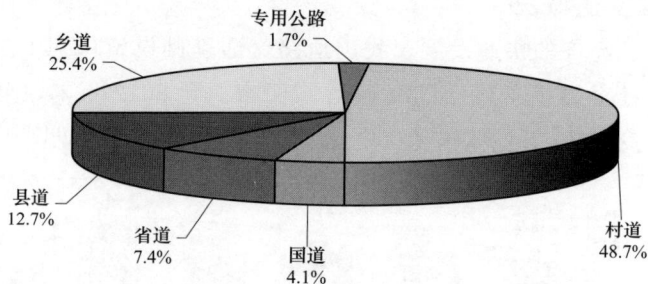

图 4-15　2012 年全国各行政等级公路里程构成

全国有铺装路面和简易铺装路面公路里程 279.86 万公里，占公路总里程的 66.0%。各类型路面里程分别为：有铺装路面 229.51 万公里，其中沥青混凝土路面 64.19 万公里，水泥混凝土路面 165.32 万公里；简易铺装路面 50.35 万公里，未铺装路面 143.89 万公里。如图 4-16 所示。

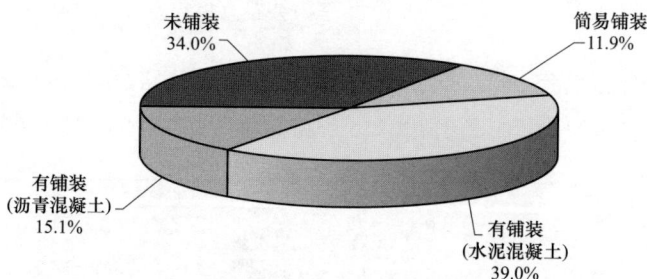

图 4-16　2012 年全国各路面类型公路里程构成

全国高速公路里程达 9.62 万公里，全国高速公路车道里程 42.46 万公里。

全国农村公路（含县道、乡道、村道）里程达 367.84 万公里。全国通公路的乡（镇）占全国乡（镇）总数的 99.97%，通公路的建制村占全国建制村总数的 99.55%；其中，通硬化路面的乡（镇）占全国乡（镇）总数的 97.43%，通硬化路面的建制村占全国建制村总数的 86.46%。如图 4-17 所示。

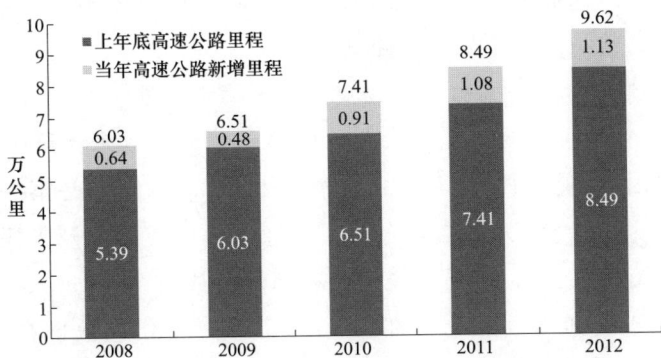

图 4 - 17 2008～2012 年全国高速公路里程

同时，我国机动车保有量、驾驶员人数以及道路交通流量连年快速递增。截至 2013 年年底，全国机动车总保有量达 2.5 亿辆，其中汽车 1.37 亿辆。全国有 31 个城市的汽车数量超过 100 万辆，其中北京、上海、天津、广州、深圳、苏州、杭州、成都等 8 个城市汽车数量超过 200 万辆。全国机动车驾驶员达 2.8 亿人，其中汽车驾驶员 2.19 亿人。广东、山东、江苏、河南、河北、四川、浙江、湖北、广西等 9 个省（自治区）驾驶员数量都超过 1000 万人。

二、道路交通安全的基本常识

1. 道路交通事故的定义

道路交通是社会经济发展的翅膀，也是现代社会生产和生活不可或缺的部分。然而，机动车辆也是一把"双刃剑"，在带给人类福祉的同时，道路交通事故的频发给人类社会带来了不小的灾难。所谓道路交通事故，世界各国由于国情不同，交通法规各异，对道路交通事故的定义也不尽相同。中国对交通事故的定义是根据我国的国情、民情和道路交通情况提出来的，即《中华人民共和国道路交通安全法》给出的定义是：交通事故是指车辆在道路上因过错或意外造成的人身伤亡或者财产损失的事件。其中构成道路交通事故的六大要素分别是：一必须有车辆造成。行人之间的碰撞不属于道路交通事故。二必须在《道路交通安全法》规定的道路上。《道路交通安全法》规定的道路外不属于道路交通事故。三必须在运动中。停车场等地静止中的事故不属于道路交通事故。四发生的事态必须是碰撞、碾压、刮擦、翻车、坠车、爆炸、失火等现象。行人、旅客因疾病等引起病、亡不属于道路交通事故。五是必须造成伤亡或财物损失。事故无后果就不形成道路交通事故。六是必须是过错或意外。如故意则将构成其他犯罪，不属于道路交通事故。

2. 道路交通事故的危害性和道路交通安全的重要性

自 1899 年在美国纽约发生有汽车压死第一个行人以来，至 2009 年的 110 年中，全世界因道路交通事故死亡的总数已超过 3500 万，是第一次世界大战期间死于战争人数 1700 万的 2 倍还多。交通事故已成为危及人民群众生命和财产安全的"第一杀手"，更是一场"没有硝烟的战争"。在进入 21 世纪以来，全世界每年死于交通事故的总数都在 70 多万人，受伤人数也在 500 万以上。道路交通事故的经济损失占全球 GDP 的 1‰～2‰。中国也是交通安全形势较为严峻的国家之一。在《道路交通安全法》实施的 2004 年前，每年死于道路交通事故的总数都在 10 万人以上，受伤的总数更在 50 万人以上；造成的经济损失都在 30 多亿元人民币以上。交通事故的发生，还扰乱了正常的社会生产秩序和稳定，给人民和谐生活和生命安全带来了极大的威胁，给国家的政治声誉带来了极大的影响。

一方面，城市化、交通机动化的快速进程使我国快步进入汽车社会，道路交通迅速发展；另一方面，道路交通安全形势十分严峻，人们尚未形成与这一进程速度相匹配的社会意识，交通参与者整体交通安全观念和交通文明意识仍比较滞后，交通事故频发。据公安部交通管理局统计，近年来，全国各地交警接报事故总量高达 470 万起，其中道路交通伤亡事故 20 多万起，道路交通事故死亡人数每年在 7 万左右，万车死亡率为 2.5，受伤人数约 30 万，直接经济损失超过 10 亿元，严重影响人民群众的安全感和幸福感。交通运输是国家的重要命脉，是社会的重要窗口，因此，从一定意义上来讲，交通安全是我们国家最重要的安全工作之一。

3. 常见交通事故的分类

通过交通事故分类，目的是能让我们研究和分析事故，查找事故原因，认定事故的责任，作出事故的正确处理，提出有效的防范措施。由于分析的角度不同、方法不同、要求不同，交通事故的分类也多种多样。其中可以根据性质、责任、情节、后果来分，也可以根据事故形态、对象、原因等来分。

（1）从结果来分，有特大交通事故、重大交通事故、一般交通事故和轻微交通事故四类。特大交通事故是指，一次事故造成死亡 3 人以上，或者重伤 11

人以上，或者死亡 1 人，同时重伤 8 人以上，或者死亡 2 人，同时重伤 5 人以上，或者财产损失 6 万元以上的事故。重大交通事故是指，一次造成死亡 1～2 人，或者重伤 3 人以上 10 人以下，或者财产损失 3 万元以上不足 6 万元的事故。一般交通事故是指，一次造成重伤 1～2 人，或者轻伤 3 人以上，或者财产损失不足 3 万元的事故。轻微交通事故是指，一次造成轻伤 1～2 人，或财产损失机动车事故不足 1000 元，非机动车事故不足 200 元的事故。这里所称的财产损失是车辆、货物的直接损失，包括现场抢救（险）、人身伤亡善后处理的费用，但不包括停工、停产、停业等所造成的财产间接损失。

（2）按责任来分，有全责（100％）、同责（50％）、主责（60％～90％）、次责（10％～40％）和无责事故。

（3）从事故的原因分析，可以把交通事故分为主观原因造成的事故和客观原因造成的事故两类。主观原因是指造成交通事故的当事人本身内在的因素，如主观过失或有意违章，主要表现为违反规定、疏忽大意和操作不当等。客观原因是指车辆、环境、道路方面的不利因素引发了交通事故。客观原因在某些情况下往往诱发交通事故，特别是道路、环境、气候方面的因素。绝大多交通事故都是因当事人的主观原因造成的，客观原因占的比例较少。

三、造成道路交通事故的原因

交通事故的发生，是有众多因素造成的，涉及面广，又错综复杂。但在诸多的因素中，归纳起来主要的因素不外乎于人、车、路环境等三个方面。以下就将道路交通事故三个主要因素，进行全方位的分析。如果每个交通行为参与人能知己知彼，全面、正确地了解和履行本人的各种职责，就能避免交通事故的发生；或能将本可避免的交通事故的损失和伤害，降低到最低的程度，这就是交通安全管理的基本要求和最终目的。

1. 人

在交通事故三个主要因素中，人的因素是最为重要的因素。这个人，包括驾驶人为主的各种交通行为参与人。

（1）驾驶人主观因素造成的交通事故。

驾驶人道路交通法规未能认真学习、牢固掌握，以及未能自觉而严格地遵守，造成各类交通违章违法事故的发生，其中致人死亡占了 78％以上；事故次数占了 93％以上，究其主要原因有：交通法规少学不熟，遵章守法未成自觉；

安全行车意识不强，谨慎不足疏忽大意；职业道德操行欠佳，文明行车缺乏修养；性格脾气粗暴急躁，带着情绪盲目开车；驾驶技能不够精湛，运行操作防范无措；安全驾驶资历欠缺，反应迟钝判断失误；机械构造常识浅薄，知其然而不知所以然；维护保养生疏懒散，车辆失保影响车况；例行检查未能履行，带着隐患擅自出车；驾驶员的心理因素，以及其他主观原因。

（2）非机动车驾驶人、行人、乘车人因素造成的交通事故。各类违法违章行为；各类意外原因。

（3）交通管理者的因素。交通安全管理部门；路政管理部门。

（4）车辆产权者的管理因素。交通安全重视程度；交通安全管理机构设置情况；交通管理人员的素质；交通安全管理制度健全程度；交通管理的投入程度。

（5）车辆修理人的因素。修理人的素质；修理的设施；汽配材料质量。

（6）交通行为人家属的因素。关心和协助程度；影响和干扰的因素。

（7）交通事故抢救机构。社会道路交通事故的发生是必然的，但如何减少和降低交通事故造成的危害及损失程度，还要靠有关单位和部门的鼎力配合，特别是医疗救护和消防灭火机构等。

（8）其他交通行为直接或间接参与人的影响。

2. 车

车辆机械故障引起的交通事故，其实质也是人为的责任事故。只要驾驶人在平时，尤其是出车前、行驶中、回场后能认真检查和维护好车辆，发现隐患及时排除，不带故障出车，一定能杜绝各类机械事故的发生。车辆故障现象繁多，但发现以下这些故障现象，绝对不能盲目出车：制动系统；转向系统；悬挂行驶系统；灯光、喇叭、雨刮器等电器系统；反光镜不齐全、功能不完善；安全带、安全气囊、遮阳板等安全防护系统不齐全、性能不良；电子安全防护系统功能不正常；燃油系统有滴漏，油管有磨损；随车安全工器具不齐全、失效；车载其他功能设施欠健全、完好；驾驶室内的工作环境；车辆存在的其他不安全因素。

3. 路及环境

（1）道路因素虽然是有关部门的职责范围，但作为驾驶员应该充分了解和应对道路功能可能出现的缺损，给我们安全行车带来各种威胁，并提前做好各种思想准备和防范措施。主要有：道路设计可能有缺陷；道路施工可能有质量问题；道路材料可能没达标；道路标志不齐全；道路安全设施不完善；道路管理力度不够；非法占用道路及设施；外力损坏道路及设施；道路上可能出现的意外障碍；道路上其他各种危险因素。

（2）环境条件也能直接影响行车安全，每个驾驶人员都要正确面对和妥善处置这些客观因素。它包括：①气候：雨；雾；冰；雪；风；沙；洪水；光；温度；其他异常气候。②路外环境：路外违章建筑；噪声；路边山崖、沟渠、深水等危险环境；树枝、树叶等；架空线、杆、广告等设施；其他路外危险隐患等。

四、电网企业的道路交通安全

1. 电网企业的道路交通安全的特点

电网企业担负着全社会供用电服务，其工作的特殊性，服务的普遍性、广泛性，决定了电网企业的道路交通安全具有以下特点。

（1）车辆种类多。随着社会、经济的快速发展，电网企业内部分工进一步细化，带电作业车、高空作业车、发电车、照明车、起重车，各种试验车、计量车、供电服务车、抢修作业车等特种车辆，以及载货车、工程车、各类型客车等，成为电网企业主要的交通运输和作业服务必不可少的工具。

（2）数量多。随着企业规模的扩大，服务要求的提高，工作条件的改善，在电网企业，车辆每个供电站和生产班组都配置了不同数量的车辆，据初步统计，电网企业平均每百人拥有车辆 15～20 辆。一个县供电公司配置的各种车辆基本在 100～200 辆。如此巨大数量的车辆，在方便企业生产服务的同时，也给企业道路交通安全带来了巨大的压力。

（3）车辆分散，管理难度大。电网企业为了方便生产与服务，车辆基本上是按照供电站、变电运维站、检修和施工工区等生产、营销服务的班组配置使用，在管理上存在较大的难度。

（4）出车频发，单车行驶里程多。除特种车辆外，一般的生产服务和管理车辆，年平均行驶里程在 10 万公里左右。

（5）驾驶员流动性大，整体素质不高。随着电网企业内部用工改革，交通运输服务由本企业为主，向社会化服务转变，驾驶员队伍由职工为主，变为由车辆服务机构外聘，造成了电网企业道路交通管理机构和管理人员缩减，加之外聘驾驶员缺乏归属感，导致流动性大，整体素质不高。

2. 道路交通安全在电网主业中的重要性

道路交通运输服务于电力生产建设，其承载着电力建设和生产经营之人、材、物可靠、有序、经济、安全的运输保障任务，电力基建项目的及时投运、电力生产计划的及时执行、电网应急抢修任务的及时完成、供电服务的可靠性、客户对服务承诺的满意度，无不需要交通运输的可靠保证，因此，电网企业道路交通安全是企业安全生产的基础，防止重大交通事故的发生是供电企业安全生产的关键目标。

随着电力生产规模和效率的不断提升，交通运输成为电力生产和建设腾飞的翅膀，交通安全更成为企业安全生产的重要组成部分。电网企业的车辆在交通运输中，一旦发生事故，不但会发生人员的伤亡和相应的直接经济损失，许多情况下，由于随车的电力设备、器具受损，使电力抢修或电力工程施工受到延误，使电网运行和生产受到相应的影响，也使电网用户受到各种连累等，这个损失更是不可估量。因此，从事电力企业交通运输人员的交通安全，不仅仅关系到交通事故本身的直接危害和损失，更涉及电力生产和社会秩序的安全。

3. 电网系统对交通安全的重视力度

电网系统的各级领导十分明确，一定要把交通安全工作摆在与主业安全生产同样重要的位置来抓。通过各种制度、规范、标准来明确各单位一把手是交通安全的第一责任人，以及明确相关部门和岗位的交通安全职责。特别是在《电力安全工作规程》中都列有明确的交通安全规范，在各时期的重要安全措施条例中都有交通安全的集体条款，国家电网公司将交通事故列为安全生产考核的重要内容，各级电网企业还将交通事故作为企业负责人业绩考核内容之一。在工作中各级管理部门能将交通安全与电网主业的安全工作同部署、同检查、同落实、同考核、同总结。由于各级领导的以身作则，做出表率，带动了各级安全行车管理人员和机驾人员都能相应地重视安全行车的各项工作，把"安全第一、预防为主、综合治理"的方针贯彻始终，使安全行车起到了事半功倍的效果。

4. 电网企业道路交通事故的预防

（1）提高对道路交通安全工作重要性认识。

搞好电网企业道路交通安全管理，首要任务是树立"安全第一，预防为主"的意识。当前电网企业各单位任务繁重，生产压力大，工作千头万绪，但保证安全生产、重视交通安全是前提、基础性的工作，容不得半点疏忽大意，必须从根本上全员、全面、全方位地培育安全意识。特别是电网企业各级领导，要牢固树立道路交通安全是电网企业安全的重要组成部分，切实做到道路交通安全与电网安全同布置、同检查、同考核。同时，要时刻保持清醒认识，道路交通安全来不得半点马虎，根据历年电网企业道路交通安全事故，道路交通事故是造成电网企业人身伤亡事故的主要因素，在电网企业道路交通安全上，要不不出事，一出就是大事。因此，搞好企业的交通安全管理工作，努力将交通事故达到可控、能控、在控状态，是全面实现电网建设、安全运行和优质服务目标的基础和保证。

（2）健全企业内部的交通安全管理机构，明确职责。

交通安全不仅仅是企业内部的安全生产，还是一个涉及社会安全的严肃问题。该项工作不是一时一事的问题，它是一场重要的、长期的、全员的安全工作。因此，它不能光凭企业内的生产运输部门或班组自我监督来实现。要根据交通法规的要求，在企业内部，必须建立一个以相关部门的领导来组成企业交通安全管理领导小组，去协调、指导和管理本单位的交通安全工作。这些部门包括：办公室、安监、生产、工会、人力资源、财务、监察、政工、后勤、综产等，实行安全行车多方配合，齐抓共管，综合治理。并制订出该机构的职责范围，赋予相应的责和权，使他们能真正有责、有权、有效地开展各项安全行车的管理工作。

1）各级领导职责。企业内的各级领导要按照道路交通安全法规的要求，建立和实施单位内部道路交通安全管理制度，教育本单位人员遵守道路交通安全法律、法规，保障交通安全经费投入。要认真承担起交通安全第一责任人的义务和职责，建立交通管理的机构和人员。要将交通安全放在与电网主业安全同样重要的位置上去加强监督、检查和考核。

2）车辆管理部门。企业内的车辆管理部门要宣传、贯彻、执行国家和公安机关颁布的各项交通安全法律、规范、方针、政策。要提出系统交通安全的管理目标，制订本单位交通安全管理的各种规章制度和实施细则。要统计和上报各类交通安全报表、组织车管干部、驾驶人员、修理人员的业务技术交流和培训活动，组织开展各类交通安全活动的竞赛和奖惩工作。要分析和总结各阶段交通安全情况，提出及制定相应的对策和措施。要配合公安机关对交通事故的调查、分析和处理，并做好事故"四不放过"的善后工作。

3）其他部门。企业内的各个部门和人员都会参与各类道路的交通活动，因此，各个部门及人员都应执行道路交通法规，履行相应的义务。这些部门包括生产、基建、人力资源、思想政治工作、财务、监察、企业管理、工会、行政后勤等。只有企业内部全方位都来关注和支持交通安全这项工作，才能将企业的交通安全纳入全面、规范、有序、科学的管理轨道。这些义务主要是应该履行各项交通法规，密切配合交通安全分管部门的管理，对本部门员工进行交通法规的宣传和教育，阻止和举报各类违反交通法规的行为，努力抑制本部门违反交通法规的行为和各类交通事故，维护本部门正常的生产和工作秩序。

4）驾驶人员。企业内的各类驾驶员应熟悉和严格遵守各项交通法规及企业交通管理制度，坚持文明行车，礼貌待人，加强驾驶员职业道德建设。自觉执行机动车辆的操作规程和例行保养，确保行车安全。树立为电网生产服务的观念，服从车辆调度，配合用车部门的工作需要。严格按任务单出车，不得私自出车，不得无故绕道行驶，不得无故延时返队，不得在非指定地点停驻车辆，不准将车辆交与他人驾驶。认真做好车辆的出车前、行驶中、回场后的"三查"工作，发现车辆缺陷尤其是危及行车安全的故障，应及时排除，或报告领导，填写报修单及时报修，不开故障车，杜绝机械事故的发生。发生交通事故后，应立即报警，并保护现场，积极抢救伤员和货物，尽快报告本单位有关领导。驾驶员要努力掌握机动车的机械技术知识，降低油耗，节约材料，提高车辆利用率。要努力提高安全行车的技能，为电网生产提供安全、优质、高效的运输服务。

5）汽车修理工。企业内的汽车修理工要有良好的职业道德，努力掌握机动车修理技能，全心全意地为企业的机动车检查、保养、修理服务。应有较强的安全责任感，确保被修车辆具有良好的技术状态，杜绝检修过的机动车在规定周期内发生不应该的机械事故。要积极做好驾驶员安全行车的配角，主动协助驾驶员发现和排除机动车辆的各种故障隐患，正确认识被修车辆的机械事故责任。要不断学习和提高机动车辆检修的技术理论及实践经验，严格按照 GB 7258—2012《机动车运行安全技术条件》要求进行检修。应坚持"应修必修，修必修好"的原则，对被修的零部件实行"能修则修，不能则换"的节约方针，确保机动车辆能安全运行。应能严格遵守操作规程，正确使用各种工器具和劳动保护用品，防范各种触电、火灾和伤害事故，确保人身和设备安全。把好修复后的质量检验关，履行检验合格的交付使用手续。

6）其他员工。企业内的其他员工应严格遵守各类交通法规和本单位的交通安全管理制度，服从交通管理人员的指挥。无论在社会道路还是企业内的道路，都应当在人行道内行走，没有人行道的靠路边行走，不得在高速公路行走。从人行横道横过道路时，要在确保安全的情况下通过。乘坐机动车，不得携带易燃易爆等危险物品，不得向车外抛洒物品，不得将身体任何部分伸出车外，不得跳车，不得有影响驾驶人安全驾驶的行为，不得有其他违章行为搭乘车辆。不得醉酒驾驶自行车和电动自行车。努力做到不伤害自己、不伤害他人、不被他人伤害。

（3）完善企业内部的交通安全管理制度。

切实有效的安全行车管理制度，是管住、卡住、压住交通事故的可靠保障。为使广大机驾人员的各种行为都能有章可循，各种考核有据可查，要把制订和完善各类交通安全管理的规章制度，作为一项重要工作来抓。这一整套规章制度包括：车辆的购置、检修、验收、保养、操作、使用、停放、报废、油材料管理，以及驾驶员的学习、培训、聘借、调度、竞赛、考核、评审、奖惩等。并积极开展危险点预控和国际上最新型的安全性评价等方法，来管理企业内部的交通安全管理工作。特别是在管理制度上要不断开拓创新，深挖管理潜力，创订各种科学、有效的管理制度和措施，并要加强管理力度，使它能得到具体的贯彻和落实。要加强制度建设，提高制度执行力。要把"安全第一、预防为主、综合治理"作为最基本的方针，将安全管理工作摆在首位，纳入目标管理，列到议事日程，经常针对安全生产中出现的一些问题，切实加以解决。认真考核，实行一票否决制度，一级抓一级，单位一把手与各部门领导签订安全生产目标任务书。强调各部门负责人要对本部门的安全生产工作负责，并形成一个全方位、分层次管理的安全责任网络。要深化交通安全反事故、反违法、反违章工作，建立日常监督考核及奖惩并重的违章治理机制，严肃查处各类有损交通安全的不良行为，推动各项制度在基层有效执行，促进安全管理水平提升。要建立健全交通安全风险管理机制，建立持续动态的危害因素识别与风险评估机制，开展全员、全过程风险识别活动，切实加强对设备、人员、环境变更时的风险管理。要根据风险识别的结果，制定并落实 HSE 风险削减措施，所有风险都要做到有识别、有分析、有措施、有检查，力争全过程受控。要大力开展安全隐患排查治理工作，完善和落实隐患排查治理制度，健全交通安全隐患识别、评估、治理管理程序，使隐患排查治理走向制度化、经常化、规范化，确保治理效果。

（4）严把驾驶员准入关。

建设和谐交通是构建和谐社会的一项重要内容，具有高度安全意识的驾驶员、性能良好的机动车、优良的道路交通秩序、高效的具体管理能力共同组成了和谐交通。在这些因素中，驾驶员的素质是重中之重。每年数以万计的新驾驶员开车上路，他们既缺乏过硬的驾驶技能，又缺少对道路交通安全的深刻认识，成为交通事故的主要肇事者。据不完全统计，驾龄在 3 年以内的新驾驶员引发的道路交通事故占总数的 50％以上，碰擦、追尾等常见事故有 80％为新驾驶员酿成。因此，企业在招聘驾驶员时，必须充分考虑到上述实际情况，一般应要求具有 3 年及以上安全行车年资，并进行严格的理论和实际驾驶技能的考试考核，严把驾驶员准入关。

（5）加强教育培训，努力提高驾驶员队伍的整体素质。

随着道路交通迅速发展，但是交通参与者整体交通安全观念和交通文明意识仍比较滞后，特别是驾驶员队伍素质不高，不文明驾驶、陋习多、闯红灯、超速、超载、酒后驾驶、疲劳驾驶、操作不当、违反禁令标志和禁止标线通行等，是导致交通事故多发的主要原因。据公安部交管局统计，近年来，每年全国各地交警接报事故总量高达 470 万起，其中 80％以上的事故是因交通违法导致。因此，提高驾驶员队伍的整体素质，是防止交通事故发生的关键。

1）加强驾驶员职业道德教育。通过举办典型交通事故案例分析和交通安全图片展等形式，对驾驶员进行职业道德和安全行车教育，倡导文明行车，摒弃行车"陋习"，着力提高驾驶员自觉遵守交通法规的意识和自觉性，努力营造人人讲安全、自觉维护交通安全的良好氛围。

2）加强驾驶员的驾驶技能培训。通过举办不同形式、不同内容的安全驾驶技术提高班，学习道路交通法规、交通安全心理学、交通事故的预防和处理、车辆机务知识、车队和班组管理实务、安全驾驶的经验和教训等。同时，组织开展安全行车竞赛和交通技能比武活动，提高驾驶人员的业务技能和驾驶员队伍的整体素质，有效地避免和减少各类交通事故的频发。

（6）强化车辆的安全检查。

要加强对各类机动车辆的检查和维护，努力保障车辆安全技术状况良好，符合 GB 7258—2012《机动车辆安全运行技术条件》。特别是要加强检查制动、方向、灯光、喇叭、雨刷器、悬挂系统等直接危及行车安全的系统、部件，发现隐患立即排除，决不带故障出车。要求驾驶员加强交通安全的出车前、行驶中、回库后的"三查"和定期检查维护工作，做到状态检修消缺与预见性检查维护相结合，同时及时根据累计行驶里程和运行时间对车况进行评估，及时安排整车或专项深度恢复，确保车况受控。管理部门要经常开展定期的检查和突击抽查，促使广大驾驶人员能自觉地做好各项车辆维护和保养工作，有效地杜绝各类机械事故的发生。

（7）要常抓各类交通安全竞赛活动。

要努力培养和激发广大驾驶员对安全行车的荣誉感，为广大驾驶员营造继续不断学习和钻研安全行车技能的氛围，构建安全行车本能的竞技平台。要经常组织和开展各种安全行车的竞赛活动，召开各种不同规模的安全行车技能比武，让广大驾驶员都能尽力展示和交流安全驾驶的本领、车辆保养及故障排除的技能。常抓各类交通安全竞赛活动，既交流了安全行车的经验，也提高了安全行车的可靠性。

（8）从抓违章着手来控制事故的发生。

违章违法是事故的先兆，抓事故就要从抓违章着手，努力将事故遏制在违章违法之前。为了进一步加强对机动车辆驾驶人员的安全监察力度，要制订交通安全检查的各种办法，充分利用交通安全管理的网络和人员，将交通安全监察工作制度化、常态化和规范化。交通管理人员要经常深入基层检查，重心下沉，防范前移，将定时检查、专项检查、随时抽查、交叉检查、内部检查、自我检查等形式有机地结合起来，营造强大的检查阵势，使各类事故苗子暴露无遗。不但检查各类违章违法现象，也要认真排查和整改各种交通安全隐患，提高安全行车的可靠性。通过各类检查，将发现的各类违章现象和事故倾向，及时召开研讨会，进行认真、仔细的研究和分析，提出各种相应的管理对策和举措，及时将各种交通事故的苗子，抑制在违章违法的萌芽状态。

（9）运用科技手段，强化车辆运行监控。

要通过建设车辆 GPS 管理平台，在车辆上安装 GPS，实时监控车辆运行状况，对违章超速、不按规定路线行驶等违章行为及时查处。实践证明，通过运用科技信息手段，强化监督考核，完善行车记录，有效地加强了运行车辆的"零距离"管理，超速行驶的车辆大幅度下降，规范了驾驶员的驾车行为，促进了交通运输安全。

（10）根据季节性特点，制定相应的行车危险点预控及防范措施。

由于季节性不同，气候条件差异较大，对车辆行驶要求不尽相同，特别是恶劣气候环境是造成道路交通事故的重要因素。据统计，恶劣气候环境条件下发生道路交通事故概率比平常高出许多，而且此类交通事故性质都比较严重，所以驾驶人不但要遵守交通法规，同时要熟悉恶劣气候环境对驾驶的影响和掌握相应的措施，保证在面对恶劣气候环境时有驾驭各种局面的本领。因此，各单位要对恶劣气候环境给予高度重视，必须根据恶劣气候环境，有针对性的做好预防措施，从而确保行车安全。

根据以往经验，做好以下情况下的行车安全防范是供电企业防范交通事故的重点，需制定相应的防范措施，并使每个驾驶员牢记和掌握。

1）冰雪天。冰雪天路面滑，地面附着力下降，车辆的制动、操控性和稳定性都大幅下降，容易发生侧滑、翻车、追尾、碰擦等事故。

2）雨雾天。雨天驾驶时视线不良，路面附着系数低，雷雨时会对车辆和车上人员造成雷击威胁；雾天能见度差，特别是浓雾时会严重影响视线，危及行车安全。容易发生追尾、碰擦等事故。

3）台风天。台风天最明显的特征是狂风暴雨，路面积水，给车辆操纵稳定性带来极大危险，此时，人、车、物体都随时会发生不确定因素。同时，台风期间也是电力抢修繁忙的时候，出车频繁，容易出现疲劳驾驶，发生侧滑、翻车、追尾、碰擦、车辆进水损坏发动机等事故。

4）春夏天。春暖花开，夏日炎炎，人们在此气候条件下行车极易产生"春困"和"夏乏"，也是春夏交通事故多发的主要原因。同时，夏季也是用电高峰，事故抢险频繁，也加大了出车频率，容易出现疲劳驾驶；另外，车辆长时间开空调、车辆线路老化、外裸过载等，也容易引发车辆自然事故等。

5）山区和泥泞道路。山区道路崎岖狭窄，道路状况复杂，如遇雨雪天，道路泥泞，极易造成车辆侧滑和翻车事故。

6）吊装作业。超载起吊，物件绑扎不牢固，吊车不平稳或支腿不对称，在带电区域、变电站内工作，未按规定挂好车用接地线或吊臂与带电体足够的安全距离等引发吊车倾覆、吊物砸人、触电等事故。

（11）对道路交通事故发生后要做到"四不放过"。

发生道路交通事故后，肇事者在受到交通监理处分的同时，企业内部还要严格按照事故原因不查明不放过；事故责任人及周围人员未受到教育不放过；事故责任人未追究不放过；事故善后措施不落实不放过，即事故"四不放过"的原则进行处理。特别是要严格履行企业内部的安全行车考核规定，对违章肇事者决不心慈手软，姑息迁就。发生特大交通事故后，企业内部要立即成立事故临时处理小组，加强对事故的善后处理。对各类典型和严重的交通事故要在相应的范围内通报，使一家付出的昂贵"学费"，让大家受到深刻的"免费"教育，不能让同样的交通事故在同一个单位或同一个系统重现，也不能让类似的交通事故在系统内频发。

5. 道路交通事故的处置

（1）驾车遇到险情时紧急处置的原则

当驾驶员在驾车途中遇到交通险情时，应当依照以下 6 条原则进行紧急处置。

1）遇险情，要冷静。驾驶员在驾车途中遇到交通险情时，无论遇到任何一种险情，都必须保持清新的头脑，及时正确地判明情况，采取准确无误的避让措施，万万不可惊慌失措。慌乱之中，容易操作失当，加剧险情，导致交通事故的发生。

2）宁损物，不伤人。人的生命是最为宝贵的，不让他人的生命安全受到伤害，是每个驾驶员所必须具备的职业道德。当驾驶员在驾车途中遇到交通险情时，应当首先考虑的是不让他人受伤害。当人员、物资、车辆同时遭到险情的威胁时，应采取宁损车物不伤人的策略。

3）就轻损，避重害。机动车在道路行驶中遇到险情必须紧急处置时，发现将有几方面同时受到危害时，应根据刑法中的关于紧急避险的规定，选择向事故损害最轻的方面避让，力争将人员伤亡和财物损失降到最低限度。

4）措施准、动作稳。驾驶员在驾车途中遇到交通险情时，采取的避险措施应准确无误，不能犹豫不决，拖泥带水，每个动作都要力求一次到位。因为险情造成的时间是十分短暂的，没有回旋的余地。只有靠精确、果敢、稳妥的避险措施，才能有效地避免或减少事故的伤害。

5）先方向，后制动。机动车在道路行驶中遇到险情，不能盲目地先踩制动踏板。因为车辆在行驶中有较大的惯性或离心力，尤其是弯道、雨雪天，如果立即猛踩制动踏板，车辆容易横滑或侧翻。应在准确判明险情的基础上，立即松油门减速，同时打方向避开危险点，再采取相应的制动措施。

6）先他人、后自己。机动车在道路行驶中遇到险情时，每个驾驶员都应该首先想到把安全让给别人，将危险留给自己，这是所有机动车驾驶员都应具备的思想素质。无论遇到何种情况，都应先顾及他人的生命安全，不可擅离职守，更不能为了保全自己而置他人的安危于不顾。特别是，当在市镇街区、人口稠密地段发现机动车着火以及可能爆炸的危险时刻，驾驶员必须具有自我牺牲的精神，迅速将车辆开至空旷开阔的地方，以避免更大范围和规模的伤害。

（2）道路交通事故发生后的现场处理程序

1）发生交通事故后，驾驶员和企业随车人员应头脑冷静，立即报警。

2）保护现场，在来车方向设置警告标志。在高速公路上，应当在事故车来车方向 150m 以外设置警告标志。

3）要积极抢救伤员，移动一些有事故分析价值的伤员和物品时，要做上一些标记。

4）车上人员应当迅速转移到右侧路肩、紧急停车带或者应急车道内。

5）要尽快报告本单位领导和有关人员。

6）要及时报告本车投保的保险公司，告知本车号码信息、出险的具体地点、时间、事故大致情况等。

7）认真配合公安交通管理机关的调查和询问。

6. 典型事故案例

尽管电网企业多年来在交通安全管理上付诸了较大的管理投入，但因交通安全的复杂性、社会性、外部性，也发生了不少的道路交通事故，并从中汲取了不少的教训。特别是，一些典型的重大交通事故案例，其发生的主要原因和沉痛的教训，值得我们去深刻地分析和不断地吸取。现列举如下。

🔍 **案例1** 1975 年，一辆钱塘江牌电力施工车，随车搭乘 20 多名电力施工人员，在穿越一无人看守的铁路道口时，被飞驰而来的客运列车撞在工程车尾部边侧，造成工程车随车 19 人死亡、其余人不同程度的受伤、车辆严重受损的特大交通事故。

事故原因：汽车在通过无人看守的铁路道口时，没有做到"一停、二看、三通过"；驾驶员在进入道口后，发现火车驶来时，神情紧张，手脚忙乱，措施不当；随车人员严重超载，客货混装。

案例2　1986 年，一辆电厂大客车在天台城郊与一辆载客的三卡车交会时相撞，造成三卡车后车厢内 6 人死亡、3 人受伤、车辆严重受损的特大交通事故。

事故原因：两车交会时都不减速；双方交会时都未让道；双方驾驶员估计失误；三卡车违章载客。

案例3　1989 年，一辆电力系统的东风牌大货车，驾驶员回程途中私自搭货装运水泥杆。途经宁海—下山的弯道时，造成大货车翻车，车辆烧毁，随车 2 名驾驶员当场烧死的重大交通事故。

事故原因：驾驶员私自搭货绕道行车，办事心虚开车就不踏实；水泥杆绑扎时边上不塞实，绳索未扎紧，转弯时水泥杆因离心力滚向一侧，车载重心失去平衡；车辆在下坡及转弯时车速过快，操作不当。

案例4　1995 年，一辆桑塔纳轿车在完成电厂检查工作完毕后，返程途中，经一傍山依水的公路时，轿车坠入水库。造成随车 3 人死亡，车辆受损的特大交通事故。

事故原因：归心似箭，车速过快；山路行驶，有失谨慎；驾驶操作，严重失误。

思 考 题

1. 简述发电厂、变电站消防的重要性。

2. 燃烧必须具备哪些必要条件？必须具备哪些充分条件？

3. 简述灭火基本原理及其基本方法。

4. 电力生产主要火灾有哪些？

5. 简述电缆防火常采取哪些措施。

6. 试述控制中心火灾自动报警系统的组成及探测器和火灾报警控制器的功能。

7. 试绘湿式自动喷水灭火系统原理流程图。

8. 森林防火中怎样控制生产性火源？

9. 电力企业员工的消防"四懂"、"四会"指的是什么？

10. 电网企业的道路交通安全有哪些特点？

11. 造成道路交通事故的主要因素是哪三个方面？哪些因素易造成驾驶人的交通事故？

12. 为什么要根据季节性特点制定相应的行车危险点预控及防范措施？列举 3 种情况下的防范重点。

第五章

电网企业生产事故及预防

第一节　人身伤亡事故及预防

一、电力生产人身伤亡事故的定义

（一）事故定义

按 GB 6441—1986《企业职工伤亡事故分类》标准，对人身伤亡事故定义为：企业职工在生产劳动过程中发生的人身伤害（简称伤害）、急性中毒（简称中毒）。

劳动过程中是指在生产区域和在工作时间中，即职工在本岗位劳动，或虽不在本岗位劳动，但由于企业的设备和设施不安全，劳动条件和作业环境不良、管理不善，以及企业领导指派到企业之外从事本企业劳动，所发生的人身伤害事故和急性中毒。

按《国家电网公司安全事故调查规程》（国家电网安监〔2011〕2024 号），发生以下情况之一者为人身事故：

（1）在公司系统各单位工作场所或承包承租承借的工作场所发生的人身伤亡。

（2）被单位派出到用户工程工作过程中发生的人身伤亡。

（3）乘坐单位组织的交通工具发生的人身伤亡。

（4）单位组织的集体外出活动过程中发生的人身伤亡。

（5）员工因公外出发生的人身伤亡。

人身事故实行全口径统计，涵盖电力生产、煤矿及多种产业、非生产性办公经营场所、交通、因公外出等发生的本单位各种用工形式的人员和其他相关人员的人身事故。

公司系统各单位指国家电网公司、省电力公司级单位、地市供电公司级单位、县供电公司级单位和县供电公司级以下的单位。省电力公司级单位包括：国家电力调度控制中心、省（自治区、直辖市）电力公司、国家电网公司直属公司。地市供电公司级单位包括：国家电网调控分中心、省电力调度控制中心（含电力调度通信中心），以及省电力公司或国家电网公司直属公司直接管理的地市供电公司（局）、超高压公司（局）、检修（分）公司、建设（分）公司、信通（分）公司、电科院、修试单位、建设单位、施工单位、发电公司（厂）、煤矿、设备制造厂以及集体企业（单位）等。县供电公司级单位包括：地市供电公司级单位电力调度控制中心、县（区、县级市）供电（分）公司（局）、地市供电公司级单位下属和管理的运行公司、检修公司、建设公司、发电厂、煤矿、设备制造厂以及集体企业（单位）等。县供电公司级以下的单位包括：县供电公司级单位下属和管理的所有单位。

工作场所是指公司系统各单位在中华人民共和国境内办公、经营、服务、运行、检修、施工、安装、试验、修配、制造、开采加工场所、生产仓库、汽车库、线路和电力通信设施的走廊（线路和电力通信设施的走廊仅限于在工作过程中发生的人身伤亡）。

凡变电站、厂（矿）区内，由于机动车辆（含汽车类、电瓶车类、拖拉机类、施工车辆类及有轨车辆类等）或船只等在行驶中发生挤压、坠落、撞车（船）、倾覆、沉没，人员上下车（船），车辆（船只）跑车（移位）等造成的人员伤亡，归为车辆（船只）伤害，但作为非交通安全事故。

单位组织的交通工具指单位所有、租借或发包委托其他单位承运的交通工具。本条主要指交警或其他交通管理部门处理的道路交通、水上交通等事故，不包括员工个人驾驶非本单位车辆上下班以及乘坐公交、火车、飞机等公共交通工具发生的人身伤亡和车辆（船只）伤害。

集体外出活动是指单位组织的外出疗养、参观、学习、培训等，但不包括乘坐单位组织的集体外出活动过程中发生的人身伤亡。

员工是指单位各种用工形式的人员，包括固定职工、合同制职工、临时工（临时聘用、雇用、借用的人员），以及劳务派遣工、代训工、实习生和其他社会化用工等。

在工作过程中，经公安部门认定的自杀，或因病导致伤亡的事件，经县级以上医院诊断和劳动安全生产监督管理部门调查，确系本人原因或疾病造成的，不按人身事故统计。

（二）人身事故的分类和界定

按《国家电网公司安全事故调查规程》（国家电网安监〔2011〕2024 号），人身事故分为八级。

1. 特别重大人身事故（一级人身事件）

一次事故造成 30 人以上死亡，或者 100 人以上重伤者。

2. 重大人身事故（二级人身事件）

一次事故造成 10 人以上 30 人以下死亡，或者 50 人以上 100 人以下重伤者。

3. 较大人身事故（三级人身事件）

一次事故造成 3 人以上 10 人以下死亡，或者 10 人以上 50 人以下重伤者。

4. 一般人身事故（四级人身事件）

一次事故造成 3 人以下死亡，或者 10 人以下重伤者。

5. 五级人身事件

无人员死亡和重伤，但造成 10 人以上轻伤者。

6. 六级人身事件

无人员死亡和重伤，但造成 5 人以上 10 人以下轻伤者。

7. 七级人身事件

无人员死亡和重伤，但造成 3 人以上 5 人以下轻伤者。

8. 八级人身事件

无人员死亡和重伤，但造成 1～2 人轻伤者。

上述一至四级人身事故分别与《生产安全事故报告和调查处理条例》（中华人民共和国国务院令第 493 号）中所列特别重大、重大、较大和一般人员伤亡事故相对应。上述所称"以上"包括本数，所称的"以下"不包括本数。

关于死亡、重伤和轻伤的定义如下：

死亡是指受害者立即或者受重伤后在一个月内死亡的事故。负伤后，在 30 日内死亡的（因医疗事故而死亡的除外，但必须得到医疗事故鉴定部门的确认），均按死亡统计；超过 30 日后死亡的，不再进行死亡补报和统计。轻伤转为重伤也按此原则补报和统计。

自事故发生之日起 30 日内,事故造成的伤亡人数发生变化的,应当及时补报。道路交通事故、火灾事故自发生之日起 7 日内,事故造成的伤亡人数发生变化的,应当及时补报。

重伤是指受伤者永久性部分或全部丧失工作生理功能的事故,如受伤者的肢体和某些器官不可逆丧失生理功能等。按劳动部(60)中劳护久字第 56 号文《关于重伤事故范围的意见》和劳动部劳办〔1993〕140 号文《企业职工伤亡事故报告统计问题解答》执行。

轻伤是指受伤害或中毒者暂时性失去工作能力的生理功能的事故。按劳动部劳办〔1993〕140 号文《企业职工伤亡事故报告统计问题解答》执行。

二、事故原因分析

人身事故发生的原因涉及时间、空间、技术、管理、环境、心理等各个方面,具有复杂性、多样性等特点,不同人身事故的发生原因需要针对具体情况实际分析,其中典型的有以下几个方面。

(一)人身事故发生的技术原因

1. 高处坠落事故

造成高处坠落事故的原因主要有:在蹬杆作业时所蹬杆塔的基础不牢固,在蹬杆过程中发生倒杆;蹬杆工器具存在缺陷,在蹬杆过程中蹬杆工具损坏;蹬杆工具使用不正确或方法不得当,造成蹬杆过程中下滑;在杆上作业时使用不合格安全带或不系安全带,或安全带挂在不牢固的构架上,作业中失去保护;作业转移过程中没有安全措施,如没有保护绳或不使用防坠器,失去应有的保护;调正拉线、拉线角度偏差或紧线时地锚拔出发生倒杆;紧线时杆梢破损,横担滑落;检修平台或其他构架搭建不牢固,作业过程中发生坍塌。

2. 人身触电事故

引起人身触电事故的原因主要有:误碰带电设备、误蹬带电杆塔、误入带电间隔;停电工作不验电、不挂接地线,该拉的开关、刀闸未拉,检修工作过程中值班人员误合停电线路开关;私拉乱接、备用电源管理不善造成反供电;平行线路、交叉线路、相邻设备感应电压造成触电;高低压同杆架设或双回线路一回线路停电的工作,不能保证所要求的安全距离;在电气试验工作中,被试设备应放电而未放电,试验过程中不设遮拦,他人靠近带电设备时引起人身触电;在低压设备或线路上不停电工作,不戴绝缘手套又不站在干燥的木板上，使用的工具也未按规定缠绕绝缘层；在临近带电线路附近清理通道树木，不使用绝缘绳牵拉，测量带电线路的交叉跨越距离，不用绝缘绳尺；带电体绝缘损坏或接地体接地电阻不符合技术要求，跨步电压引起人身触电等。

3. 起重伤害和物体打击

引起起重伤害和物体打击的原因主要有：在工作现场使用的钢丝绳或起重工具年久失修，起重过程中损坏，如起重吊车制动闸片断裂吊臂失去控制，打伤工作人员；运输过程中因地面不平，物体倒塌砸伤工作人员；杆塔上工作时，材料、工器具不用绳索传递而采用上抛下投；工作现场不戴安全帽等现象都可能造成物体打击伤害。

4. 交通事故

引起交通事故的原因主要有酒后开车、无证驾驶、车带病行驶、强超强会、开快车、人货混装、运输物体捆绑不牢等。

（二）人身事故发生的管理原因

1. 安全责任落实不到位

在实际工作中，领导干部和管理人员安全责任履行不到位，员工安全责任不明确，工作许可人、工作负责人、工作班成员不认真履行自己的安全职责，到现场的管理人员走马观花，见违章现象而不制止，安全管理工作的责、权、利不能得到充分的体现。

2. 安全教育力度不够

由于安全教育未能跟上安全管理需要，造成员工安全意识和安全认识不到位，"安全第一，预防为主"的思想未真正树立，安全生产的知识水平和技术水平不高。主要是安全教育形式单一，注重了过程教育，忽视工作实际的需要。

3. 存在习惯性违章

在安全生产工作中存在习惯性违章现象且屡禁不止，从而衍生安全事故。在生产工作中习惯性违章主要形式是违章作业和违章指挥，如在倒闸操作前不在模拟板上预演，操作过程中不能执行监护制度，无票工作、操作；停电作业不验电、挂接地线或不按规定顺序挂接地线；杆上作业不系安全带、不戴安全帽，杆塔上下物体传递不用绳索，蹬杆前不认真检查登高工具、杆塔基础，不认真核对设备名称误进带电间隔、误蹬带电杆塔、误碰带电设备；工作前工作负责人不向工作班成员宣读工作票或不履行签名手续等。

4. 安全活动开展不扎实

安全活动内容针对性较差，不能结合工作实际，形式单一且缺少灵活性，流于形式，走过场，安全活动未起到增强员工安全意识的作用。

（三）其他因素对人身安全的影响

1. 个人素质及个性心理

个人素质包括身体素质和文化素质两个方面。身体健康的人，精力充沛，反应灵敏，对不安全的隐患较敏感；身体素质较差的人，工作注意力不集中，对事物反应较迟钝。文化素质较高的人，对问题能举一反三，处理问题科学、灵活；文化素质低的人，解决问题死搬硬套，易出现问题。

个性心理对人身安全的影响有两种，即情绪与性格的影响。情绪的影响表现在处于兴奋状态时，人的思维、动作较快，处理问题果断、明智；情绪处于抑制或低落状态时，思维和动作明显迟缓；处于强制状态时，往往会出现反常、抵触的举动，也可以引起思维与动作的不协调、不连贯。情绪不稳定使安全工作不能持续进行，形成时紧时松的现象。

2. 环境状况的影响

环境变化会刺激人的心理变化，影响人的情绪。设备运行失常及安全措施位置布置不当，会影响人的正常操作和识别。环境差异能造成人的不适应、容易疲劳，影响安全工作的正常开展。

3. 不良习惯的影响

习惯不是行为者有意所为，往往是不由自主地表现在行动上。不良习惯来源于周围的环境和人的行为，在日常的接触中，对不正确的做法、程序看得多了，习以为常，就形成了不良习惯，身处险中不知险。另外，一些不正确的行为未造成事故，致使侥幸心理产生，构成安全隐患。

4. 传统观念的影响

新技术、新工具和新设备的应用，必然引起操作方法和操作程序的变化、更新。但由于旧的操作程序和操作方法已经形成，在实施新的工作程序、使用新的操作方法时，总感觉新的东西不如旧的得心应手，依然采用旧的方法和技术。

三、事故防范措施

电网企业常见事故与其生产、建设和改造的特点有关，与员工在从事电力生产、建设和改造工作中的直接危险因素和工作环境有关。在电力生产人身事故统计分析中发现，由于企业员工工作的对象是电网设备，电力生产、建设和改造必须进行登高作业、输配电线路杆（塔）上作业，且处于各种特殊的地理与工作环境中，因此，高处坠落、触电、物体打击、机械伤害、灼烫伤害、起重伤害、中毒与窒息、生产交通等八类造成的人身事故成为供电企业常见的人身事故。

（一）防止发生常见人身伤亡事故的安全措施

1. 防止高处坠落事故

（1）高处作业人员必须经县级以上医疗机构体检合格（体格检查至少每两年一次），凡不适宜高空作业的疾病者不得从事高空作业，防晕倒坠落。

（2）正确使用安全带，安全带必须系在牢固物体上，防止脱落。在高处作业必须穿防滑鞋、设专人监护。高处作业不具备挂安全带的情况下，应使用防坠器或安全绳。

（3）高处作业应设有合格、牢固的防护栏，防止作业人员失误或坐靠坠落。作业立足点面积要足够，跳板进行满铺及有效固定。

（4）登高用的支撑架、脚手架材质合格，并装有防护栏杆、搭设牢固并经验收合格后方可使用，使用中严禁超载，防止发生架体坍塌坠落，导致人员踏空或失稳坠落，使用吊篮悬挂机构的结构件应有足够的强度、刚度和配重及可固定措施。

（5）基坑（槽）临边应装设由钢管 $\phi48\text{mm}\times3.5\text{mm}$（直径×管壁厚）搭设带中杆的防护栏杆，防护栏杆上除警示标示牌外不得拴挂任何物件，以防作业人员行走踏空坠落。作业层脚手架的脚手板应铺设严密、采用定型卡带进行固定。

（6）洞口应装设盖板并盖实，表面刷黄黑相间的安全警示线，以防人员行走踏空坠落，洞口盖板掀开后，应装设刚性防护栏杆，悬挂安全警示板，夜间应将洞口盖实并装设红灯警示，以防人员失足坠落。

（7）登高作业应使用两端装有防滑套的合格的梯子，梯阶的距离不应大于40cm，并在距梯顶1m处设限高标志。使用单梯工作时，梯子与地面的斜角度为60°左右，梯子有人扶持，以防失稳坠落。

（8）拆除工程必须制定安全防护措施、正确的拆除程序，不得颠倒，以防建（构）筑物倒塌坠落。

（9）对强度不足的作业面（如石棉瓦、铁皮板、采光浪板、装饰板等），人员在作业时，必须采取加强措施，以防踏空坠落。

（10）在 5 级及以上的大风以及暴雨、雷电、冰雹、大雾等恶劣天气，应停止露天高处作业。特殊情况下，确需在恶劣天气进行抢修时，应组织人员充分讨论，制定必要的安全措施，经本单位分管生产的领导（总工程师）批准后方可进行。

（11）登高作业人员，必须经过专业技能培训，并应取得高处作业证书方可上岗。

2. 防止触电事故

（1）凡从事电气操作、电气检修和维护人员（统称电工）必须经专业技术培训及触电急救培训并合格方可上岗，其中属于特种作业的需取得"特种作业操作证"（电工作业，不含电力系统进网作业；进入电网作业的，还必须取得"电工进网作业许可证"）。带电作业人员还应取得"带电作业资格证"。

（2）凡从事电气作业人员应佩戴合格的个人防护用品：高压绝缘鞋（靴）、高压绝缘手套等必须选用具有国家"劳动防护品安全生产许可证书"资质单位的产品且在检验有效期内。作业时必须穿好工作服、戴安全帽，穿绝缘鞋（靴）、戴绝缘手套。

（3）使用绝缘安全用具——绝缘操作杆、验电器、携带型短路接地线等必须选用具有"生产许可证""产品合格证""安全鉴定证"的产品，使用前必须检查是否贴有"检验合格证"标签及是否在检验有效期内。

（4）选用的手持电动工具必须具有国家认可单位发的"产品合格证"，使用前必须检查工具上贴有"检验合格证"标识，检验周期为 6 个月。使用时必须接在装有动作电流不大于 30mA、一般型（无延时）的剩余电流动作保护器的电源上，并不得提着电动工具的导线或转动部分使用，严禁将电缆金属丝直接插入插座内使用。

（5）现场临时用电的检修电源箱必须装自动空气开关、剩余电流动作保护器、接线柱或插座，专用接地铜排和端子、箱体必须可靠接地，接地、接零标识应清晰，并固定牢固。对氢站、氨站、油区、危险化学品间等特殊场所，应选用防爆型检修电源箱，并使用防爆插头。

（6）在高压设备作业时，人体及所带的工具与带电体的最小安全距离，应符合安规要求。在低压设备作业时，人体与带电体的安全距离不低于 0.1m。当高压设备接地故障时，室内不得接近故障点 4m 以内，室外不得接近故障点 8m 以内。进入上述范围的人员必须穿绝缘靴，接触设备的外壳和构架应戴绝缘手套。

（7）高压电气设备带电部位对地距离不满足设计标准时周边必须装设防护围栏，门应加锁，并挂好安全警示牌。在做高压试验时，必须装设围栏，并设专人看护，非工作人员禁止入内。操作人员应站在绝缘物上。

（8）电气设备必须装设保护接地（接零），不得将接地线接在金属管道上或其他金属构件上。雨天操作室外高压设备时，绝缘棒应有防雨罩，还应穿绝缘靴。雷电时严禁进行就地倒闸操作。

（9）当发觉有跨步电压时，应立即将双脚并在一起或用一条腿跳着离开导线断落地点。

（10）在地下敷设电缆附近开挖土方时，严禁使用机械开挖。

（11）严禁用湿手去触摸电源开关以及其他电器设备。

（12）为防止发生电气误操作触电，操作时应遵循以下原则：

1）停电：断路器在"分闸"位置时，方准拉开隔离开关。

2）验电：先检验验电器是否完好，并设监护人，方准进行验电操作。

3）装设地线：先挂接地端，再挂导体端。拆除时，则顺序相反。严禁带电挂（合）接地线（接地开关）。

（13）严禁无票操作及擅自解除高压电器设备的防误操作闭锁装置，严禁带接地线（接地开关）合断路器（隔离开关）及带负荷合（拉）隔离开关，严禁误入带电间隔。

3. 防止物体打击事故

（1）进入生产现场人员必须进行安全培训教育，掌握相关安全防护知识，从事手工加工的作业人员，必须掌握工器具的正确使用方法及安全防护知识，从事人工搬运的作业人员，必须掌握撬杠、滚杠、跳板等工具的正确使用方法及安全防护知识。

（2）进入现场的作业人员必须戴好安全帽。人工搬运的作业人员必须戴好安全帽、防护手套，穿好防砸鞋，必要时戴好披肩、垫肩、护目镜。

（3）高处作业时，必须做好防止物件掉落的防护措施，下方设置警戒区域，并设专人监护，不得在工作地点下面通行和逗留。上、下层垂直交叉同时作业时，中间必须搭设严密牢固的防护隔板、罩栅或其他隔离设施。高处作业必须佩带工具袋时，工具袋应拴紧系牢，上下传递物件时，应用绳子系牢物件后再传递，严禁上下抛掷物品。高处作业下方，应设警戒区域，设专人看护。

（4）高处临边不得堆放物件，空间小必须堆放时，必须采取防坠落措施，高处场所的废弃物应及时清理。

4. 防止机械伤害事故

（1）工作人员必须经过专业技能培训，并掌握机械（设备）的现场操作规程和安全防护知识。

（2）操作人员必须穿好工作服，衣服、袖口应扣好，不得戴围巾、领带，女同志长发必须盘在帽内，操作时必须戴防护眼镜，必要时戴防尘口罩、穿绝缘鞋。操作钻床时，不得戴手套，不得在开动的机械设备旁换衣服。

（3）机械设备各转动部位（如传送带、齿轮机、联轴器、飞轮等）必须装设防护装置。机械设备必须装设紧急制动装置，一机一闸一保护。周边必须划警戒线，工作场所应设人行通道，照明必须充足。

（4）严禁在运行中清扫、擦拭和润滑设备的旋转和移动部分，严禁将手伸入栅栏内。严禁将头、手脚伸入转动部件活动区内。

5. 防止灼烫伤害事故

（1）电工、电（气）焊人员均属于特种作业人员，必须经专业技能培训，取得《特种作业操作证》。电工作业、焊接与热切割作业必须经专业技术培训，符合上岗要求。

（2）电（气）焊作业人员必须穿好焊工工作服、焊工防护鞋，戴好工作帽、焊工手套，其中电焊须戴好焊工面罩，气焊须戴好防护眼镜。

化学作业人员配置化学溶液、装卸酸（碱）等时必须穿好耐酸（碱）服，戴好橡胶耐酸（碱）手套、防护眼镜（面罩）以及戴好防毒口罩。

（3）电（气）焊作业面应铺设防火隔离毯，作业区下方设置警戒线并设专人看护，作业现场照明应充足。

6. 防止起重伤害事故

（1）起重设备经检验检测机构监督检验合格，并在特种设备安全监督管理部门登记。

（2）从事起吊作业及其安装维修的人员必须经专业技能培训，从事起吊作业人员应取得"特种作业操作证"。安装维修人员也应取得相应"特种作业操作证"，并经县级以上医疗机构体检合格，合格的（含矫正视力）双目视力不低于0.7，无色盲、听觉障碍、癫痫病、高血压、心脏病、眩晕、突发性昏厥等疾病及生理缺陷方可上岗。

（3）吊装作业必须设专人指挥，指挥人员不得兼做司索（挂钩）以及其他工作，应认真观察起重作业周围环境，确保信号正确无误，严禁违章指挥或指挥信号不规范。

（4）起重工具使用前，必须检查完好、无破损。工作起吊时严禁超负荷或歪斜拽吊。

（5）起重吊物之前，必须清楚物件的实际重量，不准起吊不明物和埋在地下的物件。当重物无固定点时，必须按规定选择吊点并捆绑牢固，使重物在吊运过程中保持平衡和吊点不发生移动。工件或吊物起吊时必须捆绑牢靠。

（6）严禁吊物上站人或放有活动的物体。吊装作业现场必须设警戒区域，设专人监护。严禁吊物从人的头上越过或停留。

（7）起吊现场照明充足，视线清晰。

（8）带棱角、缺口的物体无防割措施不得起吊。

（9）在带电的电气设备或高压线下起吊物体，起重机应可靠接地，注意与输电线的安全距离，必要时制订好防范措施，并设电气监护人监护。

（10）起吊易燃、易爆物（如氧气瓶、煤气罐）时，必须制订好安全技术措施，并经主管生产负责人批准后，方可吊装。

（11）遇大雪、大雨、雷电、大雾、风力5级以上等恶劣天气，严禁户外或露天起重作业。

7. 防止中毒与窒息伤害事故

（1）受限空间（如电缆沟、烟道内、管道等）内长时间作业时，必须保持通风良好，防缺氧窒息。在沟道（池）内作业时［如电缆沟、烟道、中水前池、污水池、化粪池、阀门井、排污管道、地沟（坑）、地下室等］，为防止作业人员吸入一氧化碳、硫化氢、二氧化硫、沼气等中毒、窒息，必须做好以下措施：①打开沟道（池、井）的盖板或人孔门，保持良好通风，严禁关闭人孔门或盖板。②进入沟道（池、井）内施工前，应用鼓风机向内进行吹风，保持空气循环，并检查沟道（池、井）内的有害气体含量不超标，氧气浓度保持在19.5％～21％范围内。③地下维护室至少打开2个人孔，每个人孔上放置通风筒或导风板，一个正对来风方向，另一个正对去风方向，确保通风畅通。④井下或池内作业人员必须系好安全带和安全绳，安全绳的一端必须握在监护人手中，当作业人员感到身体不适，必须立即撤离现场。在关闭人孔门或盖板前，必须清点人数，并喊话确认无人。

（2）对容器内的有害气体置换时，吹扫必须彻底，不留残留气体，防止人员中毒。进入容器内作业时，必须先测量容器内部氧气含量，低于规定值不得进入，同时做好逃生措施，并保持通风良好，严禁向容器内输送氧气。容器外设专人监护且与容器内人员定时喊话联系。

（3）进入粉尘较大的场所作业，作业人员必须戴防尘口罩。进入有害气体的场所作业，作业人员必须佩戴防毒面罩。进入酸气较大的场所作业，作业人员必须戴好套头式防毒面具。进入液氨泄漏的场所作业时，作业人员必须穿好重型防化服。

（4）危险化学品应在具有"危险化学品经营许可证"的商店购买，不得购买无厂家标志、无生产日期、无安全说明书和安全标签的"三无"危险化学品。

（5）危险化学品专用仓库必须装设机械通风装置、冲洗水源及排水设施，并设专人管理，建立健全档案、台账，并有出入库登记。化学实验室必须装设通风和机械通风设备，应有自来水、消防器械、急救药箱、酸（碱）伤害急救中和用药、毛巾、肥皂等。

（6）有毒、致癌、有挥发性等物品必须储藏在隔离房间和保险柜内，保险柜应装设双锁，并双人、双账管理，装设电子监控设备，并挂"当心中毒"警示牌。

（7）六氟化硫电气设备室必须装设机械排风装置，其排风机电源开关应设置在门外。排气口距地面高度应小于0.3m，并装有六氟化硫泄漏报警仪，且电缆沟道必须与其他沟道可靠隔离。

（8）化验人员必须穿专用工作服，必要时戴防护口罩、防护眼镜、防酸（碱）手套、穿橡胶围裙和橡胶鞋。化学实验时，严禁一边作业一边饮

（水）食。

8. 防止电力生产交通事故

（1）建立健全交通安全管理规章制度，明确责任，加强交通安全监督及考核。严格执行车辆交通管理规章制度。

（2）加强对驾驶员的管理和教育，定期组织驾驶员进行安全技术培训，提高驾驶员的安全行车意识和驾驶技术水平，严禁违章驾驶。叉车、翻斗车、起重机，除驾驶员、副驾驶员座位以外，任何位置在行驶中不得有人坐立；起重机、翻斗车在架空高压线附近作业时，必须划定明确的作业范围，并设专人监护。

（3）加强对各种车辆维修管理，确保各种车辆的技术状况符合国家规定，安全装置完善可靠。定期对车辆进行检修维护，在行驶前、行驶中、行驶后对安全装置进行检查，发现危及交通安全问题，应及时处理，严禁带病行驶。

（4）加强对多种经营企业和外包工程的车辆交通安全管理。

（5）加强大型活动、作业用车和通勤用车管理，制定并落实防止重、特大交通事故的安全措施。

（6）大件运输、大件转场应严格履行有关规程的规定程序，应制订搬运方案和专门的安全技术措施，指定有经验的专人负责，事前应对参加工作的全体人员进行全面的安全技术交底。

（二）防止发生常见人身伤亡事故的反事故措施

1. 加强各类作业风险管控

（1）针对现场作业，开展风险识别、风险预警、风险控制，严格执行领导干部到岗到位制度，落实现场安全保障措施。

1）作业人员作业前经过交底并掌握方案。

2）危险性、复杂性和困难程度较大的作业项目，作业前必须开展现场勘察，填写现场勘察单，制定"三措一案"，明确工作内容、工作条件、风险点和注意事项。

3）工作许可人应根据工作票的要求在工作地点或带电设备四周设置遮栏（围栏），将停电设备与带电设备隔开，并悬挂安全警示标示牌。

4）严格执行工作票制度，正确使用工作票、动火工作票、二次安全措施票和事故应急抢修单。

5）班前会应结合当班运行方式和工作任务，做好安全风险分析，布置风险预控措施，组织交工作任务、交作业风险、交安全措施，查个人安全工器具、查个人劳动防护用品、查人员精神状况。

6）班后会应总结讲评当班工作和安全情况，表扬遵章守纪，批评忽视安全、违章作业等不良现象，布置下一个工作日任务。

7）安全工器具、作业机具、施工机械检测合格，特种作业人员及特种设备操作人员持证上岗。

（2）根据工作内容做好各类作业各个环节风险分析，落实风险预控和现场管控措施。

1）对于开关柜类设备的检修、预试或验收，针对其带电点与作业范围绝缘距离短的特点，不管有无物理隔离措施，均应加强风险分析与预控。针对柜门防误闭锁装置有缺陷开关柜内的设备检修工作（如"XGN"系列、GG-1A系列等），必须将断路器及线路同时改为检修，杜绝误碰线路设备。

2）对于隔离开关的就地操作，应做好支柱绝缘子断裂的风险分析与预控，监护人员应严格监视隔离开关动作情况，操作人员应视情况做好及时撤离的准备。

3）对于高空作业，应做好各个环节风险分析与预控，特别是防静电感应和高空坠落的安全措施。

4）对于业扩报装工作，应做好现场查勘、受电工程检验、装表接电等各个环节的风险辨识与预控，严格履行正常验收程序，严禁单人工作、不验电、不采取安全措施以及强制解锁、擅自操作客户设备等行为。

（3）在作业现场内可能发生人身伤害事故的地点，应采取可靠的防护措施，并宜设立安全警示牌，必要时设专人监护。对多专业配合工作要明确总工作协调人，负责多班组各专业工作协调；复杂作业、交叉作业、危险地段、有触电危险等风险较大的工作要制订完备的作业安全防护措施，并设立专责安全监护人员。

2．加强作业人员培训

（1）定期对有关作业人员进行安全规程、制度、技术、风险辨识等培训、考试，使其熟练掌握有关规定、风险因素、安全措施和要求，明确各自安全职责，提高安全防护、风险辨识的能力和水平。

（2）对于实习人员、临时和新参加工作的人员，应强化安全技术培训，并应在证明其具备必要的安全技能和在有工作经验的人员带领下方可作业。禁止指派实习人员、临时和新参加工作的人员单独工作。

（3）应结合生产实际，经常性开展多种形式的安全思想、安全文化教育，开展有针对性的应急演练，提高员工安全风险防范意识，掌握安全防护知识和伤害事故发生时的自救、互救方法。

3．加强对外包工程人员管理

（1）加强对各项承包工程的安全管理，明确业主、监理、承包商的安全责任，严格资质审查，签订安全协议书，严禁层层转包或违法分包，严禁"以包代管""以罚代管"，并根据有关规定严格考核。

（2）开工前，承包方按要求填写相应表格，交发包方业务主管部门审查。由发包方业务主管部门给审查合格人员颁发带有本人照片的"施工出入证"（或作业证），承包方工作人员在施工过程全程佩戴，严禁转借他人。

（3）监督检查分包商在施工现场的专（兼）职安全员配置和履职、作业人员安全教育培训、特种作业人员持证上岗、施工机具的定期检验及现场安全措施落实等情况。

（4）在有危险性的电力生产区域（如有可能引发火灾、爆炸、触电、高空坠落、中毒、窒息、机械伤害、烧烫伤等人员、电网、设备事故的场所）作业，发包方应事先对承包方相关人员进行全面的安全技术交底，要求承包方制定安全措施，并配合做好相关安全措施。进入有限空间危险场所作业要先测定氧气、有害气体、可燃性气体、粉尘等气体浓度，符合安全要求后方可进入。

4．加强安全工器具和安全设施管理

（1）认真落实安全生产各项组织措施和技术措施，配备充足的、经国家认证认可的质检机构检测合格的安全工器具和防护用品，并按照有关标准、规程要求定期检验和使用前检查，禁止使用不合格的工器具和防护用品，提高作业安全保障水平。

（2）对现场的安全设施，应加强管理、及时完善、定期维护和保养，确保其安全性能和功能满足相关规定、规程和标准要求。

5．注重工程设计

（1）在输变电工程设计中，应认真吸取人身伤亡事故教训，并按照相关规程、规定的要求，及时改进和完善安全设施及设备安全防护措施设计。

（2）施工图设计时，应严格执行工程建设强制性条文内容，编写《输变电工程设计强制性条文执行计划表》，突出说明安全防护措施设计。

6. 加强施工项目安全管理

（1）强化工程分包全过程动态管理。施工企业要制定分包商资质审查、准入制度，要做好核审分包队伍进入现场、安全教育培训、动态考核工作，对施工全过程进行有效控制，确保分包安全处于受控状态。

（2）抓好施工安全管理工作，建立重大及特殊作业技术方案评审制度，施工安全方案的变更调整要履行重新审批程序。施工单位要落实好安全文明施工实施细则、作业指导书等安全技术措施。

（3）严格执行特殊工种、特种作业人员持证上岗制度。项目监理部要严格执行特殊工种、特种作业人员进行入场资格审查制度，审查上岗证件的有效性。施工单位要加强特殊工种、特种作业人员管理，强调工作负责人不得使用非合格专业人员从事特种作业，要建立严格的惩罚制度，严肃特种作业行为规范。

（4）加强施工机械、机具安全管理工作。要重点落实对老旧机械、分包单位机械、外租机械的管理要求，掌握大型施工机械工作状态信息，监理单位要严格现场准入审核。施工企业要落实起重机械安装拆卸的安全管理要求，严格按规范流程开展作业。按要求建立施工机具台账，保证台账与实物对应，定期进行检验、检测，加强过程检查维护，确保施工机具完好。

（5）加强施工现场临时用电安全管理。对照施工用电强制性条文要求，加强临时用电的设计策划，确保电源布设合理；加强安全警示标志设置、电源箱分级配置、漏电保护装置设置、敷设电缆保护、用电设备接地可靠等要求的执行；明确专人操作，加强维护保养和定期检查，确保安全用电。

7. 加强运行安全管理

（1）严格执行"两票三制"，落实好各级人员安全职责，并按要求规范填写两票内容，确保安全措施全面到位，在用户侧工作使用工作票时应实行双签发。

（2）严格执行操作票制度。加强操作监护，准确核对设备名称和编号、开关状态、保护压板，严禁漏项、跳项操作。

（3）严格执行防误操作规定，严禁随意解锁；解锁操作应严格履行审批手续，并实行专人监护。

（4）严格执行接地线管理制度，严禁装设接地线前不验电、不按顺序装拆。接地线编号与操作票、工作票所列编号一致。

（5）强化缺陷设备监测、巡视制度，在恶劣天气、设备危急缺陷情况下开展巡检、巡视等高风险工作，应采取措施防止雷击、中毒、机械伤害等事故发生。

四、典型事故案例

🔍 **案例1** 在检修过程中擅自打开高压柜后柜门，触电死亡。

2013 年 4 月 12 日 9 时 40 分，某供电公司变电检修室工作负责人焦××、工作班成员叶××、刘×到达 35kV 堂邑变电站，处理 10kV 罗屯线 456 断路器遥控跳闸后合不上缺陷。在办理工作许可手续后，工作负责人焦××召开开工会。强调 10kV 罗屯线有电，不得打开 456 断路器柜后柜门。经过反复调试，10kV 罗屯线 456 断路器仍然机构卡涩，合不上。晚饭后，20 时 10 分，焦××、叶××两人在开关柜前研究进一步解决机构卡涩问题的方案时，刘×擅自从开关柜前柜门上取下后柜门解锁钥匙，移开围栏，打开后柜门欲向机构连杆处加注机油，当场触电倒地，经抢救无效死亡。

事故原因： 工作班成员刘×在工作中擅自移开围栏，擅自解锁开启开关柜后柜门作业。10kV 罗屯线开关柜（1997 年产 XGN2-10 型开关柜）五防闭锁不完善。开关柜在断路器停电而线路带电的情况下，无法闭锁开关柜后柜门。工作负责人焦××监护责任不落实，焦××在与叶××研究进一步解决机构卡涩问题的方案时，注意力分散，造成刘×失去监护。解锁钥匙保管不当。

🔍 **案例2** 用户新安装设备验收工作中人身触电死亡。

2010 年 9 月 26 日 8 时 30 分，应业扩报装客户要求，某供电公司客服中心副主任马××安排吕××联系相关人员，组织对用户新安装的 800kVA 箱变进行验收。10 时 55 分，吕××带领验收人员——该供电公司计量中心吴×、李×、生技部熊××和施工单位李×等 4 人到达现场。到达现场后，吕××与客户负责人联系，到现场协助验收事宜。稍后，现场人员听到"哎呀"一声，便看到计量中心李×跪倒在高压计量柜前的地上，身上着火。经现场施救后送往医院抢救无效，于 11 时 20 分确诊死亡。经调查，9 月 17 日，施工人员施工完毕并试验合格，因客户要求送电，施工人员擅自对箱变进行搭火。9 月 26 日，计量中心李×独自一人到高压计量柜处（工作地点），没有查验箱变是否带电，强行打开具有带电闭锁功能的高压计量柜门，进行高压计量装置检查，触及带电的计量装置 10kV W 相桩头。

事故原因：李×在明知计量柜门被闭锁情况下，未经许可擅自解锁打开计量柜箱门。计量中心李×到现场后，在还未开工，未经工作负责人许可、在无人监护情况下擅自开始工作。用户没有经供电公司同意，擅自将尚未验收的箱变送电，且在箱变送电后没有在箱变及计量箱上挂"止步，高压危险标示牌"。

第二节　电气误操作事故及预防

一、事故定义

电气误操作指的是由于作业人员业务不精、工作责任心差，在电气设备上工作时，未严格执行安全生产规章制度，导致发生人身、电网、设备事故或异常。电气误操作事故按照性质和后果，一般分为以下两类。

1. 一般误操作

（1）误（漏）拉合断路器（开关）、误（漏）投或停继电保护及安全自动装置（包括连接片）、误设置继电保护及安全自动装置定值。

（2）下达错误调度命令、错误安排运行方式、错误下达继电保护及安全自动装置定值或错误下达其投、停命令。

（3）继电保护及安全自动装置的人员误动、误碰、误（漏）接线。

（4）继电保护及安全自动装置（包括热工保护、自动保护）的定值计算、调试错误。

2. 恶性误操作

带负荷误拉（合）隔离开关、带电挂（合）接地线（接地开关）、带接地线（接地开关）合断路器（隔离开关）。

二、事故原因分析

1. 从业人员素质不高，习惯性违章

操作人员业务素质不过硬或主观上认为操作简单，不严格执行浙江公司倒闸操作"六要、七禁、八步骤、一流程"，工作责任心差，习惯性违章操作，是发生电气误操作事故的根本原因。调度员安全意识不强，操作中违反调度操作管理制度，出现操作失去监护、不认真核对设备状态、发令复诵不到位等违章行为是发生电气误操作的另一重要原因。检修、试验人员素质不过硬或主观上疏忽大意，开工前交待安全注意事项不规范，工作监护不到位，工作中习惯性违章作业。未严格执行《继电保护安全措施票》和《标准化作业指导书》，或相关措施中对可能导致误动、误碰、误（漏）接线的危险点预控措施未进行细化落实，指导性不强。厂家技术人员安全意识淡薄。

2. 防止电气误操作的技术措施和管理措施不完备

现场防误闭锁装置"三同时"（防误装置应与主设备同时设计、同时安装、同时验收投运）过程中有疏漏，导致装置布置不完善。防误装置管理不到位，防误装置解锁规定不完善或现场执行过程中不严肃。运行及检修人员对防误装置未能做到"四懂三会"。防误装置的检修、维护工作不到位，防误装置故障率偏高，导致运行人员习惯性解锁直至养成擅自习惯性违章解锁的习惯。

三、事故防范措施

1. 加强安全思想教育，提高职工安全责任心

（1）必须树立《国家电网公司电力安全工作规程》就是"保命规"，"两票"就是"生命票"，不严格执行安规、"两票"制度就是漠视自己生命的意识。强化运行人员的设备主人意识，提高员工的安全责任心，杜绝习惯性违章，充分发挥其主观能动性，谨慎操作，这是防止电气误操作事故的根本前提。

（2）严格执行生产现场领导干部和管理人员到岗到位制度，对于比较重要的操作必须有专业人员在现场把关。实践证明，实施到岗到位制度，严把现场操作质量关，及时纠正习惯性违章，不仅能有效地防止电气误操作事故的发生，而且对提高运行人员操作水平和安全责任心、养成习惯性遵章具有重要意义。

（3）制订完善安全生产奖惩规定，奖优罚劣，对习惯性违章屡教不改的要重罚，罚到心痛，甚至下岗，进行安全教育进行学习反省，直至接受教训再次

考试合格方可上岗。对于严格遵守规章制度、在反习惯性违章中以身作则的人员要及时予以奖励。

2. 加强业务技术培训，提高从业人员素质

随着电力系统新设备、新技术的不断推广使用，对各类电气设备从业人员，除了要加强对于现场各类行之有效的安全生产规章制度，如《国家电网公司安全生产工作规程》的学习，还要进行新设备、新技术原理、性能等理论知识的培训。

（1）变电运行人员应加强安规中对于"两票三制"（即工作票、操作票，交接班制、巡回检查制、设备定期试验轮换制）明确要求的学习，倒闸操作过程中严格执行倒闸操作"六要、七禁、八步骤、一流程"，结合生产实际开展规范化倒闸操作训练，努力养成习惯性遵章。对于新投产的设备、新应用的技术，要通过组织专门的厂家培训和现场交底，使得变电运行人员能熟练掌握其基本原理、性能结构和运行要求，强化运行管理能力。

（2）变电检修、试验人员应加强安规中对于保证安全的组织和技术措施的学习，特别要加强工作票相关制度和管理流程的学习，严格执行变电检修"三要、六禁、九步"，以作业现场开展标准化作业为基础，积极推进作业现场安全风险辨别、评估和控制，确保现场作业风险受控，以避免疏忽大意、业务不精导致误操作事故的发生。参与新设备出厂试验，在正式投入运行之前掌握其原理、结构、性能和日常运行维护知识。

（3）调度人员应在规范执行调度规程、熟悉系统运行方式、强化事故预想和演练方面进行训练，通过认真安排调度计划、仔细核对运行方式、严格执行"发令、复诵、监护"制度，防止因电网风险控制不到位、发布错误调度命令导致误操作事故。

3. 优化电气设备配置，完善防误管理制度

（1）积极选用 GIS 等先进、可靠的电气设备，实施设备的状态检修，推广应用无人值班、调控一体化等先进的管理模式，避免发生现场误操作风险。

（2）要按照《国家电网公司防止电气误操作管理规定》的要求，选用可靠性高、设计合理、功能完备的防误闭锁装置，严格执行防误装置"三同时"规定，努力实现防误装置"三率"（安装率、投入率和完好率）达到百分之百，确保实现五防功能（防止带负荷拉、合隔离开关；防止误拉、误合

断路器；防止带接地线合闸；防止有电挂接地线；防止误入带电间隔。"五防"中除防止误分误合断路器可采用提示性的装置外，其他"四防"应采用强制性装置）。

（3）完善防止电气误操作的各项规章制度，制定切实可行的防误闭锁装置运行维护规程和管理制度，特别是防误装置紧急解锁规定，严格落实防误解锁专责人和防误解锁"说清楚"制度，严格控制紧急解锁次数，严防习惯性解锁。

（4）加强运行人员、安装检修人员对防误闭锁装置的安装、使用、检修的培训，应做到"四懂三会"（懂防误操作装置的原理、性能、结构和操作程序，会操作、会安装、会维护），提高运行、检修人员对防误闭锁装置性能、构造的了解，掌握正确的使用和检修方法，不断提高维护的正确率，确保已装设的防误闭锁装置正常运行，防止发生装置性违章。

四、典型事故案例

🔍 **案例1** 带接地线（接地开关）合断路器（隔离开关）。

（1）某500kV变电站在进行500kV变压器由检修转运行操作时，由于变压器500kV母线侧接地开关分闸未到位，动触头距静触头距离约1m（500kV设备不停电时的安全距离为5m），操作人员未按规定对其逐相核查隔离开关位置，在随后操作合上母线侧隔离开关时发生一起带接地开关送电的恶性误操作事故，导致500kV母线保护动作，切除该母线上所有开关。

（2）某220kV变电站配电设备为室内双层布置，上下层之间有楼板，电气上经套管连接。在进行"35kVⅡ母线由检修改为运行"操作时，由于两名操作人员误将之前另外两名操作人员已经拆下来但遗留在现场的"35kV母联开关Ⅱ母侧隔离开关侧接地线（20号）"当做是需要由他们负责拆除的"35kV母联断路器Ⅱ母线侧隔离开关侧接地线（15号）"而随意输入解锁密码完成五防闭锁程序，使得15号接地线漏拆，导致发生带地线送电的恶性误操作事故。

🔍 **案例2** 带电挂（合）接地线（接地开关）。

某变电站需执行"运行线路旁路代，线路断路器改检修"的操作，其线路如图5-1所示。操作人员在操作完成"运行线路旁路代"后，继续执行"线路断路器改检修"的操作，此时现场"断路器线路侧闸刀"的线路侧是带电的（因为旁路代之后由旁路供线路负荷），而其断路器侧则是停电的。操作人员在"断路器线路侧闸刀"的断路器侧验完电后执行合该侧接地隔离开关的操作时，由于放置验电工具分散注意力及未仔细核对操作对象而走错间隔（两侧接地隔离开关安装位置临近），再加上在插入五防钥匙时线路侧接地开关的微机五防装置挂锁锁环脱落（使得线路侧接地开关开放操作），此时值班员未察觉到脱落而误认为"五防开锁"正确，最终在合上线路侧接地开关时导致发生带电合接地开关的恶性误操作事故。

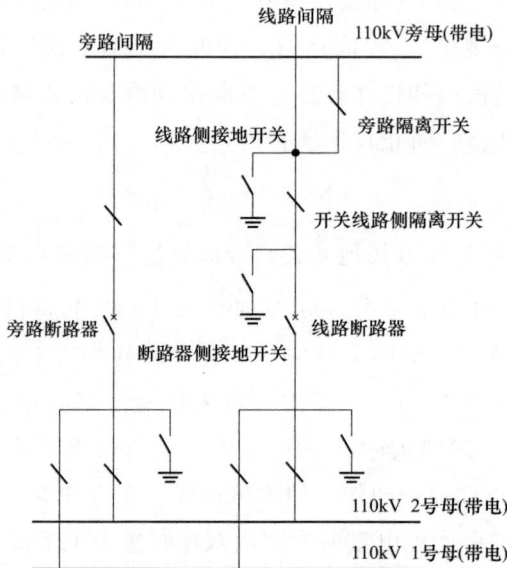

图 5-1　案例 2 线路图

🔍 案例3　带负荷误拉（合）隔离开关。

（1）某 110kV 变电站操作人员在为 1 号主变 10kV 正母隔离开关缺陷而停用 1 号主变、10kV 正母线过程中（母联隔离开关已合上、1 号主变已停用，此时需将正母线负荷倒向副母线），由于操作人员走错仓位，在失去监护的情况下擅自解锁操作，造成带负荷拉某路用户负荷的正母隔离开关，致使其隔离开关三相刀片烧坏、支持绝缘子炸裂、母线短路。

（2）某 110kV 变电站大修，执行停役 1 号主变 35kV Ⅰ 段母线的操作。在执行到"1号主变35kV由运行改为冷备用"时，操作人员未按操作票顺序执行，提前把"1号主变35kV开关二次部分由冷备用改为开关检修"，使得之后执行"拉开1号主变35kV变压器隔离开关"时电气防误闭锁装置失去电源，无法打开。待拿来解锁钥匙后，监护人和操作人同时走错间隔，走到了2号主变35kV变压器隔离开关处，又未再进行核对设备命名和唱票，擅自解锁操作，造成了带负荷拉2号主变35kV变压器隔离开关的误操作。

（3）某220kV变电站进行某线路开关清扫、线路阻波器拆除等工作，操作人员在操作该开关由运行转检修过程中，运行班长为赶时间许可工作，用解锁钥匙（电脑钥匙，操作人员在用）协助操作人员操作，当操作该开关由运行转冷备用过程中，拉开线路侧隔离开关后（0m层），上半高层拉线路正母侧隔离开关时，跑错间隔，误拉相邻运行线路的正母侧隔离开关，造成110kV正母线母差保护动作。

案例4 工作人员误动、误碰、误（漏）接线。

（1）某220kV变电站2857断路器保护年检工作，保护班工作成员在对2857断路器保护屏装置进行模拟试验，将1G（7D48）和KM＋短接，进行电压切换试验，此时1G的试验连接线头从端子排处脱落，工作班成员在将此连接线头重新短接至1G处过程中，误碰到2YQJ 7D28（此端子到母差失灵启动回路），造成220kV母差Ⅱ母失灵启动短延时（0.3s）出口跳开母联2700断路器。

（2）某500kV变电站1号主变5032断路器保护及自动化校验工作，试验人员在做5032断路器失灵保护整组回路试验过程中在对保护屏后端子排处用万用表进行保护接点回路检查时，误量至保护屏CI11、CI12端子的外侧，导致失灵启动500kVⅡ母B组母差保护总出口，由500kVⅡ母B组母差保护直跳500kVⅡ母上所有运行断路器。

案例5 误调度。

（1）事故前接线，某220kV变电站有两条出线，其中"线路一"因计划工作停役，"线路二"单供该变电站。当天"线路一"检修工作结束，开始复役，由变电站充电，对侧合环，但对侧无法同期操作。此时，调度员考虑从对侧冲击，本侧合环，但在下达将"线路一"本侧断路器拉开时误将命令发为拉开"线路二"本侧开关，导致变电站由于两回出线均停役而全站停电。

（2）某220kV线路综合检修工作完毕后复役，当日调度员仅根据变电站的工作申请单，对该线路线进行了复役操作拟票，遗漏了本次工作线路施工的工作申请单。在审核线路复役操作票时，也未仔细核对和检查，即将操作票内容分别预发给线路两侧变电站。当日下午变电站汇报线路变电站相关工作结束，具备复役条件。调度员又在未仔细进行核对和检查且疏忽了调度模拟屏上该线路的警示标志的情况下，于线路改热备用后，发令合其中一变电站侧的断路器，造成带地线合断路器的恶性误操作事故。

第三节　电气主设备事故及预防

一、事故定义

输变电主设备是指：主变压器、电抗器、高压母线、配电变压器、断路器、线路（电缆）、厂用变压器等；换流器、换流变压器、交流滤波器、直流滤波器、平波电抗器、接地极等。

输变电主设备事故是指：输变电主设备因非正常损坏造成停产（停运）或效能降低。直接经济损失超过规定限额的行为或事件。

特种设备是指：涉及生命安全、危险性较大的锅炉、压力容器（含气瓶）、压力管道、电梯、起重机械和场（厂）内专用机动车辆。

特种设备事故是指：因特种设备的不安全状态或者相关人员不安全行为，在特种设备制造、安装、改造、维修、使用（含移动式压力容器、气瓶充装）、检验检测活动中造成的人员伤亡、财产损失、特种设备严重损坏或中断运行、人员转移等突发事件。

按照国家电网公司《安全事故调查规程》（国家电网安监〔2011〕2024号）事故定义和级别分，设备事故分为八级事故事件，其中1~4级对应于《电力安全事故应急处置和调查处理条例》（国务院599号令）和《生产安全事故报告和调查处理条例》（国务院493号令）中特别重大设备事故、重大设备事故、较大设备事故和一般设备事故。

1. 特别重大设备事故（一级设备事件）

有下列情形之一者，为特别重大设备事故（一级设备事件）：

（1）造成 1 亿元以上直接经济损失者。

（2）600MW 以上锅炉爆炸者。

（3）压力容器、压力管道有毒介质泄漏，造成 15 万人以上转移者。

2. 重大设备事故（二级设备事件）

有下列情形之一者，为重大设备事故（二级设备事件）：

（1）造成 5000 万元以上 1 亿元以下直接经济损失者。

（2）600MW 以上锅炉因安全故障中断运行 240h 以上者。

（3）压力容器、压力管道有毒介质泄漏，造成 5 万人以上 15 万人以下转移者。

3. 较大设备事故（三级设备事件）

有下列情形之一者，为较大设备事故（三级设备事件）：

（1）造成 1000 万元以上 5000 万元以下直接经济损失者。

（2）锅炉、压力容器、压力管道爆炸者。

（3）压力容器、压力管道有毒介质泄漏，造成 1 万人以上 5 万人以下转移者。

（4）起重机械整体倾覆者。

4. 一般设备事故（四级设备事件）

有下列情形之一者，为一般设备事故（四级设备事件）：

（1）造成 100 万元以上 1000 万元以下直接经济损失者。

（2）特种设备事故造成 1 万元以上 1000 万元以下直接经济损失者。

（3）压力容器、压力管道有毒介质泄漏，造成 500 人以上 1 万人以下转移者。

（4）电梯轿厢滞留人员 2h 以上者。

（5）起重机械主要受力结构件折断或者起升机构坠落者。

5. 五级设备事件

未构成一般以上设备事故（四级以上设备事件），符合下列条件之一者定为五级设备事件：

（1）造成 50 万元以上 100 万元以下直接经济损失者（不包括特种设备事故）。

（2）输变电设备损坏，出现下列情况之一者：

1）220kV 以上主变压器、换流变压器、高压电抗器、平波电抗器发生本体爆炸、主绝缘击穿（本体爆炸不包括套管、绝缘支柱、组合电器（GIS）外壳的爆炸或破裂）。

2）500kV 以上断路器发生套管、灭弧室或支柱瓷套爆裂。

3）220kV 以上主变压器、换流变压器、高压电抗器、平波电抗器、换流器（换流阀本体及阀控设备）、组合电器（GIS），500kV 以上断路器等损坏，14 天内不能修复或修复后不能达到原铭牌出力。或虽然在 14 天内恢复运行，但自事故发生日起 3 个月内该设备非计划停运累计时间达 14 天以上。为尽快恢复正常运行，使用备品备件在 14 天内恢复运行，且损坏设备本身的实际修复时间未超过 14 天的也可视为 14 天内恢复运行。（设备损坏的"修复时间"是指设备损坏停止运行开始至设备重新投入运行或转为备用为止）

4）500kV 以上电力电缆主绝缘击穿或电缆头损坏。

5）500kV 以上输电线路倒塔。

6）装机容量 600MW 以上发电厂或 500kV 以上变电站的厂（站）用直流全部失电。

（3）10kV 以上电气设备发生下列恶性电气误操作：带负荷误拉（合）隔离开关、带电挂（合）接地线（接地开关）、带接地线（接地开关）合断路器（隔离开关）。

（4）35kV 以上输变电主设备异常运行已达到现场规程规定的紧急停运条件而未停止运行。

（5）通信系统出现下列情况之一者：

1）国家电力调度控制中心与直接调度范围内超过 30％的厂站通信业务全部中断。

2）电力线路上的通信光缆因故障中断，且造成省级以上电力调度控制中心与超过 10％直调厂站的调度电话、调度数据网业务全部中断。

3）省电力公司级以上单位本部通信站通信业务全部中断。通信站通信业务全部中断是指电网自有的通信站对外通信全部中断，不包括其他公网运营商提供的生产用通信方式。

（6）国家电力调度控制中心或国家电网调控分中心、省电力调度控制中心调度自动化系统 SCADA 功能全部丧失 8 小时以上，或延误送电、影响事故处理。

（7）由于施工不当或跨越线路倒塔、断线等原因造成高铁停运或其他单位财产损失 50 万元以上者。

（8）火工品、剧毒化学品、放射品丢失或因泄漏导致环境污染造成重大影响者。

（9）主要建筑物垮塌。主要建筑物包括仓库、厂房、加工车间、办公大楼、控制室、保护室、集控室等。

（10）大型起重机械主要受力结构或机构发生严重变形或失效，飞行器坠落（不涉及人员），运输机械、牵张机械、大型基础施工机械主要受力结构件发生断裂。

6. 六级设备事件

未构成五级以上设备事件，符合下列条件之一者定为六级设备事件：

（1）造成 20 万元以上 50 万元以下直接经济损失者。

（2）输变电设备损坏，出现下列情况之一者：

1）110kV（含 66kV）以上 220kV 以下主变压器、换流变压器、平波电抗器发生本体爆炸、主绝缘击穿。

2）220kV 以上 500kV 以下断路器发生套管、灭弧室或支柱瓷套爆裂。

3）110kV（含 66kV）以上 220kV 以下主变压器、换流变压器、换流器、交（直）流滤波器、平波电抗器、高压电抗器、组合电器（GIS），220kV 以上 500kV 以下断路器等损坏，14 天内不能修复或修复后不能达到原铭牌出力或虽然在 14 天内恢复运行，但自事故发生日起 3 个月内该设备非计划停运累计时间达 14 天以上。

4）220kV 以上主变压器、换流变压器、高压电抗器、平波电抗器、换流器（换流阀本体及阀控设备，下同）、组合电器（GIS），500kV 以上断路器等损坏，7 天内不能修复或修复后不能达到原铭牌出力。或虽然在 7 天内恢复运行，但自事故发生日起 3 个月内该设备非计划停运累计时间达 7 天以上 14 天以下。

5）220kV 以上 500kV 以下电力电缆主绝缘击穿或电缆头损坏。

6）220kV 以上 500kV 以下输电线路倒塔。

7）220kV 以上 500kV 以下变电站的厂（站）用直流全部失电。

8）500kV 以上变电站的厂（站）用交流全部失电。

（3）3kV 以上 10kV 以下电气设备发生下列恶性电气误操作：带负荷误拉（合）隔离开关、带电挂（合）接地线（接地开关）、带接地线（接地开关）合断路器（隔离开关）。

（4）3kV 以上电气设备，发生下列一般电气误操作，使主设备异常运行或被迫停运：

1）误（漏）拉合断路器（隔离开关）、误（漏）投或停继电保护安全自动装置（包括连接片）、误设置继电保护及安全自动装置定值。

2）错误下达调度命令、错误安排运行方式、错误下达继电保护及安全自动装置定值或错误下达其投、停命令。

（5）3kV 以上电气设备，因以下原因使主设备异常运行或被迫停运：

1）继电保护及安全自动装置人员误动、误碰、误（漏）接线。

2）继电保护及安全自动装置（包括热工保护、自动保护）的定值计算、调试错误。

3）监控过失：人员未认真监视、控制、调整等。

（6）通信系统出现下列情况之一者：

1）国家电网调控分中心、省电力调度控制中心与直接调度范围内超过 30％的厂站通信业务全部中断。

2）变电站场内通信光缆因故障中断，造成该通信站调度电话及调度数据网业务全部中断。

3）地市供电公司级单位本部通信站通信业务全部中断。

（7）地市电力调度控制中心调度自动化系统 SCADA 功能全部丧失 8h 以上，或延误送电、影响事故处理。

（8）小型基础施工机械主要受力结构件发生断裂。起重机械、运输机械、牵张机械操作系统失灵或安全保护装置失效。

7. 七级设备事件

未构成六级以上设备事件，符合下列条件之一者定为七级设备事件：

（1）造成 10 万元以上 20 万元以下直接经济损失者。

（2）输变电设备损坏，出现下列情况之一者：

1）35kV 以上 110kV 以下主变压器、换流变压器、平波电抗器发生本体爆炸、主绝缘击穿。

2）35kV 以上输变电主设备被迫停运，时间超过 24h。

3）110kV（含 66kV、±120kV）电力电缆主绝缘击穿或电缆头损坏。

4）35kV 以上 220kV 以下输电线路倒塔。

5）110kV（含 66kV）变电站站用直流全部失电。

（3）通信系统出现下列情况之一者：

1）地市电力调度控制中心与直接调度范围内超过 30％的厂站通信业务全部中断。

2）省电力公司级以上单位电视电话会议，发生超过 10％的参会单位音、视频中断。

3）省电力公司级以上单位行政电话网故障，中断用户数量超过 30％，且时间超过 4h。

（4）县电力调度控制中心调度自动化系统 SCADA 功能全部丧失 8h 以上，或延误送电、影响事故处理。

（5）起重机械、运输机械、牵张机械、大型基础施工机械发生严重故障。轻小型重要受力工（机）器具（滑车、卡线器、连接器等）发生严重变形。

8. 八级设备事件

未构成七级以上设备事件，符合下列条件之一者定为八级设备事件：

（1）造成 5 万元以上 10 万元以下直接经济损失者。

（2）10kV 以上输变电设备跳闸（10kV 线路跳闸重合成功不计）、被迫停运、非计划检修、停止备用。或设备异常造成限（降）负荷（输送功率）运行。非计划检修是指计划大修、计划小修、计划节日检修以外的一切检修，不包括由于断路器多次切断故障电流后，进行的内部检查。

（3）35kV 变电站站用直流全部失电。

（4）110kV（含 66kV）变电站站用交流全部失电。

（5）通信系统出现下列情况之一者：

1）地市级以上电力调度控制中心中心站调度台全停，或调度交换网汇接中心单台调度交换机故障全停，且时间超过 30min。

2）地市级以上电力调度控制中心通信中心站的调度交换录音系统故障，造成 7 天以上数据丢失或影响电网事故调查处理。

3）承载 220kV 以上线路保护、安全自动控制装置或省级以上电力调度控制中心调度电话、调度数据网业务的通信光缆或电缆线路连续故障，时间超过 8h。

4）通信系统故障造成地市供电公司级以上单位行政电话网中断，中断用户数量超过 30％，且时间超过 2h。

5）地市供电公司级以上单位所辖通信站点单台传输设备、数据网设备，因故障全停，且时间超过 8h。

6）通信异常造成未经批准的调度电话、调度数据网、线路保护和安全自动装置通道中断。

（6）设备加工机械及其他一般（中小型）施工机械发生严重故障或损坏。

二、事故原因分析

（一）主变压器损坏事故

常见的主变压器损坏事故类型主要有放电性故障、绕组和铁芯故障、过热性故障及其他故障。

1．放电性故障

（1）绝缘损伤性放电：这种放电对变压器固体绝缘（纸）的损坏严重对变压器的安全运行影响极大。油色谱分析呈一定量的乙炔含量，不大的总烃含量，氢气和一氧化碳气体上升。通过局部放电测试，可发现有较大的放电量（1000PC 以上）。

（2）围屏树枝状放电：这种放电是 220kV 三相变压器常见的绝缘损坏故障。在相部围屏的中部也就是 220kV 线端处，有树枝状放电痕迹，支撑围屏的长垫块上有烧痕，围屏纸板表面或夹层中有树枝状放电痕迹。产生这种放电的外部原因是受潮或进入气泡，内部原因是相间距离过小，在最高场强处有长垫块触及围屏（短路油隙）等。

（3）悬浮放电：变压器内的所有金属部件必须有固定的电位或接地，否则会发生电位悬浮放电。常见的悬浮放电部位有：套管均压球松动，无载分接开关拨钗，油箱壁硅钢片磁屏蔽，以及其他不接地的金属部件。

（4）个别变压器内部裸引线与接地部位距离过小，在外部过电压下发生电弧放电。有的变压器绕组纵绝缘强度低，在外部过电压下匝层间击穿放电。这些在过电压下的击穿放电，由于跳闸迅速，故障点不易发现。

2. 绕组和铁芯故障

主要有匝间短路、绕组接地、相间短路、断线及接头开焊等。产生这些故障的原因有以下几点：

（1）绕组故障的主要原因：①在制造或检修时局部绝缘受到损害，遗留缺陷。②在运行中因散热不良或长期过载，绕组内有杂物落入，使温度过高绝缘老化。③制造工艺不良，压制不紧，机械强度不能经受短路冲击，使绕组变形绝缘损坏。④绕组受潮，绝缘膨胀堵塞油道，引起局部过热。⑤绝缘油内混入水分而劣化，或与空气接触面积过大，使油的酸价过高绝缘水平下降或油面太低，部分绕组露在空气中未能及时处理。发现匝间短路应及时处理，因为绕组匝间短路常常会引起更为严重的单相接地或相间短路等故障。

（2）铁芯故障主要原因：由铁芯柱的穿心螺杆或铁轭的夹紧螺杆的绝缘损坏而引起的，其后果可能使穿心螺杆与铁芯迭片造成两点连接，出现环流引起局部发热，甚至引起铁芯的局部熔毁。也可能造成铁芯迭片局部短路，产生涡流过热，引起迭片间绝缘层损坏，使变压器空载损失增大，绝缘油劣化。

3. 过热性故障

主要有导电回路过热：诸如分接开关动静触头接触不良、静触头与引线开焊，大电流接线鼻开焊或接触不良。多股引线与铜（铝）板焊接不良，少数股开焊等。这些故障通过绕组直流电阻测量也可发现，也可在油色谱气体含量分析中发现异常。

4. 其他故障

（1）线路涌流：主要有设备误操作、有载调压分接头拉弧等原因引起的操作过电压、电压峰值、线路故障以及其他输配方面的异常现象，这类起因在变压器故障中占有绝大部分的比例。

（2）主变压器外部近区短路：变压器外部近区三相短路容易造成变压器绕组变形，损坏绕组绝缘，导致绕组匝间短路。

（3）长期过载和超温运行：主要有变压器长期过负荷、超载运行，三相负载不平衡所引起某相长期过载，造成变压器长期超温运行，导致了变压器主绝缘的过早老化。

（4）变压器冷却器故障：主要有冷却器电源、风扇、油泵等设备故障、冷却器阀门未打开或管路堵塞和表面大量积污等，影响变压器的散热效果。

（二）互感器损坏事故

引起互感器事故的主要原因是绝缘材料受潮、工艺不良、设备老化等可能导致其绝缘性能下降，产生局部放电、油质劣化、局部过热、闪络和击穿、二次回流接线错误等引起的事故。

1. 电压互感器故障

常见的电压互感器故障主要有悬浮电位放电、电弧放电和过热性故障等。

（1）悬浮电位放电的主要原因：①穿芯螺栓和铁芯连接松动，造成螺栓处悬浮电位。②金属异物处悬浮电位放电。③绝缘支架螺母悬浮电位放电。

（2）电弧放电的主要原因：①串级绕组对铁芯放电，绝缘支持架绝缘不良。②绝缘进水受潮。③一次绕组未端未接地。

（3）过热性故障的主要原因是设备老化和绝缘性能下降。

2. 电流互感器故障

（1）油浸式电流互感器常见故障的主要有悬浮电位放电、二次绕组对地击穿、屏蔽层间击穿、局部放电、U形电容芯底部对地放电、未屏电容击穿或对地放电、局部过热等。

1）悬浮电位放电的主要原因：一次绕组支持螺母松动，造成一次绕组屏蔽铝箔电位悬浮。二次绕组对地击穿的主要原因：二次开路，绝缘受潮。

2）屏蔽层间击穿的主要原因：主屏有断开处，少放端屏，电位分布不均匀等。

3）局部放电的主要原因：绝缘包绕松散，绝缘层间有皱折。抽真空处理工艺不良。电容屏尺寸与排列不符合设计要求，甚至少放电容屏，电容极板不光滑平整，甚至错位或断裂，使其均压特性破坏。设备老化、绝缘下降等。

4）U形电容芯底部对地放电的主要原因：隔膜破裂，密封破坏，进水受潮等。

5）未屏电容击穿或对地放电的主要原因：末屏接地不良，末屏脱焊断线，绝缘受潮。

6）局部过热的主要原因：一次引线连接夹板、螺栓、螺母松动，末屏接地螺母松动；抽头紧固螺母松动等。

（2）SF_6电流互感器常见故障主要有主绝缘击穿、内部放电、瓷套断裂、防爆膜破裂、气体泄漏、气体受潮、二次接线板老化、二次引线绝缘破损等八种类型。其中主绝缘击穿、内部放电、瓷套断裂等三类故障对设备、系统及人身安全的威胁最大。

1）主绝缘击穿的主要原因：设计不合理，导致SF_6电流互感器内部电位分布不均匀，局部场强过于集中。电容屏连接筒材料机械强度不够，制造或安装工艺不良。二次绕组屏蔽罩因材质不良或安装存在缺陷而发生破裂或屏蔽罩螺丝松动等，导致电场畸变，直接造成内部主绝缘击穿。支撑件的微小裂缝或气泡，以及支撑件的松脱等。支撑件的微小裂缝或气泡在运行电压的作用下，产生局部放电并发展至击穿。异物造成主绝缘击穿。导致SF_6电流互感器电容屏外表面和玻璃钢内壁的电场分布发生畸变，产生持续的局部放电，最终造成了电流互感器内部绝缘击穿。

2）内部放电的主要原因：电容屏因固定螺丝松动而出现悬浮电位。连接筒和电容屏上端的开口圆筒之间接触不良。二次绕组屏蔽罩失地后，可能出现电位悬浮。瓷套断裂的主要原因：制造质量不良。运输和吊装不当。

（三）组合电器（GIS）事故

组合电器（GIS）事故一般由绝缘故障、发热故障和SF_6气体泄漏故障引起。

（1）组合电器（GIS）发生绝缘故障的主要原因有：①盆式绝缘子沿面击穿放电。②触头均压环松动。③SF_6气室内导电回路支撑绝缘子闪络。④导电回路动静触头中心未对准而导致磨损放电，隔离开关电动操作机构卡涩，导致隔离开关触头未打开或打开后电气安全净距离不满足要求。⑤组合电器（GIS）在安装过程中没有严格执行净化清洁要求，导致SF_6气室内遗留金属性杂质。⑥电流互感器二次线圈击穿导致一次导电回路放电。

（2）组合电器发生发热故障的主要原因有：①部分元部件装配间隙不满足要求。②导电回路动静触头插入深度不足。③母线及引线插接件接触弹簧未安装等。

（3）组合电器（GIS）发生SF_6气体泄漏故障的主要原因有：①制造厂密封件产品质量问题。②设备安装工艺质量问题。③密度继电器密封不良。④组合电器（GIS）气室有沙眼等。

（四）断路器事故

断路器的事故主要类型有操动失灵、绝缘故障、开断、关合性能不良和导电性能不良。

1. 操动失灵

操动失灵表现为断路器拒动或误动，由于高压断路器最基本、最重要的功能是正确动作并迅速切除电网故障。若断路器发生拒动或误动，将对电网构成严重威胁。导致操动失灵的主要原因有：操动机构缺陷、断路器本体机械缺陷和操作（控制）电源缺陷。

（1）操动机构缺陷。操动机构形式主要有电磁机构、弹簧机构和液（气）压机构，操动机构缺陷是操动失灵的主要原因，大约占 70% 左右。

对电磁与弹簧机构，其机构机械故障的主要原因是卡涩不灵活。对液压机构和气动机构，其机构故障主要是密封不良造成的，因此保证油压部位密封可靠是特别重要的。对机构的电气缺陷所造成的事故，主要是由辅助开关、微动开关缺陷造成的。辅助开关的故障多数为不切换或切换后接触不良，造成操作线圈烧坏导致断路器拒动。

（2）断路器本体机械缺陷。造成断路器本体机械缺陷主要原因是断路器本体绝缘子损坏、连接部位松动、零部件损坏和异物卡涩等。

（3）操作（控制）电源缺陷，也是造成操动失灵的三大根源之一。在操作电源缺陷中，操作电压不足是最常见的缺陷。其原因多半是由于变电站采用交流电源经硅整流后作操作电源，在系统发生故障时，电源电压大幅度降低，或虽有蓄电池组，但操作电源至断路器处连线压降太大，使实际操作电压低于规定的下限。现场端子箱、机构箱漏水可能会导致端子排绝缘降低，端子间短路情况，从而导致操动机构误动作情况和交流窜入直流故障的发生。

（4）断路器拒绝合闸故障。

1）弹簧操动机构断路器拒绝合闸的原因有：二次回路接触不良。辅助开关接点未切换。线圈受潮，电阻增大，电流减小。铁芯卡涩。铁芯撞杆变形，行程不足。合闸锁扣扣入牵引杆深度太大。扣合面硬度不够发生变形，摩擦力大导致咬死。机构或本体有严重卡涩。四连杆变形，受力过死点距离太大。四连杆中间轴过死点距离太小等。

2）液压机构断路器拒绝合闸的原因有：辅助开关转换不良。电磁铁线圈引线断开或接触不良。

一级阀顶杆弯曲、卡死。油压过低闭锁。合闸阀保持回路大量泄漏。分闸球阀未关闭。单向阀关闭不严，保持油路不通，合后又分。工作缸拉毛、卡死。传动系统卡死。

（5）断路器拒绝分闸故障。

1）弹簧操动机构断路器拒绝分闸主要原因有：二次回路接触不良。辅助开关接点未切换。线圈受潮，电阻增大，电流减小。铁芯空程小，冲力不足或铁芯运行受阻。铁芯撞杆变形，行程不足。机构或本体有严重卡涩。锁扣口入深度太大或分闸四连杆受力过死点距离太大。连板系统卡死。

2）液压机构断路器拒绝分闸主要原因有：二次回路熔断器熔断、端子排接头和辅助开关触点接触不良或接线错误。分闸电磁铁线圈断线、匝间短路或线圈线头接触不良。电磁铁行程太小，使分闸阀钢球打不开。密封圈老化漏油、漏气、部件损坏。管路、阀体清洁度差，阀杆锈死等。

2. 绝缘故障

断路器绝缘事故，可分为内绝缘事故与外绝缘事故。内绝缘事故造成的危害，通常比外绝缘更大。

① 内绝缘事故：内绝缘事故主要有套管和电流互感器事故，其原因主要是进水受潮，其次是油（气）质劣化和（气）油量不足。

② 外绝缘事故：外绝缘事故主要是由于污闪和雷击引起断路器闪络、爆炸事故。污闪的原因主要是绝缘子泄漏距离较小，不适于污秽地区使用。其次是断路器渗油、漏油，使其瓷裙上容易积聚污秽而引起闪络。

导致断路器绝缘故障的主要原因有：重复雷击导致的断路器内绝缘或外绝缘闪络。绝缘拉杆断裂、松动而导致的绝缘故障。液压机构断路器漏油后液压下降，可能引起断路器慢分闸，使触头产生的电弧不易熄灭引起绝缘故障而导致断路器爆炸。断路器断流容量不足等。

SF_6 高压断路器故障的主要原因有：SF_6 气体气压不足或质量不佳时（由于漏气、水分超标等），使电弧不易熄灭导致的绝缘故障，灭弧室爆炸、绝缘拉杆脱落、断裂、击穿、水平拉杆断销等都将引起高压断路器内部绝缘的击穿、闪络。

SF₆断路器漏气的原因是：断路器安装时遗留漏气点（连接座、气管焊口、本体沙眼）。密度继电器、气压表接头连接密封不良等。

SF₆灭弧室爆炸事故原因：绝缘拉杆连接处断裂、销子脱落以及空气压力不足，致使断路器失去足够的操作动力。电网操作过电压。灭弧室瓷瓶因污秽等造成外绝缘闪络。灭弧室 SF₆ 气体绝缘性能降低。操作机构气路密封不良造成灭弧室中压气缸的压力不足等。

3. 开断、关合性能不良

一般断路器开断、关合性能事故的比例不大，绝大多数开断、关合事故的主要原因是由于断路器有明显的机械缺陷，其次是油（气）质量不符要求，也有是由于断路器断流能力不足。

4. 导电性能不良

导电性能不良事故，在断路器事故中占的比例较小，其原因是：

1）多数断路器的实际负荷电流远小于其额定值。

2）静止状态下的导电性能容易得到保证。现场事故统计资料分析表明，导电性能不良故障主要是由机械缺陷引起的。其中有：①接触不良。包括接触面不清洁，接触大小及接触压力不足。②脱落、卡阻。如铜钨触头脱落等。③接触处螺钉松动。④软连接折断等。

（五）隔离开关事故

隔离开关事故主要是由触头接触不良、局部过热烧融、绝缘子断裂和操作机构故障引起。

1. 触头接触不良、过热导致隔离开关事故

（1）合闸不到位，使电流通过的截面大大缩小，因而出现接触电阻增大，也产生很大的斥力，减少了弹簧的压力，使压缩弹簧或螺丝松弛，更使接触电阻增大而过热。

（2）因触头紧固件松动，刀片或刀嘴的弹簧锈蚀或过热，使弹簧压力降低；或操作时用力不当，使接触位置不正。这些情况均使触头压力降低，触头接触电阻增大而过热。

（3）刀口合得不严，使触头表面氧化、脏污；拉合过程中触头被电弧烧伤，各连动部件磨损或变形等，均会使触头接触不良，接触电阻增大而过热。

（4）隔离开关过负荷，引起触头过热。

2. 绝缘子断裂或闪络导致隔离开关事故的主要原因

（1）制造厂产品质量问题。由于产品质量引起绝缘子表面破损、龟裂、脱釉、法兰与瓷件间的连接不牢固、上下法兰或法兰与瓷件不同心、机械强度不够等。

（2）安装、检修、运行质量有问题。特别是隔离开关支柱绝缘子，在动、静触头调整不当时，操作时可能会使支柱绝缘子受力增大而造成断裂。

（3）绝缘子爬距不满足运行环境污秽等级。运行中，绝缘子严重积污，发生闪络、放电、击穿接地等现象。

（4）过电压时和人员误操作，绝缘子将发生闪络、放电、表面引起烧伤痕迹，严重时产生短路、绝缘子爆炸。

3. 操作机构故障导致隔离开关事故的主要原因

（1）操动机构故障。手动操作的操动机构发生冰冻、锈蚀、卡死、瓷件破裂或断裂、操作杆断裂或销子脱落，以及检修后机械部分未连接，使隔离开关拒绝分、合闸。

（2）电气回路故障。电动操作的隔离开关，如动力回路动力熔断器熔断，电动机运转不正常或烧坏，电源不正常；操作回路如断路器或隔离开关的辅助触点接触不良，隔离开关的行程开关、控制开关切换不良，隔离开关箱的门控开关未接通等均会使隔离开关拒分、合闸。

（3）隔离开关在分、合闸位置时，如果操作机构的机械装置失灵，如弹簧的锁住弹力为减弱、销子行程太短等，遇到较小振动，便使机械闭锁销子滑出，造成隔离开关自动掉落合闸或运行中接地开关上弹引起放电，造成带负荷合接地开关事故。这样不仅会损坏设备，而且也易造成对人员伤害。

三、事故防范措施

（一）防止变压器损坏事故的主要措施

为防止大型变压器损坏事故，应严格执行国家电网公司《预防110（66）kV—500kV油浸式变压器（电抗器）事故措施》（国家电网生〔2004〕641号）、《110（66）kV—500kV油浸式变压器（电抗器）技术监督规定》（国家电网生技〔2005〕174号）、《国家电网公司十八项电网重大反事故措施》（国家电网生〔2012〕352号）、国家能源局《防止电力生产事故的二十五项重点要求》（国能安全〔2014〕161号）等有关规定，并提出以下主要防范措施。

1. 防止变压器出口短路事故主要防范措施

（1）加强变压器选型、订货、验收及投运的全过程管理。应选择具有良好运行业绩和成熟制造经验生产厂家的产品。240MVA 及以下容量变压器应选用通过突发短路试验验证的产品；500kV 变压器和 240MVA 以上容量变压器，制造厂应提供同类产品突发短路试验报告或抗短路能力计算报告，计算报告应有相关理论和模型试验的技术支持。

（2）220kV 及以上电压等级变压器须进行驻厂监造，监造验收工作结束后，监造人员应提交监造报告，并作为设备原始资料存档。

（3）为防止出口及近区短路，变压器 35kV 及以下低压母线应考虑绝缘化；10kV 的线路、变电站出口 2km 内宜考虑采用绝缘导线。全电缆线路不应采用重合闸，对于含电缆的混合线路应采取相应措施，防止变压器连续遭受短路冲击。

（4）开展变压器抗短路能力的校核工作，根据设备的实际情况有选择性地采取加装中性点小电抗、限流电抗器等措施，对不满足要求的变压器进行改造或更换。有并联运行要求的三绕组变压器的低压侧短路电流超出断路器开断电流时，应增设限流电抗器。

2. 防止变压器绝缘事故

（1）新安装和大修后的变压器应严格按照有关标准或厂家规定进行抽真空、真空注油和热油循环，真空度、抽真空时间、注油速度及热油循环时间、温度均应达到要求。

（2）装有密封胶囊、隔膜或波纹管式储油柜的变压器，必须严格按照制造厂说明书规定的工艺要求进行注油，防止空气进入或漏油，并结合大修或停电对胶囊和隔膜、波纹管式储油柜的完好性进行检查。

（3）为防止变压器在安装和运行中进水受潮，套管顶部将军帽、储油柜顶部、套管升高座及其连管等处必须密封良好。变压器冷却器潜油泵负压区不应出现渗漏油。

（4）对运行超过 20 年的薄绝缘、铝线圈变压器，不宜对本体进行改造性大修，也不宜进行迁移安装，应加强技术监督工作并逐步安排更新改造。对运行年限超过 15 年储油柜的胶囊和隔膜应更换。

（5）110（66）kV 及以上电压等级变压器在出厂和投产前，应用频响法和低电压短路阻抗测试绕组变形以留原始记录。110（66）kV 及以上电压等级的变压器在新安装时应进行现场局部放电试验，220kV 及以上电压等级变压器高、中压端的局部放电量不大于 100PC。110（66）kV 电压等级变压器高压侧的局部放电量不大于 100PC。220kV 及以上电压等级变压器拆装套管或进人后，应进行现场局部放电试验。

（6）按照 DL/T 393—2010《输变电设备状态检修试验规程》开展红外检测。220kV 及以上电压等级的变压器（电抗器）每年在季节变化前后应至少各进行一次精确检测。在高温大负荷运行期间，对 220kV 及以上电压等级变压器（电抗器）应增加红外检测次数。

（7）铁芯、夹件通过小套管引出接地的变压器，应将接地引线引至适当位置，以便在运行中监测接地线中是否有环流，当运行中环流异常变化，应尽快查明原因，严重时应采取措施及时处理。

（8）220kV 及以上油浸式变压器（电抗器）和位置特别重要或存在绝缘缺陷的 110（66）kV 油浸式变压器宜配置多组分油中溶解气体在线监测装置。

3. 防止变压器保护事故

（1）变压器本体保护应加强防雨、防震措施，户外布置的压力释放阀、气体继电器和油流速动继电器应加装防雨罩。

（2）变压器本体保护宜采用就地跳闸方式，即将变压器本体保护通过较大启动功率中间继电器的两副触点分别直接接入断路器的两个跳闸回路，减少电缆迂回带来的直流接地、对微机保护引入干扰和二次回路断线等不可靠因素。

（3）气体继电器应定期校验。压力释放阀在交接和变压器大修时应进行校验。

4. 防止分接开关事故

（1）无励磁分接开关在改变分接位置后，必须测量使用分接的直流电阻和变比。有载分接开关检修后，应测量全程的直流电阻和变比，合格后方可投运。

（2）安装和检修时应检查无励磁分接开关的弹簧状况、触头表面镀层及接触情况、分接引线是否断裂及紧固件是否松动。

（3）加强有载分接开关的运行维护管理。当开关动作次数或运行时间达到制造厂规定值时，应进行检修，并对开关的切换程序与时间进行测试。

5. 防止变压套管事故

(1) 套管的伞裙间距低于规定标准，应采取加硅橡胶伞裙套等措施，防止污秽闪络。在严重污秽地区运行的变压器，可考虑在瓷套涂防污闪涂料等措施。

(2) 油纸电容套管在最低环境温度下不应出现负压，应避免频繁取油样分析而造成其负压。运行人员正常巡视应检查记录套管油位情况，注意保持套管油位正常。套管渗漏油时，应及时处理，防止内部受潮损坏。

(3) 加强套管末屏接地检测、检修及运行维护管理，每次拆接末屏后应检查末屏接地状况，在变压器投运时和运行中开展套管末屏接地状况带电测量。

6. 防止冷却系统事故

(1) 强油循环的冷却系统必须配置两个相互独立的电源，并采用自动切换装置。

(2) 变压器冷却系统的工作电源应有三相电压监测，任一相故障失电时，应保证自动切换至备用电源供电。

(3) 强油循环冷却系统的两个独立电源的自动切换装置，应定期进行切换试验，有关信号装置应齐全可靠。

(4) 为保证冷却效果，管状结构变压器冷却器每年应进行 1~2 次冲洗，并宜安排在大负荷来临前进行。

(5) 变压器新投运或大修投运后应对变压器冷却器进行红外检测。

7. 预防变压器火灾事故

(1) 采用排油注氮保护装置的变压器应采用具有联动功能的双浮球结构的气体继电器。动作逻辑关系应满足本体重瓦斯保护、主变断路器开关跳闸、油箱超压开关同时动作时才能启动排油充氮保护。排油注氮保护装置应满足：①排油注氮启动（触发）功率应大于 220V×5A（DC）；②注油阀动作线圈功率应大于 220V×6A（DC）；③注氮阀与排油阀间应设有机械连锁阀门；④动作逻辑关系应满足本体重瓦斯保护、主变断路器开关跳闸、油箱超压开关同时动作时才能启动排油充氮保护。

(2) 水喷淋动作功率应大于 8W，其动作逻辑关系应满足变压器超温保护与变压器断路器开关跳闸同时动作。

(3) 变压器本体储油柜与气体继电器间应增设逆止阀，以防储油柜中的油下泄而造成火灾扩大。

（4）应结合例行试验检修，定期对灭火装置进行维护和检查，以防止误动和拒动。

（二）防止互感器损坏事故的主要措施

为防止互感器损坏事故，应严格执行国家电网公司《预防110（66）kV—500kV互感器事故措施》（国家电网生〔2004〕641号）、《110（66）kV—500kV互感器技术监督规定》（国家电网生技〔2005〕174号）、《预防倒立式SF$_6$电流互感器事故措施》（国家电网生技〔2009〕80号）、《预防油浸式电流互感器、套管设备故障补充措施》（国家电网生技〔2009〕819号）、《国家电网公司十八项电网重大反事故措施》（国家电网生〔2012〕352号）、国家能源局《防止电力生产事故的二十五项重点要求》（国能安全〔2014〕161号）等有关规定，并采取以下主要防范措施。

（1）油浸式互感器应选用带金属膨胀器微正压结构型式，如运行中互感器的膨胀器异常伸长顶起上盖，应立即退出运行。老型带隔膜式及气垫式储油柜的互感器，应加装金属膨胀器进行密封改造。

（2）所选用电流互感器的动热稳定性能应满足安装地点系统短路容量的要求，一次绕组串联时也应满足安装地点系统短路容量的要求。

（3）电流互感器的一次端子所受的机械力不应超过制造厂规定的允许值，其电气连接应接触良好，防止产生过热故障及电位悬浮。互感器的二次引线端子应有防转动措施，防止外部操作造成内部引线扭断。

（4）对于220kV及以上等级的电容式电压互感器，其耦合电容器部分是分成多节的，安装时必须按照出厂时的编号以及上下顺序进行安装，严禁互换。

（5）互感器的一次端子引线连接端要保证接触良好，并有足够的接触面积，以防止产生过热性故障。一次接线端子的等电位连接必须牢固可靠。其接线端子之间必须有足够的安全距离，防止引线线夹造成一次绕组短路。

（6）定期开展预防性试验和油质色谱分析，综合诊断电气试验的数据和油中所溶解气体成分的分析比较，及时处理或更换已确认存在严重缺陷的互感器。按照DL/T 64—2008《带电设备红外诊断应用规范》的规定，开展互感器的精确测温工作。

（7）加强电流互感器末屏接地检测、检修及运行维护管理。对结构不合理、截面偏小强度不够的末屏应进行改造；检修结束后应检查确认末屏接地是否良好。

（8）SF$_6$绝缘电流互感器运行中应巡视检查气体密度表，产品年漏气率应小于0.5%。若压力表偏出绿色正常压力区时，应引起注意，并及时按制造厂要求停电补充合格的SF$_6$新气。

（三）防止组合电器（GIS）事故的主要措施

为防止组合电器（GIS）事故，应严格执行国家电网公司《高压开关设备技术监督规定》（国家电网生技〔2005〕174号）、《关于加强气体绝缘金属封闭开关全过程管理重点措施》（国家电网生〔2011〕1223号）、《国家电网公司十八项电网重大反事故措施》（国家电网生〔2012〕352号）、国家能源局《防止电力生产事故的二十五项重点要求》（国能安全〔2014〕161号）等有关规定，并采取以下主要防范措施。

（1）GIS设备内部的绝缘操作杆、盆式绝缘子、支撑绝缘子等部件必须经过局部放电试验方可装配，要求在试验电压下单个绝缘件的局部放电量不大于3pC。

（2）220kV及以上GIS分箱结构的断路器每相应安装独立的密度继电器。户外安装的密度继电器应设置防雨罩，密度继电器防雨箱（罩）应能将表、控制电缆接线端子一起放入，防止指示表、控制电缆接线盒和充放气接口进水受潮。

（3）为便于试验和检修，GIS的母线避雷器和电压互感器应设置独立的隔离开关或隔离断口；架空进线的GIS线路间隔的避雷器和线路电压互感器宜采用外置结构。

（4）GIS布置设计应便于设备运行、维护和检修，并应考虑在更换、检查GIS设备中某一功能部件时的可维护性。220kV及以上电压等级GIS应加装内置局部放电传感器。

（5）GIS现场安装过程中，必须采取有效的防尘措施，如移动防尘帐篷等，GIS的孔、盖等打开时，必须使用防尘罩进行封盖。

（6）严格按有关规定对新装GIS进行现场耐压，耐压过程中应进行局部放电检测，有条件时可对GIS设备进行现场冲击耐压试验。

（7）SF$_6$气体必须经SF$_6$气体质量监督管理中心抽检合格，并出具检测报告后方可使用。SF$_6$气体注入设备后必须进行湿度试验，且应对设备内气体进行SF$_6$纯度检测，必要时进行气体成分分析。

（8）定期检测各导电回路的回路电阻。在检修过程，务必要设立专门的净化室，对拆下的零部件和SF$_6$气室做好防潮及封堵措施。

（9）室内或地下布置的GIS室，应配置相应的SF$_6$泄漏检测报警、强力通风及氧含量检测系统。

（10）GIS汇控柜应有完善的驱潮防潮装置，防止凝露造成二次设备损坏。

（11）加强GIS设备运行巡视和检修维护，积极开展运行中GIS的带电局放检测工作，定期开展SF$_6$泄漏检测，年漏气率不大于5%。

（12）加强相关组合电器设备在线监测技术。如加装在线局放监测等技术研究，及时及早发现组合电器故障隐患。

（四）防止断路器事故的主要措施

为防止开关设备事故，应严格执行国家电网公司《高压开关设备技术监督规定》（国家电网生技〔2005〕174号）、《预防12kV—40.5kV交流高压开关柜事故补充措施》（国家电网生〔2010〕811号）、《预防交流高压开关柜人身伤害事故措施》（国家电网生〔2010〕1580号）、《关于加强气体绝缘金属封闭开关全过程管理重点措施》（国家电网生〔2011〕1223号）、《国家电网公司十八项电网重大反事故措施》（国家电网生〔2012〕352号）、国家能源局《防止电力生产事故的二十五项重点要求》（国能安全〔2014〕161号）等有关规定，并采取以下主要防范措施。

1. 防止断路器事故技术措施

（1）凡不符合国家电力公司《高压开关设备质量监督管理办法》，国家（含原机械、电力两部）已明令停止生产、使用的各种型号开关设备，一律不得选用。

（2）断路器应优先选用弹簧机构、液压机构（包括弹簧储能液压机构）。

（3）对于频繁启停的高压感应电动机回路应选用SF$_6$断路器或真空断路器、接触器等开关设备，其过电压倍数应满足感应电动机绝缘水平的要求，同时应采取过电压保护措施。

（4）断路器二次回路不应采用RC加速设计。机构箱、汇控箱内应有完善的驱潮防潮装置，防止凝露造成二次设备损坏。

（5）断路器安装后必须对其二次回路中的防跳继电器、非全相继电器进行传动，并保证在模拟手合于故障条件下断路器不会发生跳跃现象。

（6）断路器产品出厂试验、交接试验及例行试验中应进行断路器合一分时间及操作机构辅助开关的转换时间与断路器主触头动作时间之间的配合试验检查，对 220kV 及以上断路器，合分时间应符合产品技术条件中的要求，且满足电力系统安全稳定要求。

2. 防止断路器灭弧室烧损、爆炸

（1）定期核算开关设备安装地点的短路电流。如开关设备实际短路开断电流不能满足要求，则应采取"限制、调整、改造、更换"的办法，以确保设备安全运行。

（2）油断路器发生开断故障后，应检查其喷油及油位变化情况，发现喷油严重时，应查明原因并及时处理。

（3）当断路器液压机构突然失压时应申请停电处理。在设备停电前，严禁人为启动油泵，防止断路器慢分而使灭弧室爆炸。

3. 防止套管、支持绝缘子和绝缘提升杆闪络、爆炸

（1）根据设备运行现场的污秽程度，对老旧设备应采取下列防污闪措施：①定期对瓷套或支持绝缘子进行清洗。②在室外 40.5kV 及以上电压等级开关设备的瓷套或支持绝缘子上涂 RTV 硅有机涂料或采用合成增爬裙。③采用加强外绝缘爬距的瓷套或支持绝缘子。④采取措施防止开关设备瓷套渗漏油、漏气及进水。⑤新装投运的开关设备必须符合防污等级要求。

（2）断路器断口外绝缘应满足不小于 1.15 倍相对地外绝缘爬电距离的要求，否则应加强清扫工作或采取其他防污闪措施。

（3）新装 72.5kV 及以上电压等级断路器的绝缘拉杆，在安装前必须进行外观检查，不得有开裂起皱、接头松动及超过允许限度的变形。

（4）为防止运行断路器绝缘拉杆断裂造成拒动，应定期检查分合闸缓冲器，防止由于缓冲器性能不良使绝缘拉杆在传动过程中受冲击，同时应加强监视分合闸指示器与绝缘拉杆相连的运动部件相对位置有无变化，或定期进行合、分闸行程曲线测试。对于采用"螺旋式"连接结构绝缘拉杆的断路器应进行改造。

4. 防止断路器拒分、拒合和误动等操作故障

（1）加强操动机构的维护检查，保证机构箱密封良好，防雨、防尘、通风、

防潮等性能良好，并保持内部干燥清洁。

（2）当断路器大修时，应检查液压（气动）机构分、合闸阀的阀针是否松动或变形，防止由于阀针松动或变形造成断路器拒动。

（3）弹簧机构断路器应定期进行机械特性试验，测试其行程曲线是否符合厂家标准曲线要求；对运行 10 年以上的弹簧机构可抽检其弹簧拉力，防止因弹簧疲劳，造成开关动作不正常。

（4）加强辅助开关的检查维护，防止由于接点腐蚀、松动变位、接点转换不灵活、切换不可靠等原因造成开关设备拒动。

（5）断路器操动机构检修后，应检查操动机构脱扣器的动作电压是否符合 30％和 65％额定操作电压的要求。在 80％额定操作电压下，合闸接触器是否动作灵活且吸持牢靠。

（6）220kV 及以上电压等级变电站站用电应有两路可靠电源，新建变电站不得采用硅整流合闸电源和电容储能跳闸电源。

（7）定期检查直流系统各级熔丝或直流空气断路器配置是否合理，熔丝是否完好。

5. 预防 SF_6 高压断路器设备漏气

（1）SF_6 气体必须经 SF_6 气体质量监督管理中心抽检合格，并出具检测报告后方可使用。SF_6 气体注入设备后必须进行湿度试验，且应对设备内气体进行 SF_6 纯度检测，必要时进行气体成分分析。

（2）户外安装的密度继电器应设置防雨罩，密度继电器防雨箱（罩）应能将表、控制电缆接线端子一起放入，防止指示表、控制电缆接线盒和充放气接口进水受潮。

（3）加强运行巡视和定期检测。SF_6 断路器设备应按有关规定定期进行微量水分含量和泄漏的检测，运行中 SF_6 气体微量水分或漏气率不合格时，应及时处理，处理时 SF_6 气体应予回收，不得随意向大气排放，以免污染环境及造成人员中毒事故。

（4）密度继电器及气压表应结合安装、大小修定期校验。

（5）SF_6 断路器室内宜设置一定数量的氧量仪和 SF_6 浓度报警仪。人员进入设备区前必须先行通风 15min 以上。当 SF_6 断路器设备发生泄漏或爆炸事故时，工作人员应按安全防护规定进行事故处理。

6. 防止高压开关柜事故

（1）高压开关柜应优先选择 LSC2 类（具备运行连续性功能）、"五防"功能完备的产品。

（2）用于电容器投切的开关柜必须有其所配断路器投切电容器的试验报告，且断路器必须选用 CZ 级断路器。

（3）高压开关柜内一次接线应符合国家电网公司输变电工程典型设计要求，避雷器、电压互感器等柜内设备应经隔离开关（或隔离手车）与母线相连，严禁与母线直接连接。

（4）高压开关柜内的绝缘件（如绝缘子、套管、隔板和触头罩等）应采用阻燃绝缘材料。开关柜中所有绝缘件装配前均应进行局部放电检测，单个绝缘件局部放电量不大于 3PC。

（5）为防止开关柜火灾蔓延，在开关柜的柜间、母线室之间及与本柜其他功能隔室之间应采取有效的封堵隔离措施。

（6）开展超声波局部放电检测、暂态地电压检测，及早发现开关柜内绝缘缺陷，防止由开关柜内部局部放电演变成短路故障。

（7）开展开关柜温度检测，对温度异常的开关柜强化监测、分析和处理，防止导电回路过热引发的柜内短路故障。

（8）加强带电显示闭锁装置的运行维护，保证其与柜门间强制闭锁的运行可靠性。防误操作闭锁装置或带电显示装置失灵应作为严重缺陷尽快予以消除。

（五）防止隔离开关事故的主要措施

为防止高压隔离开关事故，应严格执行国家电网公司《关于高压隔离开关订货的有关规定（试行）》、《国家电网公司十八项电网重大反事故措施》（国家电网生〔2012〕352 号）、国家能源局《防止电力生产事故的二十五项重点要求》（国能安全〔2014〕161 号）等有关规定，并采取以下主要防范措施。

（1）隔离开关和接地开关必须选用符合国家电网公司《关于高压隔离开关订货的有关规定（试行）》完善化技术要求的产品。应对 72.5kV 及以上电压等级 GW5、GW6、GW7 型等问题较多的隔离开关传动部件、操动机构和导电回路等进行完善化改造或更换。

（2）隔离开关与其所配装的接地开关间应配有可靠的机械闭锁，机械闭锁应有足够的强度。

（3）同一间隔内的多台隔离开关的电动机电源，在端子箱内必须分别设置独立的开断设备。

（4）新安装或检修后的隔离开关必须进行导电回路电阻测试。

（5）新投产的隔离开关支持绝缘子应开展抽样超声金属探伤试验。定期开展运行中隔离开关支持绝缘子超声金属探伤试验，对于金属探伤试验不合格的支柱绝缘子应及时更换。对运行时间超过 20 年以上的支柱绝缘子，要有计划有措施地加以更换和监测。

（6）加强对隔离开关导电部分、转动部分、操动机构、瓷绝缘子等的检查，防止机械卡涩、触头过热、绝缘子断裂等故障的发生。隔离开关各运动部位用润滑脂宜采用性能良好的二硫化铝钼锂基润滑脂。

（7）为预防 GW6 型等类似结构的隔离开关运行中"自动脱落分闸"，在检修中应检查操动机构蜗轮、蜗杆的啮合情况，确认没有倒转现象；检查并确认刀闸主拐臂调整应过死点；检查平衡弹簧的张力应合适。

（8）在运行巡视时，应注意隔离开关、母线支柱绝缘子瓷件及法兰无裂纹，夜间巡视时应注意瓷件无异常电晕现象。

（9）在隔离开关倒闸操作过程中，应严格监视隔离开关动作情况，如发现卡滞应停止操作并进行处理，严禁强行操作。

（10）定期用红外测温设备检查隔离开关设备的接头/导电部分，特别是在重负荷或高温期间，加强对运行设备温升的监视，发现问题应及时采取措施。

四、典型事故案例

🔍 案例1 主变压器损坏事故。

2007 年 11 月 20 日 13 时 10 分，某 500kV 变电站 2 号主变 U 相压力释放阀动作喷油，主变本体重瓦斯保护动作，三侧开关跳闸。经现场试验检查，判断为 U 相主变内部有电弧放电。经制造厂家现场确认，现场不具备修复条件，进行返厂处理。事故原因：制造厂选材质量较差是变压器故障的主要原因。在解体过程中发现 U 相选用地低压导线质量较差，造成变压器低压绕组匝间短路，导致变压器故障跳闸。暴露问题有：在解体过程中发现 2 号主变 U 相低压绕组网包换位导线质量不良，发现 16 处导线股间衬有塑料纸、绝缘纸，工艺上存在明显质量问题。

案例2 互感器损坏事故。

2011 年 4 月 17 日，某 500kV 变电站 220kV 2 号母联电流互感器故障，造成 2 条 220kV 母线 4 条线路跳闸。故障原因是制造厂制造工艺不良，电流互感器内部线圈主绝缘在运行中与托架角钢发生摩擦，绝缘被逐步破坏，造成线圈与托架角钢产生电弧放电，最后发展为金属性放电造成主绝缘击穿。

案例3 组合电器（GIS）事故。

2008 年 3 月 21 日，某电力公司 220kV 变电站进行 3 号主变检修后恢复操作，在合上 220kV 母联开关后不久，因安桥一线（安定站至草桥站）线路侧刀闸 U 相 GIS 气室发生内部闪络，导致草桥站两路供电电源线路同时跳闸，造成变电站全站停电，损失负荷约 7.8 万 kW。

事故原因及暴露问题：事故点出现在电缆终端气室内 GIS 本体与电缆的连接处。8DN9 型 GIS 在该连接处采用滑动触头结构，该部位对安装要求很高，由于在安装时工艺不当，造成滑动触头与连接导体接触不良从而引发故障。

案例4 断路器事故。

（1）2011 年 8 月 19 日，某供电局一座 330kV 变电站因雨水进入断路器操作机构箱，引起 220V 交流电源串入直流系统，致使主变压器断路器操作屏中非电量出口中间继电器节点受电动力影响持续抖动，引起断路器跳闸，造成 330kV 变电站 2 台主变压器及 110kV 母线失压，15 座 110kV 变电站全停，减供负荷 147MW，停电用户数 44008 户。

（2）2005 年 10 月 24 日，某电网 A 变电站至 B 变电站联络线 AB Ⅰ回线路 8 号铁塔 U 相绝缘子对杆塔闪络放电，A 变电站侧 041 断路器保护动作跳闸，B 变电站侧断路器因机构卡涩引起跳闸线圈烧坏，断路器拒动，未能将故障快速切除，故障进一步由单相接地发展为三相短路。扩大事故导致部分厂站主变压器过流保护动作跳闸，发电机组相继高频切机，直至电网瓦解。该事故起因是由于线路故障，但局部电网瓦解是由于开关拒动故障造成。

（3）某变电站的 SW6—220 型少油断路器，其 V 相北柱在运行电压下发生爆炸，造成 3 个大型变电站全停，28 个中型变电站停电，少送电量达 6 万 kWh。事故原因是铝帽进水，绝缘拉杆受潮。实际上，在预防性试验中，已发现油耐压值低，但未及时安排停运处理，以致酿成内绝缘闪络，断路器爆炸。

（4）某水电站的 SW7—220 型少油断路器，在运行中 V 相突然爆炸。引起事故的主要原因是由于开关油中有水分，使绝缘拉杆受潮，绝缘强度降低，以致在正常电压下，绝缘拉杆发生沿面闪络而酿成事故。

🔍 案例5 隔离开关事故。

2008 年 3 月 20 日某电力公司 220kV 变电站按年度运行方式安排进行倒闸操作，当拉开 4 号主变压器 220kV 侧 I 母线隔离开关时，隔离开关 11204‑1U 相母线侧支柱绝缘子从根部断裂坠地，220kV 母差及母差失灵保护动作，跳开 220kV 母线所有断路器，造成该变电站全停，损失负荷 8MW，引起三座电铁牵引变供电中断 21min。事故原因是支柱绝缘子抗弯强度不够，导致正常操作时发生支柱绝缘子断裂事故。

第四节　输配电线路事故及预防

一、事故定义

输配电线路事故指线路施工、检修、运行过程中，由于未落实反事故措施，导致线路元件损坏或线路绝缘降低。输配电线路事故主要有倒塔事故、断线事故、雷电过电压事故、外力破坏事故等。

二、事故原因分析

（一）倒塔、断线事故

杆塔在施工和运行过程中，引起倒塔、断线的因素很多，比较典型的有下列几种。

（1）覆冰或大风。由于气候、气象原因，覆冰厚度或风速超过原设计采用气象条件，导致导地线及杆塔超过允许应力，发生倒塔、断线事故。

（2）立、撤杆塔过程中拉线原因倒塔。由于拉线设置不合理、锚桩受力过大、抱杆受力不均、违章作业等均可能发生倒塔事故。

（3）施工过程中违章原因发生倒塔、跑线、断线。由于导地线张力过大、卡线器不匹配、临锚设置不当、压接等施工工艺不当、线材及金具质量等原因引起。

（4）外力破坏。由于汽车撞杆、大型机械倾轧、堆土、钩挂、偷盗等原因引起倒塔、断线事故。

（5）水土流失。对于山区易塌方、易冲刷区域，未采取相应防护措施。

（6）验收、运行及检修不到位，线路带缺陷或隐患运行。线路路径中交跨安全距离不足，导致局部放电引起断线。线路基础选型不当、未按要求施工，水泥杆裂纹、塔材及金具严重锈蚀，局部发热等原因引起倒杆塔或导地线断线。微气象区风速超设计值，引起倒塔、断线或导地线舞动。大跨越段防振、测振措施不到位引起断线。防外力破坏措施不到位引起偷盗破坏，引发倒塔、断线。

（二）线路雷电过电压事故

（1）与气候的变化有密切的联系。由于受气候环境的影响，雷电流活动强度始终保持上升趋势。

（2）杆塔接地及防雷措施不满足要求，防雷工作得不到应有的重视，反措落实不到位，施工过程中接地工艺不满足要求，尤其部分地区地形、地质特点决定杆塔接地装置埋深不足，接地电阻改造不合格，影响防雷效果。

（3）原设计的输电线路保护角偏大。

（4）随着输电线路运行年限增加，输电线路绝缘水平下降。

（三）外力破坏事故

外力破坏的主要原因分外部原因和内部原因两类。外力破坏事故需要高度重视，穷尽一切办法，创造合适的环境。

1. 外部原因

（1）市政建设项全面铺开。近年来，市政建设进入了施工高潮阶段。需要线路迁改、升高条次多，线路运行单位在控危险点多，线路外部运行环境不断恶化。

（2）市政建设工期与线路迁改工期矛盾非常突出。尽管电力企业在线路迁改方面投入了大量的精力、物力，牺牲了可靠性指标，付出了很大的代价，但受迁改正常需要工期及电网停电困难限制，迁改进度很难满足这些市政建设项目工期需要。同时，这些项目往往都是省、市重点项目，政府领导挂帅，为抢工期不同程度地存在冒险施工、强行施工、野蛮施工现象，仅凭电力企业力量难以制止。

（3）电力企业没有事故处罚权利。根据《电力法》第六条规定，政府经济综合主管部门是本行政区域内的电力管理部门，负责电力事业的监督管理。即使发生了事故，施工单位一般也只需承担少量的电力设施抢修损失，这笔费用对大型工程来说只不过是九牛一毛。缺乏政府职能部门的管理约束，缺乏对工程事故的通报考核，工程业主或总承包施工单位以包代管，工地各自为政，使得事故发生后，不能举一反三，全面防范。有时一些工程均出现了重复事故的现象。

（4）施工现场的电力设施安全交底很难真正落实到一线施工人员。往往在电力企业与业主、各项目部签订了安全协议，对项目部项目经理、项目监理单位、项目部安全员进行了安全培训、交底，但这些安全交底很难真正落实到一线施工人员。

2. 内部原因

（1）电力设施保护宣传工作还不够到位。尽管签订了安全协议，告知了安全距离、注意事项，但在一线施工人员中对安全距离的认识非常模糊。

（2）运行管理不到位。部分巡视人员与施工现场管理人员联系不足，未能及时掌握现场的施工进度。

（3）面对严峻形势，重视程度不足，技防手段不到位。

（4）对外部单位和个人缺乏有力的制约手段。

三、事故防范措施

（一）防止倒塔、断线事故的主要措施

重点在于规划、设计、施工、验收、运行、检修的环节控制，关键在于操作的规范性，因设计、施工、运行原因导致的倒塔、断线事故案例很多，事故的关键原因在于"人"在控制过程中的差错，如设计不当、施工违章、运行检修不到位，并采取以下主要防范措施。

（1）线路规划、设计。线路路径的规划应尽可能避开覆冰、风口、泥石流冲刷区、水库下方、重度污闪等区域，同时考虑施工、运行方便。设计过程中严格执行设计规程、反事故措施，遵循施工、运行意见和建议。应充分考虑特殊区段及危险点，地形复杂、气象条件恶劣、交通困难地段的基础、杆塔及金具型式应适当提高标准。

（2）线路立、撤杆塔施工。加强线路施工安全管理，杜绝超范围、超能力施工，按要求组织现场勘察，认真选择起吊方式并进行起吊设计，严格施工方

案的编审批流程，严格工艺控制及现场反违章，认真开展监理、监督工作，以"七分准备，三分实施"为原则预控危险点，同时注意施工过程控制。施工中专人指挥，统一信号，合理布置场地，充分实施危险点辨识、分析及预控，选用合适的作业方式及起重设备并正确使用，坚决杜绝超负荷受力情况，严格控制关键环节及关键点，如杜绝桩锚往受力方向倾倒上拔，认真验算和布置临时拉线，避免临时拉线受力过大或受力不均，密切关注临时拉线受力情况，严密控制抱杆受力，杜绝抱杆受力不均。加强监护，尤其要密切监护关键位置、环节，杜绝违章作业，如擅自调整作业方式不按方案施工、未经允许擅自调整或拆除拉线、拉线位置不当、工器具以小代大、人字抱杆受力不均等违章现象。

（3）导地线放、紧、撤施工。管理过程中与上述立、撤杆塔施工相同，但应严密控制以下关键环节：超设计紧线，异常情况处理不当，导致导地线张力超过规定值。金具连接未按图施工，导致接触面不符合要求或金具选用过小。卡线器（紧线器）的型号与导线规格不相匹配，不按规范操作。临锚设置不当。牵引侧导线受力过大。牵引绳与导线连接不当，蛇皮套规格、质量、连接工艺存在问题。防松、防脱设计措施施工不到位，应采用具有独立挂点的双串绝缘子和双线夹悬挂导线的未采用。压接管位置、压接设备及工艺不准确。

（4）对于山区杆塔，应落实水土流失、洪水冲刷措施，应采取加固基层、修筑挡土墙、排水沟等措施，对杆塔进行保护。

（二）防止线路雷电过电压事故的主要措施

预防线路雷击跳闸一直是线路安全运行的重要课题，线路雷击原因跳闸逐年增多，并采取以下主要防范措施。

（1）采用综合防雷措施。包括降低杆塔接地电阻、改善接地网的敷设方式、适当加强绝缘、增设耦合地线、使用线路型带串联间隙的金属氧化物避雷器、安装接地拉线等手段。

（2）加强设计、施工、运维管理。高度重视防雷工作，努力减小接地电阻，提高线路防雷水平。结合实际，重雷区适度提高防雷设计标准，减少或采用负保护角，进行耐雷水平验算。施工中严格按图施工，加强监理、监管，努力减小基础接地电阻值，达不到设计要求的坚决联系设计单位专项治理。重视接地引下线的运行维护工作，腐蚀严重地区适当增大接地引下线的截面，在雷雨季节前加强接地引下线与（杆）塔连接情况的检查。对接地装置除定期进行抽样开挖检查外，还应对历次测量结果进行分析比较，对变化较大者应及时开挖检查。

（3）杜绝违章现象。接地方面的违章主要有：接地测量装置、测量方式不准确，应采取小保护角或负保护角的未采用，杆塔接地电阻不合格，基础接地型式选用不当，绝缘架空地线放电间隙不准确，线路及变电设备防雷水平不对等，玻璃绝缘子自爆未及时更换，瓷质绝缘子未按要求测零。

（4）加强防雷反措。易受雷击杆塔应增设线路避雷器，接地不满足杆塔专项反措，配电绝缘导线应采取防雷措施。

（5）加强验收、运行管理。中间验收、竣工验收应严格接地测量。运行中及时检查接地装置、测量接地电阻，结合季节、土壤电阻率等进行系数修正，不合格者立即开挖检查并治理，同时检修施工时不得利用该杆塔进行线路接地，以防人身事故。加强线路绝缘管理，重雷区增加绝缘爬距，综合考虑线变耐雷匹配。

（三）防外力破坏事故的主要措施

（1）加强管理。外力事故隐患，不同隐患控制的侧重点不同，应认真分析，严格管理。

（2）加强线路巡视。防外力应加强巡视，制定分等级的隐患控制区域，严格落实巡视制度，巡必到位，监管严格。同时对已知施工区域，签订安全协议，加强交底，尤其要加大对吊机、水泥灌浆机、架桥机等施工作业机械操作人员的线路安全交底。

（3）加强电力设施保护宣传，加强义务护线员管理。应建立有效的易受外力破坏区护线机制，有效增加临时移动吊机等作业机械的查到率。对大型工程项目部相关人员（项目经理、安全员、技术员、现场监理人员）进行集中培训教育。通过相关部门或组织，主动联系移动吊机司乘人员、短信提醒、主动培训等形式开展预控管理。

（4）加大技防力度。防外力不是简单的防盗螺栓加巡视就可以解决的，应加强技防手段（如输电线路监控中心、防盗报警、视频实时监控等）、加强义务护线员队伍建设、开展警企联动、加强线路危险点管理、高风险地段专人值守监管等，努力扩展技防手段。

（5）加大危险点管控力度。增加施工现场巡视密度，安排专人在各个主要施工危险点进行巡视值守，及时发现并阻止施工单位的不当施工。建立市政建设施工电力安全联络网，安全联络网细化到各施工项目部。针对市政建设外力破坏近半发生在凌晨或晚上，抢工期及偷偷在线路下施工情况突出现象，加强施工现场的值守监督，组织人员在主要施工工地进行现场日夜值守监护。

（6）充分利用用电申请和政府支持。配电用电申请，受理部门及时提醒与线路运行管理单位签订安全协议。对违章劝告、通知整改不力的高危施工作业单位，应充分利用政府或地方电力设施保护领导小组的支持，坚决给予停电，并及时汇报政府电力主管部门及安监部门。

四、典型事故案例

案例1 某 220kV 线路因卸沙船抓斗吊臂碰线跳闸，造成一 220kV 变电站及 2 座 110kV 变电站全停。某 220kV 线保护动作，W 相跳闸，重合不成功跳三相。经巡视线路发现某 220kV 线导线有放电痕迹。故障原因为：一艘枯水期在长江边作业的抓斗式吊船，在汛期由一艘拖船牵引从长江进入季节性通航的内河河道。在未将卸沙抓斗吊臂平置的情况下，违规强行穿越某 220kV 线路下方时，吊臂触及导线造成线路跳闸。造成一 220kV 变电站及 2 座 110kV 变电站全停。

事故暴露问题：①生产管理制度不完善。管理制度部分内容缺乏针对性，与精益化管理的要求存在差距。②输电线路运行维护不到位。未掌握在跨越江河线段附近施工作业船舶信息，并向相关施工作业船舶人员进行电力设施保护宣传。在汛期涨水期间及存在危及线路安全的水面施工作业等特殊时段，未安排运行维护人员现场蹲守、监控。③电力设施保护宣传工作开展不到位，宣传警示标识设置不规范。

第五节　电网大面积停电事故及预防

一、事故定义

电网大面积停电事故是指电力生产受严重自然灾害影响或发生重特大事故，引起连锁反应，造成区域电网、省电网或重要中心城市电网减供负荷而引起的大面积停电事件。电网大面积停电事故除了对电力系统本身造成严重破坏外，还对国家安全和社会稳定以及人民群众的生产生活构成严重影响。如 2003 年 8 月 14 日发生的美加大停电事故，造成美国八个州以及加拿大的安大略省的电力中断，受影响人数超过五千万人。

二、事故原因分析

大面积停电事故发生的主要原因有以下几个方面：

（1）自然灾害远超设备设计能力，导致电网大面积停电事故发生。如 2005 年 9 月海南强台风引发全省电网大停电，2008 年 1 月南方冰雪灾害导致大面积电网瘫痪。

（2）电网结构不合理，存在若干薄弱环节。如高低压电磁环网、电网间弱联系、特大单环网、单回长距离输电线和辐射状电网等均是较易引发电网稳定事故的网络结构。

（3）设备运维不到位，安全隐患长期存在。如设备缺陷长期存在得不到处理，绝缘老化严重得不到更换，输电线路通道内高秆作物、违章建房、施工等外力破坏因素得不到及时控制和消除。

（4）继电保护和安全自动装置运维管理不到位，出现误动、拒动。一次停电事故中，出现多次不同的保护或自动装置不正确动作，必然导致事故范围的扩大，且极有可能造成大面积的停电。如低周减载容量不足，解列、切机等安全自动装置缺乏或未能正确动作等。

（5）运行管理不科学。如人员误调度、误操作引起重要元件损坏，运行方式安排不合理造成局部网架薄弱、设备长期重过载，调控、运行人员事故处置不当造成事故扩大。

三、事故防范措施

1. 规划、建设合理、坚强的电网结构

要规划科学、合理的电网结构，科学、合理的电网结构是保证电力系统安全稳定运行的基本物质基础。一个合理的电网结构能够适应负荷需要，配置足够的、布置合理的、单机容量和电厂容量（相对系统负荷）不过分集中的电源。能够具有足够传输能力、在正常运行时具有必要灵活性，并具备应付运行中各种偶然情况、特别是事故情况的抗扰动能力。

2. 采取各种可行的保电网安全稳定运行的措施

要加强继电保护和安全自动装置的运行管理，确保继电保护和安全自动装置的安全可靠运行。要加强高低压电磁环网运行管理，防止负荷大量转移引起的恶性连锁反应、无功电源设置不合理。要加强设备运行维护和技术改造，及时排查发现并消除设备安全隐患。要加强调度、运行人员的培训教育，尤其是事故处置能力的培训。

3. 建立保证电网安全稳定运行的坚固防线

应加强电网安全分析研究和安全自动装置的配置及完善工作，设置合理的系统解列点，配置足够的自动低频、低压减负荷容量，制订好黑启动预案和各种事故处理预案，采取一切必要手段避免电网崩溃。

4. 加强电网检修计划刚性管理，落实各项风险管控措施

根据《国家电网公司安全工作规定》要求，建立月、周、日安全生产例会制度，对电网检修实行"月计划、周安排、日管控"，强化计划的刚性管理，及时协调解决电网检修方式安排中遇到的困难和问题；按照国家电网公司关于进一步电网风险预警管理的要求，组织相关部门针对电网在检修运行方式下存在的电网薄弱环节进行风险分析和评估，并提出相应的应对措施，而后发布电网风险预警通知书；各相关职能部门和业务单位应按照电网风险预警通知书所提出的要求，落实各项风险管控措施。

5. 完善应急管理机制，应对自然灾害造成大面积停电事故

按照国家和公司安全生产应急管理法规制度，建立系统和完整的应急体系。建立应急资金保障机制，落实应急队伍、应急装备、应急物资所需资金，提高应急保障能力。建立横向到边、纵向到底、上下对应、内外衔接的应急预案体系，并开展针对性的应急演练。各类自然灾害发生后，做好先期处置并按照分级响应要求，组织开展应急处置与救援，尽快恢复供电。

四、典型事故案例

案例1 韩国"9·15"停电事件情况。

2011年9月15日，韩国遭遇意外的"反季节"高温引发用电高峰，首尔最高温度为31℃。韩国知识经济部下属的负责韩国发电和供电的电力交易所预测当天下午的最高用电负荷为6400万kW，但实际用电负荷达到了6726万kW，超出预测326万kW。由于夏季用电高峰已过，许多发电厂开始年度维护，以应对冬季用电高峰期，导致供电能力降低。全国电力备用率降至6%，低于7%（400万kW）的安全警戒线。为了防止缺电造成全国性停电，下午3

时 11 分，韩国电力交易所以 30min 为单位，按损失最小的顺序开始对全国各地区进行轮流停电。

导致停电事件的主要原因：①电力需求预测水平落后，未考虑超预期的气候因素。②计划检修、备用容量信息不准等诸多因素，导致应急实际可用备用容量严重不足。③有序用电方案和应急管理存在不足，在负荷缺口不足 5% 的情况下，造成全国性停电及影响。

🔍 **案例2**　印度"7·30"、"7·31"大停电。

当地时间 2012 年 7 月 30 日凌晨 2 时 35 分开始，印度北部地区 9 个邦发生停电事故，逾 3.7 亿人受到影响。在上述地区恢复供电数小时后，于当地时间 7 月 31 日 13 时 05 分开始，印度包括首都新德里在内的东部、北部和东北部地区电网再次发生大面积停电事故，超过 20 个邦再次陷入电力瘫痪状态，全国近一半地区的供电出现中断，逾 6.7 亿人口受到影响。印度两天之内连续发生大面积停电事故，是有史以来影响人口最多的电力系统事故，成为世界范围内规模最大的停电事件，暴露出印度在电力管理体制、调度管理体制、电网规划建设和运行控制等方面诸多问题。

引发事故的主要原因：①从事故前印度北方电网严重超载运行情况来看，在 400kV 比纳至瓜利欧线路跳闸前，电网（设备）已严重超过其稳定限额运行，诱发两次大停电的故障线路很有可能是因为严重过载而跳闸，导致电网稳定破坏，主要发电机组退出运行，从而引发大面积停电。②印度电网调度运行失控。从北方电网内四个邦严重超计划受电情况来看，北方区域电网调度和四个邦级调度都没有及时控制负荷，导致用电失控、潮流失控和电网安全失控。分析原因，一种情况是对于区域电网调度指令，邦一级调度机构不执行，网调又没有直接控制负荷的手段，对各邦超计划受电无能为力，只能向电监会反映，电监会的协调解决则是事后行为。另外，从邦一级电网调度中心分析，一种可能是邦政府支持超计划从大电网受电，拒不执行区域电网调度指令。还有一种可能是由于输配分开后，各配电网公司都是独立的法人实体，调度指挥不畅，也没有直接负荷控制手段，只能看着各配电公司超计划用电。③印度电网在严重缺电情况下，政府在需求侧管理方面职能缺失，至今没有看到政府有关有序用电方面的措施信息，更没有见到允许调度在紧急情况下拉闸限电的指令。④印度国家电网（含各区域电网）主网架薄弱，输电能力不足，安全水平不高。从区域主网架来看，主要是以 400/220kV 电磁环网为主，极易引发稳定破坏。从跨区电网主网架来看，五大区域之间仅通过 16 回 400kV 交流和 5 个直流（容量之和为 500 万 kW）工程进行互联，安全水平和输电能力严重不足。从主网架电压等级上看，跨区（含区域）电网以 400kV 作为最高一级电压等级，电压等级明显偏低，输电能力不足，安全水平不高。

思 考 题

1. 电力生产人身事故主要原因可以从哪些方面着手分析？

2. 防误闭锁装置的"五防功能"指的是哪些功能，哪些需要采用强制性装置？

3. 变压器绕组故障的主要原因有哪些？

4. 叙述断路器拒分、拒合、误动等操作失灵故障的危害性及如何预防。

5. 隔离开关触头接触不良引起故障的原因和预防措施有哪些？

6. 简述防止输电线路事故的种类及控制要点。

7. 发生大面积停电事故的主要原因有哪些？

第六章

违 章 与 反 违 章

第一节 违 章

一、违章的含义

违章是指在电力生产活动过程中，违反国家安全生产法律法规和电力行业规程规定，违反企业和上级主管部门安全生产规章制度、反事故措施和安全管理要求等，可能对人身、电网和设备构成危害并容易诱发事故的管理方面的缺失、人的不安全行为、物的不安全状态和环境的不安全因素。

电网企业是一个安全风险系数很高的企业，其中电网建设、运行、检修等生产活动过程复杂，固有的危险因素多，安全管理难度相对较大。据国家电网公司事故原因统计报告显示，由于人的违章行为直接或间接导致的人身伤亡事故占年度事故总数的 $80\%\sim90\%$。分析违章行为的成因，探讨违章的表现形式，制订相应的控制措施，最大限度的消除电网生产中的各类违章行为，减少事故的发生，对电网企业的健康、持续、平稳发展具有重大的现实意义。

二、违章的类型

1. 按违章性质分类

违章按照性质分为管理违章、行为违章和装置违章三类。

（1）管理违章是指各级领导、管理人员不履行岗位安全职责，不落实安全管理要求，不健全安全规章制度，不执行安全规章制度或在生产作业过程中违章指挥等的各种不安全作为。

（2）行为违章是指现场作业人员在电力建设、运行、检修等生产活动过程中，违反保证安全的规程、规定、制度、反事故措施等的不安全行为。

（3）装置违章是指生产设备、设施、环境和作业使用的工器具及安全防护用品不满足规程、规定、标准、反事故措施等的要求，不能可靠保证人身、电网和设备安全的不安全状态和不安全因素。

2. 按造成后果分类

违章按照可能造成的后果分为严重违章和一般违章。

（1）严重违章是指足以造成人身事件、电网事件和设备事件的违章。

（2）除严重违章外的违章，均属一般违章。

具体分级标准由各单位结合安全生产实际自行定义。

三、违章的特征

1. 潜在性

理论和实践研究表明，违章行为都是不安全的，由于不安全的程度、环境、条件等有所不同，结果就会有两种模型：违章→事故或违章↛事故，导致一部分人认为违章不一定就会发生事故的想法。久而久之习惯成自然，违章行为在一定群体范围被接受，其潜在性、隐蔽性一般不能一眼识破，习以为常、身在险中不知险、认识不到违章的后果及其危害所在，对违章丧失警惕性。

2. 顽固性

违章行为与其违章人员的心理、生理、受教育程度、气质、环境等多方面因素有关，一旦违章行为形成一种习惯性的动作方式，往往不容易纠正。只要其心理定式不变、工作态度不变、习惯性的动作方式不变的情况下，违章行为就会反复发生，加剧了违章的顽固性。除非违章人员受到事故伤害而改变其行为方式。

3. 排他性

违章操作一般都跨越或省去一个或几个正常的操作程序步骤，作业过程比较方便、省力等，正规的程序则很可能要花更多的时间，比较"繁琐"，特别是一部分操作技能强的员工在实践中总结出一套自己的"作业程序"，选择"捷径"完成工作任务。他们认为这样做很实用、方便，无视安全生产管理制度规定，妨碍安全规程、规定和标准的贯彻执行和落实。

4. 传染性

由于违章本身所具有的一些"特点"和"优势"，很容易被那些安全意识淡薄的员工所接受，一次次都不被发现，一次次能侥幸躲过不出事故，相反还能获得更多的休息或利益，逐渐削弱了其正确的安全操作方式，不但跟风效仿，还把违章当成工作"经验"加以传播。因此，违章行为的传染能力具有很强的生命力，会一层影响一层，造成"一脉相承"的后果，危害极大。

5. 潜伏性

违章可能直接导致事故的发生，甚至可能导致恶性事故的发生。另一方面，并不是所有的违章都会发生事故。因为违章行为仅仅是发生事故的必要条件，而不是充分必要条件。正是基于这一点，按照海因里希事故法则推论，只有当违章行为积累到一定数量或在一定环境下，必然会导致事故的发生。因此，违章行为与事故的关系是与一定数量的行为结果成正比例关系的，反映了违章行为导致事故的潜伏性和复杂性。

上述分析了违章的五种特点，它们之间没有必然的因果关系。任何一种作业行为都取决于员工的心理生理素质、对待人生的价值观、工作态度、文化程度等，同时还与电网企业的管理方式方法、约束机制是否健全等有着直接关系，同时也说明了反违章工作的艰巨性、复杂性和长期性。

四、违章的表现

《国家电网公司安全生产典型违章100条》提出了100种违章现象，分为管理违章、行为违章和装置违章。

1. 管理违章的表现

（1）安全第一责任人不按规定主管安全监督机构。

（2）安全第一责任人不按规定主持召开安全分析会。

（3）未明确和落实各级人员安全生产岗位职责。

（4）未按规定设置安全监督机构和配置安全员。

（5）未按规定落实安全生产措施、计划、资金。

（6）未按规定配置现场安全防护装置、安全工器具和个人防护用品。

（7）设备变更后相应的规程、制度、资料未及时更新。未按规定严格审核现场运行主接线图，不与现场设备一次接线认真核实。

（8）现场规程没有每年进行一次复查、修订，并书面通知有关人员。

（9）新入厂的生产人员，未组织三级安全教育或员工未按规定组织《安规》考试。

（10）特种作业人员上岗前未经过规定的专业培训。

（11）没有每年公布工作票签发人、工作负责人、工作许可人、有权单独巡视高压设备人员名单。

（12）对事故未按照"四不放过"原则进行调查处理。

（13）对违章不制止、不考核。

（14）对排查出的安全隐患未制定整改计划或未落实整改治理措施。

（15）设计、采购、施工、验收未执行有关规定，造成设备装置性缺陷。

（16）未按要求进行现场勘察或勘察不认真、无勘察记录。

（17）不落实电网运行方式安排和调度计划。

（18）违章指挥或干预值班调度、运行人员操作。

（19）安排或默许无票作业、无票操作。

（20）客户受电工程接电条件审核完成前安排接电。

（21）大型施工或危险性较大作业期间管理人员未到岗到位。

（22）对承包方未进行资质审查或违规进行工程发包。

（23）承发包工程未依法签订安全协议，未明确双方应承担的安全责任。

2. 行为违章的表现

（24）进入作业现场未按规定正确佩戴安全帽。

（25）从事高处作业未按规定正确使用安全带等高处防坠用品或装置。

（26）作业现场未按要求设置围栏。作业人员擅自穿、跨越安全围栏或超越安全警戒线。

（27）不按规定使用操作票进行倒闸操作。

（28）不按规定使用工作票进行工作。

（29）现场倒闸操作不戴绝缘手套，雷雨天气巡视或操作室外高压设备不穿绝缘靴。

（30）约时停、送电。

（31）擅自解锁进行倒闸操作。

（32）防误闭锁装置钥匙未按规定使用。

（33）调度命令拖延执行或执行不力。

（34）专责监护人不认真履行监护职责，从事与监护无关的工作。

（35）倒闸操作前不核对设备名称、编号、位置，不执行监护复诵制度或操作时漏项、跳项。

（36）倒闸操作中不按规定检查设备实际位置，不确认设备操作到位情况。

（37）停电作业装设接地线前不验电，装设的接地线不符合规定，不按规定和顺序装拆接地线。

（38）漏挂（拆）、错挂（拆）标示牌。

（39）工作票、操作票、作业卡不按规定签名。

（40）开工前，工作负责人未向全体工作班成员宣读工作票，不明确工作范围和带电部位，安全措施不交代或交代不清，盲目开工。

（41）工作许可人未按工作票所列安全措施及现场条件，布置完善工作现场安全措施。

（42）作业人员擅自扩大工作范围、工作内容或擅自改变已设置的安全措施。

（43）工作负责人在工作票所列安全措施未全部实施前允许工作人员作业。

（44）工作班成员还在工作或还未完全撤离工作现场，工作负责人就办理工作终结手续。

（45）工作负责人、工作许可人不按规定办理工作许可和终结手续。

（46）进入工作现场，未正确着装。

（47）检修完毕，在封闭风洞盖板、风洞门、压力钢管、蜗壳、尾水管和压力容器人孔前，未清点人数和工具，未检查确无人员和物件遗留。

（48）不按规定使用合格的安全工器具、使用未经检验合格或超过检测周期的安全工器具进行作业（操作）。

（49）不使用或未正确使用劳动保护用品，如使用砂轮、车床不戴护目镜，使用钻床等旋转机具时戴手套等。

（50）巡视或检修作业，工作人员或机具与带电体不能保持规定的安全距离。

（51）在开关机构上进行检修、解体等工作，未拉开相关动力电源。

（52）将运行中转动设备的防护罩打开。将手伸入运行中转动设备的遮栏内。戴手套或用抹布对转动部分进行清扫或进行其他工作。

（53）在带电设备周围使用钢卷尺、皮卷尺和线尺（夹有金属丝者）进行测量工作。

（54）在带电设备附近使用金属梯子进行作业。在户外变电站和高压室内不按规定使用和搬运梯子、管子等长物。

（55）进行高压试验时不装设遮栏或围栏，加压过程不进行监护和呼唱，变更接线或试验结束时未将升压设备的高压部分放电、短路接地。

（56）在电容器上检修时，未将电容器放电并接地或电缆试验结束，未对被试电缆进行充分放电。

（57）继电保护进行开关传动试验未通知运行人员、现场检修人员。

（58）在继保屏上作业时，运行设备与检修设备无明显标志隔开，或在保护盘上或附近进行振动较大的工作时，未采取防掉闸的安全措施。

（59）跨越运转中输煤机、卷扬机牵引用的钢丝绳。

（60）吊车起吊前未鸣笛示警或起重工作无专人指挥。

（61）在带电设备附近进行吊装作业，安全距离不够且未采取有效措施。

（62）在起吊或牵引过程中，受力钢丝绳周围、上下方、内角侧和起吊物下面，有人逗留和通过。吊运重物时从人头顶通过或吊臂下站人。

（63）龙门吊、塔吊拆卸（安装）过程中未严格按照规定程序执行。

（64）在高处平台、孔洞边缘倚坐或跨越栏杆。

（65）高处作业不按规定搭设或使用脚手架。

（66）擅自拆除孔洞盖板、栏杆、隔离层或因工作需要拆除附属设施时不设明显标志并及时恢复。

（67）进入蜗壳和尾水管未设防坠器和专人监护。

（68）凭借栏杆、脚手架、瓷件等起吊物件。

（69）高处作业人员随手上下抛掷器具、材料。

（70）在行人道口或人口密集区从事高处作业，工作地点的下面不设围栏、未设专人看守或其他安全措施。

（71）在梯子上作业，无人扶梯子或梯子架设在不稳定的支持物上，或梯子无防滑措施。

（72）不具备带电作业资格人员进行带电作业。

（73）登杆前不核对线路名称、杆号、色标。

（74）登杆前不检查基础、杆根、爬梯和拉线是否正常。

（75）组立杆塔、撤杆、撤线或紧线前未按规定采取防倒杆塔措施或采取突然剪断导线、地线、拉线等方法撤杆撤线。

（76）动火作业不按规定办理或执行动火工作票。

（77）特种作业人员不持证上岗或非特种作业人员进行特种作业。

（78）未履行有关手续即对有压力、带电、充油的容器及管道施焊。

（79）在易燃物品及重要设备上方进行焊接，下方无监护人，未采取防火等安全措施。

（80）易燃、易爆物品或各种气瓶不按规定储运、存放、使用。

（81）水上作业不佩戴救生措施。

3. 装置违章的表现

（82）高低压线路对地、对建筑物等安全距离不够。

（83）高压配电装置带电部分对地距离不能满足规程规定且未采取措施。

（84）金属封闭式开关设备未按照国家、行业标准设计制造压力释放通道。

（85）待用间隔未纳入调度管辖范围。

（86）电力设备拆除后，仍留有带电部分未处理。

（87）变电站无安防措施。

（88）易燃易爆区、重点防火区内的防火设施不全或不符合规定要求。

（89）设备一次接线与技术协议和设计图纸不一致。

（90）电气设备无安全警示标志或未根据有关规程设置固定遮（围）栏。

（91）开关设备无双重名称。

（92）线路杆塔无线路名称和杆号，或名称和杆号不唯一、不正确、不清晰。

（93）线路接地电阻不合格或架空地线未对地导通。

（94）平行或同杆架设多回路线路无色标。

（95）在绝缘配电线路上未按规定设置验电接地环。

（96）防误闭锁装置不全或不具备"五防"功能。

（97）机械设备转动部分无防护罩。

（98）电气设备外壳无接地。

（99）临时电源无漏电保护器。

（100）起重机械，如绞磨、汽车吊、卷扬机等无制动和逆止装置，或制动装置失灵、不灵敏。

五、违章的危害

违章是一种不良的行为方式，它实质上是一种违反安全生产客观规律的盲目的行为方式，或没有认识，或随心所欲，但都习以为常，这种行为本身就是一种潜在的事故隐患，如果在条件成熟的情况下很容易转变为事故，造成生命和财产损失。为了深刻了解违章的危害，我们列举以下案例进行剖析。

（一）管理违章案例

案例

4月26日，东方项目部技术科长向腾飞公司交付了《散件刚性梁安装作业指导书》，并做了技术交底。4月30日，根据东方项目部安排，腾飞公司进行前水中部刚性梁吊装工作。下午2点多，腾飞公司工地副队长及技术员向施工点负责人及其他7名施工人员交代相关要求，并指定了监护人。约16点左右，由起重工指挥吊车吊起刚性梁组合件（长15.2m、高8.5m、重18.4t），直至17点左右，吊到就位高度，用5个5t、2个3t的链条葫芦接钩（用钢丝绳把链条葫芦分别挂在上部刚性梁上，下端通过钢丝绳挂起刚性梁组合件）。做好接钩工作后，通知吊车松钩，吊车松钩后，刚性梁组合件由7个链条葫芦吊着，准备进行调整就位作业。吊车在钢丝绳解钩后，转移到其他作业现场。

接钩和就位过程中，共有7名作业人员站在上部刚性梁上拉葫芦，由一人统一指挥，协调葫芦提升步骤。作业过程中，2人将安全带挂在上部水冷壁葫芦链条上，5人将安全带挂在起吊刚性梁的链条葫芦上。

19时35分左右，当刚性梁组合件调整到快就位穿螺栓时，刚性梁左侧第一个5t链条葫芦上部钩子突然断裂，其余6个吊点的链条葫芦也相继断裂，导致刚性梁组件向下坠落，组件左侧先着地，垂直插入0m地面。站在刚性梁上的5人由于安全带挂在起吊刚性梁组件的链条葫芦上也随着一起下坠，其中1人落至0m，2人落在刚性梁上面校平装置梁上，1人落在炉前12.6m层钢架梁上，1人落在12.6m层前侧的安全网上。将安全带挂在上部水冷壁葫芦链条上的2人被安全带吊在空中。造成4人死亡，1人重伤，2人轻伤。

事故原因：

（1）腾飞公司施工人员使用5个5t、2个3t的链条葫芦起吊18.4t的刚性梁组合件，方法错误，违反电力建设安全工作规程。

7个链条葫芦的允许起重量的总和虽然超过吊件重量，但每个链条葫芦的允许起重量远远小于吊件重量。链条葫芦由作业人员手工操作，在实际操作中无法准确控制每个链条葫芦的均衡受力，不平衡状态下，受力大的链条葫芦先破坏，继而产生连锁反应，其他链条葫芦相继断裂。DL 5009.1—2002《电力建设安全工作规程（火电厂部分）》明确规定：两台及两台以上链条葫芦起吊同一重物时，重物的重量应不大于每台链条葫芦的允许起重量。

（2）现场施工人员安全意识不强，没有正确使用安全防护用具。死亡的 4 人安全带均挂在起吊刚性梁组合件的链条葫芦上，葫芦一断裂，人就随吊件一起坠落，安全带没有起到保护作用。DL 5009.1—2002《电力建设安全工作规程（火电厂部分）》明确规定：高处作业人员必须系好安全带，安全带应挂在上方的牢固可靠处。根据当时作业特点，安全带或安全绳应挂在上层已安装的刚性梁上。

（3）东方项目部和诚达监理公司对分包单位施工技术方案审查不严格，安全管理和监督不到位。

（二）行为违章

案例 1：

2009 年 5 月 8 日至 15 日，某局送电工区进行 500kV 冯大 I 号线更换绝缘子作业，全线共分 6 个作业组。5 月 12 日，作业进行到第五天，第三作业组负责人周×，带领作业人员乌×（死者）等 8 人，进行 103 号塔瓷质绝缘子更换为合成绝缘子工作。塔上作业人员乌×、邢××在更换完成 V 相合成绝缘子后，准备安装重锤片。邢××首先沿软梯下到导线端，14 时 16 分，乌×随后在沿软梯下降过程中，不慎从距地面 33m 高处坠落至地面，送医院抢救无效死亡。

事故调查确认，乌×在沿软梯下降前，已经系了安全带保护绳，但扣环没有扣好、没有检查。在沿软梯下降过程中，没有采用"沿软梯下线时，应在软梯的侧面上下，应抓稳踩牢，稳步上下"的规定操作方法，而是手扶合成绝缘子脚踩软梯下降，不慎坠落。小组负责人抬头看到乌×坠落过程中，安全带保护绳在空中绷了一下，随即同乌×一同坠落至地面。

事故原因：

（1）工作班成员乌×（死者）的违章行为是造成此次事故的直接原因。首先，乌×在系安全带后没有检查安全带保护绳扣环是否扣牢，违反《国家电网公司电力安全工作规程（线路部分）》6.2.2 条的规定。其次，在沿软梯下降时，违反工区制定的使用软梯的规定。

（2）工作负责人没有实施有效监护，默认乌×使用软梯的违规操作方式是造成此次事故的间接原因。

事故暴露问题

（1）人员违章问题突出。作业人员在工区对软梯使用方法有明确规定的情况下，仍然使用过去习惯性的做法，表现出对规定和要求的漠视，说明反违章工作开展不力。

（2）培训的针对性和实效性亟待加强。员工实际操作技能较差，基本技能欠缺。

（3）安全意识和风险意识不强。对沿软梯上下的风险估计不足，在作业指导书和技术交底过程中，都没有强调软梯的使用。

案例 2：

某供电公司为降低线路雷击跳闸率，采取在输电线路上安装防绕击避雷针的措施，并制定了《66～220kV 线路带电安装防绕击避雷针安全技术组织措施》，送电工区于 2009 年 6 月 25 日进行该项作业。

6 月 25 日 8 时 00 分，王×（死者）签发了带电作业票（带电班 012－0048），工作内容为在 66kV 木瓦线 53 号至 59 号、72 号至 77 号塔及架空地线上安装防绕击避雷针。当日工作地点为 66kV 木瓦线 56 号塔，计划工作时间为 2009 年 6 月 25 日 8 时 30 分～2009 年 6 月 25 日 18 时 00 分，实际开工时间为 11 时 10 分。

工作负责人：杨××（带电班班长）

工作班成员：郑××、陈××等 8 人。

2009 年 6 月 25 日 10 时 30 分，班组人员到达作业现场。工作负责人杨××宣读工作票、布置工作任务及本项目安全措施后，11 时 10 分工作班成员开始作业。

工作分工：工作负责人杨××负责监护，郑××、陈××负责塔上安装防绕击避雷针，其他 6 名工作班成员负责地面配合工作，王×（死者）受工区领导指派检查指导现场作业。

11 时 15 分，郑××、陈××二人在安装防绕击避雷针过程中，由于安装机出现异常，安装工作不能正常进行，工作负责人杨××在指定工作票签发人王×作临时监护人后，登塔查看安装机异常原因，在对安装机调试时，突然听见放电声（根据 SOE 记录为 12 时 12 分），看见工作票签发人王×由 56 号塔高处坠落地面，经抢救无效死亡。

事故原因：

（1）王×（死者）作为非工作班成员擅自登塔且没有与带电部位保持足够的安全距离，属严重违章，是造成本次事故的直接原因。

（2）工作负责人杨××（监护人）脱离监护岗位，擅自登塔作业，没有履行监护责任，使作业失去监护，是造成本次事故的主要原因。

（3）工作班成员安全意识、责任心不强，没有制止现场违章行为（非工作班成员登塔作业），是造成本次事故的另一原因。

（三）装置违章案例

案例 1：

3 月 11 日，220kV 镇江变电站当值值班员王××、黄×巡视时发现 10kV 1 号电容器 961 开关弹簧储能不到位、控制回路异常的缺陷，立即向站长和多能建设公司检修人员作了汇报。3 月 12 日 9 时 53 分，眉山地调张××电话命令"将 10kV 1 号电容器 961 断路器由热备用转冷备用"。10 时 03 分，镇江变电站当值操作人袁×、监护人姚××、值班负责人王××执行 09016 号操作票（操作任务：10kV 1 号电容器 961 断路器由热备用转冷备用），操作第 5 项"拉开 1 号电容器 9611 隔离开关"后，检查刀闸操作把手和隔离开关分合闸指示均在分闸位置，但未认真检查隔离开关触头位置，操作完毕后向地调张××作了汇报。10 时 06 分，张××电话命令，根据建 J03-12 号第一种工作票对 10kV 1 号电容器 961 断路器补做安全措施。10 时 22 分，镇江变电站当值操作人袁×、监护人姚××、值班负责人王××在执行 09017 号操作票（操作任务：根据建 J03-12 号第一种工作票补做安全措施）第 3 项"合上 1 号电容器 96110 接地开关"时，发现有卡涩现象并向值班负责人王××进行了汇报，值班负责人王××到现场也未对 9611 隔离开关实际位置进行认真核实，便同意继续操作，导致三相接地短路。同时，造成 10kV 1 号电容器 961 断路器后柜门弹开并触及 2 号主变压器 10kV 侧 U 相母线桥，2 号主变压器差动保护动作，202 断路器、102 断路器、902 断路器跳闸，110kV Ⅱ母、10kV Ⅱ段母线失压，镇江站所供 110kV 变电站备自投装置均正确动作，未造成负荷损失。

事故造成 961 断路器、9611 隔离开关及后柜门损坏，柜内 TA 绝缘损坏，

961 间隔控制电缆损坏，其余相邻设备无异常。

事故原因：

（1）10kV 电容器开关柜 9611 隔离开关传动轴弯曲变形，9611 隔离开关分闸未到位，操作联锁机构不能正常闭锁接地开关，造成带电合 9611 号接地开关，是造成此次事故的直接原因。

（2）当值运行人员违反倒闸操作规定，未认真检查 9611 隔离开关操作后的实际位置，仅凭分合指示来判断隔离开关位置，是造成此次事故的主要原因。

（3）961 开关柜（成都科星电力电器有限公司生产，型号 YB-10）从 2007 年投运以来，长期存在带电显示装置装设点不合理等装置性违章安全隐患，是造成此次事故的次要原因。

六、违章产生的原因

违章有多方面的原因，但大体可以分为主观原因和客观原因两大类。

1. 违章的主观原因

违章的主体是人，人的错误思想认识是导致不安全行为的主要根源。由于员工个体的文化层次、社会阅历、家庭状况、思想素质等各不相同，造成违章的主观原因也是多种多样，大致可分为以下十二种，如图 6-1 所示。

图 6-1 违章的主观原因

（1）侥幸心理。自认为自控制能力强，可以驾驭所熟悉的作业环境和作业项目，以前同样违章作业都没有出过事，就把潜在的危险抛之脑后，侥幸认为这次也不会发生事故而继续违章。

（2）麻痹心理。这类情况中员工已开始接受了正轨的培训教育，思想认识是到位的。但是在单位安全生产形势较为稳定的情况下，安全思想和警惕性就会不自觉地松懈下来，加上周而复始、形式单一的工作内容，例如巡检取样、常规检修等，就容易把安全规程、防范措施淡化，产生轻视已掌握的操作规程的心理，不严格按规程办事，时间一长就养成习惯性和经常性违章。

（3）取巧心理。这种情况的员工手脚比较麻利、脑子灵活，干一般性的工作速度快、效率高，为了获得更多安逸舒服的休息时间，或有时为了抢时间赶工作进度，图省时省劲，往往会总结分析投机取巧冒险违章违纪中的"经验教训"，简化操作过程、跨越操作工序等，久而久之养成违章习惯。

（4）马虎心理。有些员工认为自己熟悉工作环境和作业程序，只要掌握主要的操作规程即可，作业时粗枝大叶、不拘细节，对潜伏的危险掉以轻心、不经意出现违章行为。

（5）逞能心理。这种情形主要表现在一些员工岗位技能比较高，有一定工作经验，理论上有一定水平，操作规程也熟悉，容易产生骄傲自满思想，认为别人不敢做的事自己却敢做，显示自己"技高胆大"。这种逞能心理一旦得逞就容易造成违章行为。

（6）蛮干心理。有些员工有一定的技术能力，但工作方法简单粗暴，视循规蹈矩、小心谨慎为婆婆妈妈，把遵章守制当成是"呆子傻瓜"，只要能完成任务根本不去想是否违规违章，是否符合安全措施要求，凭想象随意违章作业。

（7）无知心理。这种情形主要反映在一些新员工和部分文化程度较低的员工身上。由于新员工刚参加工作，没有社会和工作经验，需要师傅帮教和学习。而文化程度低的平时不注意加强学习，缺乏一定的安全技能，自我保护能力差。这些员工对操作规程、规章制度等不了解或一知半解，工作起来凭本能、热情，作业中糊里糊涂违章，根本不知道错在哪里。

（8）麻木心理。这种情形主要反映一部分员工因长期、反复从事同一种作业，工作热情减退，积极性不高，产生厌倦情绪。工作中常抱有"事不关己，高高挂起"的消极态度，工作应付了事，即使发现问题或安全工器具损坏也不及时处理，发现他人违章也不制止，认为"别人违章与我无关"，完全处于"被动和放纵"状态。

（9）逆反心理。这种情形主要表现在个别员工因对某些社会现象不满，或对工作待遇、环境不满，或与管理人员有个人恩怨，或由于现场指挥人员态度粗暴、方式不当，引起操作人员的反感，明知有危险，赌一时之快，发泄心中的怨气，故意不按正确方法操作和作业。

（10）从众心理。这种情形主要是一些员工自身安全知识缺乏、安全意识不强，对问题的认识缺少主见，看到其他作业人员违章操作"既省力，又没出事"，还没被追究和处理，盲目地把违章当成经验学习、运用，逐渐把错误的操作方法代替正确的操作方法，造成违章行为。

（11）奉上心理。这种情形主要是现行的体制约束了一些员工的思想，不敢坚持原则，不敢提意见，对上级的话唯命是从，明知是违章指挥也遵照执行。

（12）唯心心理。极少数员工受消极思想影响，抱着"是福不是祸，是祸躲不过"的错误心理，靠习惯作业，凭经验操作，在主观认识上存在排斥安全操作规程的心理。

2. 违章的客观原因

造成违章的客观原因，主要有四种，如图 6-2 所示。

（1）岗位培训不到位。由于个别电网企业没有对员工进行定期的知识更新和技术培训，或现行的培训方式方法缺乏针对性，培训考核机制不健全，员工培训不能达到满意效果，表现为：员工对新技术、新工艺、新材料、新设备的操作规程一无所知，在不知情的状态下违章。

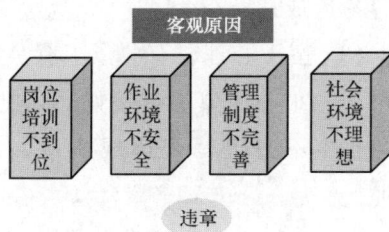

图 6-2　违章的客观原因

（2）作业环境不安全。电网企业多为露天作业，作业环境复杂，并受多种自然条件影响易发生意想不到的事故。有的检修工艺考虑不充分，不符合人体生理特征，按正规的操作非常不方便。此外，随着检修规模的扩大，人员不能满足当前检修需要，这些外界存在的问题迫使员工违章操作。

（3）管理制度不完善。由于现行制度对下要求多、要求严，对上缺乏约束，导致干部带头违章，容易挫伤员工参与安全管理积极性。此外，目前我们还没有建立"违章作为事故处理"的制度，对暂时没有造成后果的违章行为姑息迁就、不抵制，放松了对员工安全行为的严格要求和教育督导，最终导致违章作业不断出现。

（4）社会环境不理想。随着社会的发展，员工参与社会生活的程度在不断增加，受不良风气的影响，与高收入人群攀比造成心理失衡，思想不稳定，导致员工在工作中注意力不集中，行为走样。此外，在与同事、朋友、亲属发生一些矛盾或者生活一时遇到挫折时，也会使员工思想情绪波动，在特定的条件和环境下出现违章行为。

上述从主观和客观十六个方面分析了违章的成因，虽然违章与事故之间没有一一对应的因果关系。但是违章是事故之源，违章是伤亡之源。因此，分析违章存在的原因有助于彻底根除违章行为，有助于铲除违章存在的滋生土壤，提高安全生产水平。

七、违章心理原因分析

（一）心理过程与安全

人的心理过程包括认知过程、情感过程和意志过程三部分组成。认知、情感和意志这三个心理过程是相互联系、相互促进、相互统一的。

1. 认知过程

认知过程包括感觉、知觉、记忆、思维、想象等，是影响人的行为的首要心理因素。

2. 情感过程

情感过程不仅影响工作成绩、劳动效率的提高，同时也会给安全带来积极的或消极的作用。

3. 意志过程

意志过程对安全生产的作用也存在两面性：坚强的意志有利于生产的安全，而薄弱的意志不仅会给生产带来威胁，而且会使事故的后果扩大。

（二）个性心理与安全

人的个性心理主要由个性倾向性和个性心理特征组成。

1. 个性倾向性

个性倾向性主要包括需要、动机、兴趣等。需要和动机是人的活动最基本的起因，兴趣则决定着活动的倾向。个性倾向性是人活动的驱动力，对安全生产起着积极与消极的作用。

2. 个性心理特征

个性心理特征主要包括性格、气质、能力等。性格是人对现实事物和完成活动的态度特征，气质是人心理活动的动力特征，能力是人完成某种活动的潜在可能性的特征。个性心理特征是人心理活动中比较稳定的成分。培养企业职工良好的个性心理特征，是企业安全工作的基本保证。

（三）容易导致人为失误的生理心理因素

1. 疲劳因素

劳动者在连续工作一段时间以后，会有疲劳和机能衰退现象，这就是疲劳。疲劳是一种正常的生理心理现象，在适度的范围内，疲劳对人体并没有什么危害。但是，如果由于工作负荷过重及连续工作时间过长，造成过度疲劳，就会严重影响人的心理活动的正常进行，造成人体生理、心理机能的衰退和紊乱，从而使劳动效率下降、作业差错增加、工伤事故增多、缺勤率高等。疲劳可以使作业者产生一系列精神症状，这样就必然影响到作业人员的作业可靠性，并常常引起死亡事故。因此，作业疲劳现在是国际公认的主要事故致因之一。过度疲劳时的最大危险主要源于反应迟钝和动作不准确，在工人遇到危险信息时往往不能及时发现，或发现了不能迅速地做出反应。而在实际的危险发生时，躲避危险的时间常常在几秒钟之内。所以，疲劳与安全生产是密切相关的，防止过度疲劳也是安全生产的关键之一。

2. 时间因素

人的生命活动存在着明显的节律，这就是人体生理节律，又叫生物钟。它从生命开始，随时间呈持续不断、周而复始的周期变化，这种周期变化就是生物节律。它与生命共存，并支配着生物体的行为。研究表明，人的各器官系统不能在长时间内保持均匀的工作能力，这种能力具有周期性变化的特点。其周期为 24 小时，人在 24 小时内工作能力出现两个高峰（最高点在上午 8 时到 9 时，随后第二个高峰在下午 19 时左右）和两个低谷（第一个低谷在 14 时许，而凌晨 3 时左右降到最低点）。总的情况是：人的最高的工作能力出现在上午时间内，而在夜间工作能力则急剧下降。而且，事故的发生与人的昼夜工作能力的波动曲线是相应的。所以，昼夜生物节律是事故的一个潜在原因。

统计实证还表明，一年中不同月份之间事故发生的次数差异很大。在一般工业行业中，一年中事故发生的规律是：6、7、8 三个高温月份和 12、1 两个受年底和春节影响的月份事故发生率较高，其他月份则相对较低。

3. 睡眠因素

人的一生约有 1/3 的时间在睡眠中度过，可见睡眠对人类生命活动的重要性和必要性。人在觉醒状态下工作、学习和劳动之后所产生的脑力、体力的疲劳，必须经过充足的睡眠才能得以解除。睡眠失调，会对人的生理和心理产生不利影响，会增加人在劳动活动中的心理和行为的不稳定性，对生产安全有着严重的不利影响。

睡眠失调，会导致工人的生理和心理功能明显下降或紊乱，从而导致工作失误和事故的发生。根据对许多由于睡眠失调导致事故的分析得出结论，在睡眠失调的状态下，容易发生下列变化。

（1）注意力集中困难，以致不能全面了解操作系统的情况，忘掉作业程序中的某些环节或出现多余动作。

（2）感觉、知觉迟钝，甚至发生错觉，思想混乱，动作准确性降低，即使努力加以控制也难以做到，有力不从心之感。

（3）意识清醒程度（觉醒水平）下降，疲乏无力以致出现打瞌睡的情况。睡眠不足特别是由此造成的瞌睡状态，是很多事故的直接原因。

4. 酒精因素

在酒精的影响下，人们常出现以下反应：

（1）感觉迟钝、观察能力下降。

（2）记忆力下降。

（3）责任感低、草率行事。

（4）判断能力下降、出错率高。

（5）动作协调性下降、动作粗野。

（6）视听能力下降、易出现幻象和错听。

（7）语言表达能力下降。

（8）情绪波动较大、攻击性强。

（9）自我意识缺乏、易冒险。

（10）易患缺氧症。

大量研究表明，随着血液酒精浓度的增加，人的操纵能力逐渐降低，对安全作业的影响很大，所以国家电网公司规定：禁止工作期间饮酒，严禁酒后工作。

（四）解决违章行为的心理学方法

1. 加强员工的安全意识和风险意识教育

要使员工建立安全的基本概念，树立风险意识，特别是对维护作业的潜在风险要有清醒的认识。安全与风险是一个问题的两个方面，有了风险意识也就有了安全意识，这样就会警惕各种危险源，提高安全责任感，就不会对各种违章风险做出错误的估计。有了风险意识，就能理解违章绝不是零风险。如果允许第一次违章，就会有第二次，第三次，以至违章成为习惯性、普遍性，成为企业安全生产腐蚀剂。那样，必将导致频发事故，使电网企业蒙受巨大损失，使员工失去劳动能力。必须使每一位员工都认识到，违章是绝对不能允许的。

2. 重视员工的安全心理的培养

要使员工了解和掌握人的基本心理特性、人性的弱点，了解人为什么会失误，弄清楚人的行为和动机之间的关系，人的需要与价值观之间的关系。了解企业的需要和企业的目标，认识个人需要与企业需要之间的关系，把个人的需要与企业的需要一致起来。安全是企业的第一需要，是企业的生命，确保安全是每个员工的责任。当员工真正明确了自己个人的需要与企业需要之间的利害关系时，就会自觉执行操作规章，杜绝违章。

3. 开展违章人员培训教育

对违章人员的培训不能光靠讲课灌输，而要多采用互动式教学法，畅所欲言，形成共识。也可用典型违章事例进行模拟实验，再现违章操作，并赋予各种可能的后果，使违章者重新反思自己的行为，从而改变自己的认识。

4. 改进或改善安全防护措施和设施

杜绝违章是个系统工程，因此除了培训、教育以外还必须从其他方面也采取措施。如定期组织规程编写人、执行人（包括违章者）以及安全监管人员对规程的正确性、准确性、表达方式等进行评审。对具体操作方法和步骤、安全防护措施进行广泛讨论。改进或改善安全防护设施和设备。如果安全帽既通风又轻巧，则不戴安全帽上岗的人就会少些。如果安全带既结实又轻便，则不肯系安全带登高操作的人也会少些。

5. 完善监督机制和奖惩制度

任何措施均不可能是尽善尽美的，特别是受资金和科技水平的限制，任何措施、设施和方法的改进都不可能完全满足操作者的要求。所以，还必须有一套反违章的检查、监督机制和奖惩制度。加强检查、核查和监护，一旦发现违章行为要立即制止，对造成事故的要追究个人责任，对由于有意违章而导致事故者要严肃处理。教育有违章倾向者正确估计自己不安全行为的风险，促进一向遵者更有自我约束的动力。同时，要奖励遵章守纪、对安全工作有突出贡献者。形成符合安全心理学的纪律教育和榜样示范。

6. 采用防错和容错措施

人的行为安全可靠性是很难预测的，尽管上述措施都能减少违章的发生，但这些措施都不能保证违章不再出现，所以需要设置防错、容错措施。例如：为提高操作规程的可操作性，在重要操作步骤前加提示，以免遗漏。强化按照规程进行操作的训练，强化对重要操作进行监护的训练。定期检查危险点、危险源，并为操作者熟知，而不敢轻易违章。增加各种硬件的防错、容错功能，例如：有人闯入禁区会立即出现报警信号。机件的设计使得不按次序拆卸或装配成为不可能。采用多重纵深防御措施，如核电厂加设安全设施和多道安全屏障（燃料包壳—主回路压力边界—安全壳—应急准备）等。

7. 培育良好的安全文化氛围

企业内外对违章的态度以及重视安全的思想氛围，对违章者的行为有很大的影响。虽然违章发生在个人身上，但它不是一个孤立的事件，如果周围的人都有很强的安全意识、责任意识、法律意识，都把违章视为绝对不可容忍的行为，都有良好的按规程操作的习惯，那么违章操作就没有生存的土壤。所以，必须培育安全文化氛围，加强和提高安全责任意识和法律意识。这是最根本、最有效的措施，需要长期坚持。这种文化得以延续、发扬，就能逐步掌握违章的规律，积累防违章的经验，最终使违章的风险趋于零。

事故教训告诫我们：一个人的心理特点很重要，对行为安全有直接关系。每个员工必须重视与安全有关的心理问题，采取有效措施，提高自身从心理上控制自己不安全行为的能力，做到行为安全、万无一失。

第二节　反违章工作

一、反违章工作含义

反违章工作是指企业在预防违章、查处违章、整治违章等过程中，在制度建设、教育培训、监督检查、评价考核等方面开展的相关工作。

二、反违章工作原则

反违章工作贯彻"查防结合，以防为主，落实责任，健全机制"的基本原则，坚持领导带头，充分依靠安全保证体系和安全监督体系，积极开展自查自纠和互查互纠，建立行之有效的预防违章和查处违章的工作机制。

三、反违章工作机制

反违章工作实行逐级负责制，对发现的违章行为，各单位要严肃查处，因自查自纠不力，被上级监督检查发现违章的应负管理责任。

四、反违章工作方式

反违章工作按照教育和查处相结合的方式，加强教育培训，提升员工的安全意识和综合技能素质，提高员工遵章守纪的自觉性。通过严查重处，遏制违章现象，努力实现"零违章"目标。

五、反违章组织机构和职责

（1）各基层电网企业应成立反违章组织机构。成立以行政正职为组长，各分管副职为副组长，总工、副总、各职能部门负责人为成员的反违章工作领导小组，履行以下职责。

1）组织制定反违章管理及奖惩考核等实施细则。

2）研究解决消除装置违章所需的人、财、物。

3）协调反违章工作中出现的重大问题，研究决定反违章工作中的重大奖惩。

（2）各级领导应带头遵守安全生产规章制度，积极参与反违章，按照"谁主管、谁负责"原则，组织开展分管范围内的反违章工作，督促落实反违章工作要求。

（3）反违章领导小组办公室设在安监部门。负责反违章工作的归口管理，对反违章工作进行监督、检查、考核和定期汇总、分析、通报等日常工作。

（4）各级规划、设计、物资、基建、生技、调度、营销等安全生产保证体系职能部门，按照"谁组织、谁负责，谁实施、谁负责"原则，负责本专业的反违章工作。

（5）建立安全稽查网络。地市级和县级供电公司应分别组建专职安全稽查队伍，专职安全稽查机构由安监部门归口管理，人员不少于2名，负责对本单位各类生产现场及安全管理工作实施安全生产检查和稽查。专职安全稽查人员应熟悉安全生产规章制度，具备较强业务素质、反违章经验和工作责任心。专职安全稽查人员应参加相关的上岗培训，考试合格，持证上岗。

（6）基层班组和各级员工应自觉遵守安全生产规程规定，深刻认识到"违章就是事故之源，违章就是伤亡之源"，积极开展反违章自查自纠和互查互纠。

六、反违章工作要求

1. 建立反违章工作机制

反违章工作应围绕"预防、检查、纠正、处罚和培训"五个环节，通过不断完善规章制度，强化教育培训，加强监督检查，提高惩处力度，建立常态化反违章工作机制。总结反违章活动工作经验，根据电网企业安全工作部署，深入开展安全生产专项活动，组织开展"无违章企业"、"无违章班组"、"无违章员工"等创建活动，大力宣传遵章守纪典型，广泛交流反违章工作经验，形成党政工团齐抓共管氛围。

2. 完善安全规章制度

根据国家安全生产法律法规和各级安全生产工作要求、技术进步、管理方式变化、反事故措施等，及时修订补充安全生产规章制度，从组织管理、技术措施和制度建设上预防违章。

3. 健全安全培训机制

分层级、分专业、分工种开展安全规章制度、安全技术技能、安全管理和监督知识等培训，从安全素质和技能培训上提高各级人员辨识违章、防止违章和纠正违章的能力。

4. 开展安全生产保证体系反违章

严格落实领导干部和管理人员到岗到位制度，明确安全生产保证体系各级负责人、管理人员参与安全稽查的频次和要求，开展本专业安全生产监督检查和稽查工作。

5. 开展违章自查自纠

积极推行班组安全监督员轮值制度、个人安全积分制等反违章典型经验，充分调动基层班组和一线员工的积极性、主动性，紧密结合生产实际，鼓励员工自主发现违章，自觉纠正违章，相互监督整改违章。

6. 执行违章"说清楚"制度

对查出的每起违章，应做到原因分析清楚，责任落实到人，整改措施到位。对重复发生的同类性质违章，以及引发不安全事件的违章，责任单位要到上级单位"说清楚"。

7．建立违章曝光制度

在网站、报刊、简报等内部媒体、刊物上开辟反违章工作专栏，对事故监察、安全检查、专项监督、违章纠察（稽查）等查出的违章现象予以曝光，形成反违章舆论监督氛围。

8．推行违章记分考核

根据违章种类和违章性质等因素，分级制定违章减分和反违章加分规则，并将违章记分纳入个人和单位安全考核以及评选先进的依据。

9．开展违章人员教育培训

对严重违章的人员，应集中进行教育培训；对多次发生严重违章或违章导致事故发生的人员，应进行待岗教育培训，经考试、考核合格后方可重新上岗。

10．开展违章统计分析

各级安监部门要以月、季、年为周期，统计违章现象，分析违章原因，研究制定防范措施，定期在安全监督例会、安全生产月例会、安委会会议上通报有关情况，定期向上级安监部门上报相关信息。

11．执行反违章工作报告制度

各级安全稽查人员应及时填写安全稽查工作报告，定期将工作报告、各类通知书汇总上报本单位安监部门。

七、反违章工作监督检查

（1）加强反违章工作监督检查。执行上级对下级检查、同级间安全生产监督体系对保证体系进行监督。

（2）反违章监督检查应通过事故监察、飞行检查、专项检查和安全稽查等形式，积极开展集中稽查和交叉互查。

（3）各单位应为专职安全稽查机构配备反违章监督检查所需的设备（如照相、摄像器材、望远镜等），保证交通工具使用，提高监督检查效率和质量。

（4）反违章监督检查遵循"检查、通报、处罚、整改"的工作步骤，各级稽查人员一旦发现违章现象，应立即加以制止、纠正，说明违章判定依据，做好违章记录，向有关单位或班组发出违章处罚通知书或整改通知书，督促落实整改措施。

（5）各级人员在稽查过程中，若发现违章不予制止，视同违章处理。

（6）建立作业信息网上公布制度，提前公布作业信息（作业计划表），明确作业任务、时间、人员、地点，主动接受监督检查。专职安全稽查队应根据现场工作性质、作业面和危险度等因素，确定稽查对象。

八、反违章工作激励机制

（1）各单位应按照精神鼓励与物质奖励相结合的原则，建立完善反违章工作考核激励机制。

（2）对及时发现并纠正违章的有功人员，可实行反违章加分或相应的经济奖励。对反违章工作成效显著，避免生产事故发生的单位、集体和个人，依照有关规定给予通报表扬和经济奖励。

（3）组织开展无违章先进个人和先进班组评选活动，大力宣传遵章守纪典型，广泛交流反违章工作经验，形成党政工团齐抓共管氛围。

（4）各单位、部门的反违章工作纳入年度安全生产绩效考核。

思　考　题

1. 什么是违章？违章有哪些类型和特征？

2. 举例说明10个管理违章、行为违章和装置违章的具体表现。

3. 违章产生的主管原因和客观原因有哪些？

4. 容易导致人为失误的生理心理因素有哪些？

5. 解决违章行为的心理学方法有哪些？

6. 反违章工作的含义、原则、机制和方式是什么？

7. 反违章工作要求有哪些？

第七章

现场急救与逃生基本常识

第一节　基本的急救技术

随着电力事业的飞速发展，电力建设、生产任务日益繁重，各种意外事故的发生也相应增多。这些意外事件大多在医院外发生，现场往往缺乏必需的医疗设备和专业医护人员。所以，在生产过程中做好事故预防的同时，电网企业员工还应掌握一些有关现场紧急救护的简单知识，一旦发生事故，便能进行迅速而恰当的自救、互救，最大限度地降低生命和财产的损失。

一、触电急救

1. 触电急救的原则

触电是指人与带电物体（或电源）相接触并有危害人身安全的电流通过身体的现象。

触电急救必须遵循迅速、就地、准确、坚持的八字原则。

（1）迅速：就是要争分夺秒、将触电者脱离电源。脱离电源后一经明确心跳、呼吸停止的，立即就地迅速用心肺复苏法进行抢救，并坚持不断地进行。同时及早与医疗急救中心（医疗部门）联系，争取医务人员接替治疗。

（2）就地：就是必须在触电现场附近就地进行抢救，否则势必耽误宝贵的抢救时间，造成死亡。从医学理论来说：人的大脑只能耐受缺氧 5～8min。如果超过这个时间抢救，就会使触电者昏迷不醒，大脑缺氧，引起脑水肿等一系列病症。从临床（临场）上来总结，以触电者心跳及呼吸停止起计算，如果1min 内能及时抢救，救生率是 90％左右。如果在 1～4min 内及时抢救，救生率是 60％左右。如果超过 10min 抢救，救生希望甚微。由此看出，抢救触电者应该就地进行。

（3）准确：就是触电急救方法的动作必须准确。触电急救成功的关键是动作快、操作准确。任何拖延和操作错误都会导致伤员伤情加重和死亡。

（4）坚持：就是只要有1％的希望，就要尽100％的努力去抢救（曾经有过救了7个小时才把触电者救活的案例）。在医务人员未接替救治前，不应放弃现场抢救，更不能只根据没有呼吸或脉搏的表现，擅自判定触电者死亡，放弃抢救。只有医生有权作出触电者死亡的诊断。与医务人员接替时，应提醒医务人员在触电者转移到医院的过程中不得间断抢救。

2. 脱离电源的方法

脱离电源，就是要把触电者接触的那一部分带电设备的所有断路器、隔离开关或其他断路设备断开。或设法将触电者与带电设备脱离开。在脱离电源过程中，救护人员也要注意保护自身的安全。如触电者处于高处，应采取相应措施，防止该伤员脱离电源后自高处坠落形成复合伤。

（1）低压触电可采用下列方法使触电者脱离电源：

1）如果触电地点附近有电源开关或电源插座，可立即拉开开关或拔出插头，断开电源。但应注意到拉线开关或墙壁开关等只控制一根线的开关，有可能因安装问题只能切断中性线而没有断开电源的相线。

2）如果触电地点附近没有电源开关或电源插座（头），可用有绝缘柄的电工钳或有干燥木柄的斧头切断电线，断开电源。

3）当电线搭落在触电者身上或压在身下时，可用干燥的衣服、手套、绳索、皮带、木板、木棒等绝缘物作为工具，拉开触电者或挑开电线，使触电者脱离电源。

4）如果触电者的衣服是干燥的，又没有紧缠在身上，可以用一只手抓住他的衣服，拉离电源。但因触电者的身体是带电的，其鞋的绝缘也可能遭到破坏，救护人不得接触触电者的皮肤，也不能抓他的鞋。

5）若触电发生在低压带电的架空线路上或配电台架、进户线上，对可立即切断电源的，则应迅速断开电源，救护者迅速登杆或登至可靠地方，并做好自身防触电、防坠落安全措施，用带有绝缘胶柄的钢丝钳、绝缘物体或干燥不导电物体等工具将触电者脱离电源。

（2）高压触电可采用下列方法之一使触电者脱离电源：

1）立即通知有关供电单位或用户停电。

2）戴上绝缘手套，穿上绝缘靴，用相应电压等级的绝缘工具按顺序拉开电源开关或熔断器。

3）抛掷裸金属线使线路短路接地，迫使保护装置动作，断开电源。注意抛掷金属线之前，应先将金属线的一端固定可靠接地，然后另一端系上重物抛掷，注意抛掷的一端不可触及触电者和其他人。另外，抛掷者抛出线后，要迅速离开接地的金属线 8m 以外或双腿并拢站立，防止跨步电压伤人。在抛掷短路线时，应注意防止电弧伤人或断线危及人员安全。

3. 现场就地急救

触电者脱离电源以后，现场救护人员应迅速对触电者的伤情进行判断，对症抢救。同时设法联系医疗急救中心（医疗部门）的医生到现场接替救治。要根据触电伤员的不同情况，采用不同的急救方法。

（1）触电者神志清醒、有意识，心脏跳动，但呼吸急促、面色苍白，或曾一度休克，但未失去知觉。此时不能用心肺复苏法抢救，应将触电者抬到空气新鲜，通风良好地方躺下，安静休息 1～2h，让他慢慢恢复正常。天凉时要注意保温，并随时观察呼吸、脉搏变化。条件允许，送医院进一步检查。

（2）触电者神志不清，判断意识无，有心跳，但呼吸停止或极微弱时，应立即用仰头抬颏法，使气道开放，并进行口对口人工呼吸。此时切记不能对触电者施行心脏按压。如此时不及时用人工呼吸法抢救，触电者将会因缺氧过久而引起心跳停止。

（3）触电者神志丧失，判定意识无，心跳停止，但有极微弱的呼吸时，应立即施行心肺复苏法抢救。不能认为尚有微弱呼吸，只需做胸外按压，因为这种微弱呼吸已起不到人体需要的氧交换作用，如不及时人工呼吸即会发生死亡，若能立即施行口对口人工呼吸法和胸外按压，就有可能抢救成功。

（4）触电者心跳、呼吸停止时，应立即进行心肺复苏法抢救，不得延误或中断。

（5）触电者和雷击伤者心跳、呼吸停止，并伴有其他外伤时，应先迅速进行心肺复苏急救，然后再处理外伤。

（6）发现杆塔上或高处有人触电，要争取时间及早在杆塔上或高处开始抢救。触电者脱离电源后，应迅速将伤员扶卧在救护人的安全带上（或在适当地方躺平），然后根据伤者的意识、呼吸及颈动脉搏动情况来进行前（1）～（5）

项不同方式的急救。应提醒的是，对高处抢救触电者，迅速判断其意识和呼吸是否存在是十分重要的。若呼吸已停止，开放气道后立即口对口（鼻）吹气 2 次，再测试颈动脉，如有搏动，则每 5s 继续吹气 1 次。若颈动脉无搏动，可用空心拳头叩击心前区 2 次，促使心脏复跳。为使抢救更为有效，应立即设法将伤员营救至地面，并继续按心肺复苏法坚持抢救。具体操作方法如图 7 - 1 所示。

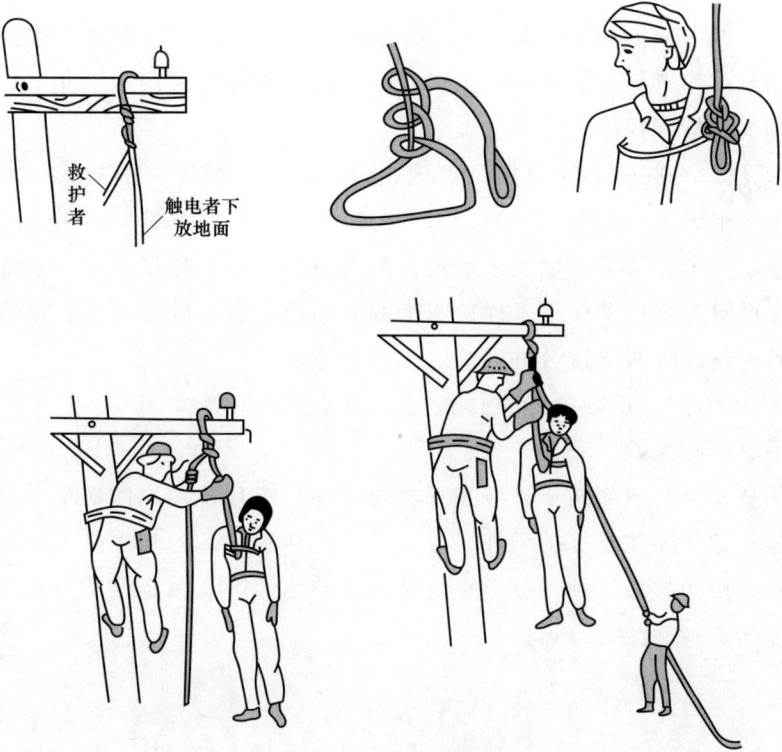

图 7 - 1　杆塔上或高处触电者放下方法

（7）触电者衣服被电弧光引燃时，应迅速扑灭其身上的火源，着火者切忌跑动，方法可利用衣服、被子、湿毛巾等扑火，必要时可就地躺下翻滚，使火扑灭。

4. 伤员脱离电源后的处理

（1）判断意识、呼救和体位放置。

1）判断伤员有无意识的方法：

第一步：轻轻拍打伤员肩部，高声喊叫，"喂！你怎么啦？"，如图 7-2 所示。

第二步：如认识，可直呼喊其姓名。有意识，立即送医院。

第三步：眼球固定、瞳孔散大、无反应时，立即用手指甲掐压人中穴、合谷穴约 5s。

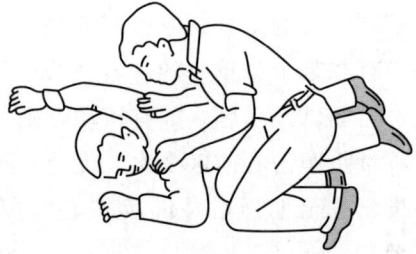

图 7-2 判断伤员有无意识

注意：以上 3 步动作应在 10s 以内完成，不可太长，伤员如出现眼球活动、四肢活动及疼痛感后，应即停止掐压穴位，拍打肩部不可用力太重，以防加重可能存在的骨折等损伤。

2）呼救。一旦初步确定伤员意识丧失，应立即招呼周围的人前来协助抢救，哪怕周围无人，也应该大叫"来人啊！救命啊！"，如图 7-3 所示。

注意：一定要呼叫其他人来帮忙，因为一个人做心肺复苏术不可能坚持较长时间，而且劳累后动作易走样。叫来的人除协助做心肺复苏外，还应立即打电话给救护站或呼叫受过救护训练的人前来帮忙。

3）放置体位。正确的抢救体位是：仰卧位。患者头、颈、躯干平卧无扭曲，双手放于两侧躯干旁。

如伤员摔倒时面部向下，应在呼救同时小心将其转动，使伤员全身各部成一个整体。尤其要注意保护颈部，可以一手托住颈部，另一手扶着肩部，以脊柱为轴心，使伤员头、颈、躯干平稳地直线转至仰卧，在坚实的平面上，四肢平放，如图 7-4 所示。

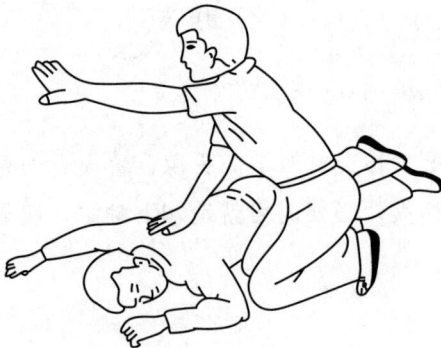

图 7-3 呼救

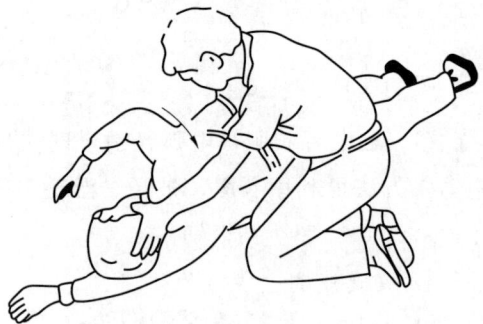

图 7-4 放置伤员

注意：抢救者跪于伤员肩颈侧旁，将其手臂举过头，拉直双腿，注意保护颈部。解开伤员上衣，暴露胸部（或仅留内衣），冷天要注意使其保暖。

（2）通畅气道、判断呼吸与人工呼吸。

1）通畅气道。当发现触电者呼吸微弱或停止时，应立即通畅触电者的气道以促进触电者呼吸或便于抢救。通畅气道主要采用仰头举颏法。即一手置于前额使头部后仰，另一手的食指与中指置于下颌骨近下颏角处，抬起下颏，如图7-5和图7-6所示。

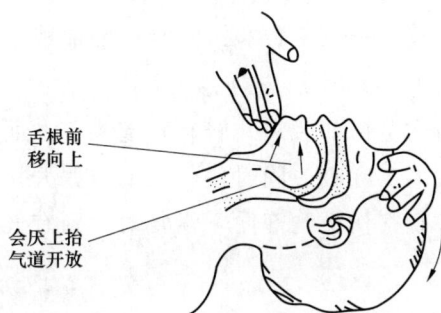

舌根前
移向上

会厌上抬
气道开放

图7-5　仰头举颏法　　　　　　　　　图7-6　抬起下颏法

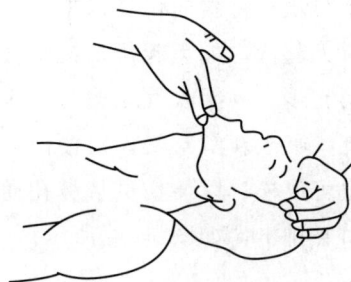

注意：严禁用枕头等物垫在伤员头下。手指不要压迫伤员颈前部、颏下软组织，以防压迫气道，颈部上抬时不要过度伸展，有假牙托者应取出。儿童颈部易弯曲，过度抬颈反而使气道闭塞，因此不要抬颈牵拉过甚。成人头部后仰程度应为90°，儿童头部后仰程度应为60°，婴儿头部后仰程度应为30°，颈椎有损伤的伤员应采用双下颌上提法。

检查触电者口、鼻腔，如有异物立即用手指清除。

2）判断呼吸。触电伤员如意识丧失，应在开放气道后10s内用看、听、试的方法判定伤员有无呼吸，如图7-7所示。

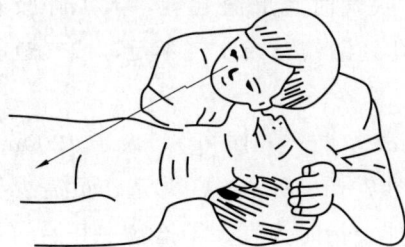

——看：看伤员的胸、腹壁有无呼吸起伏动作。

——听：用耳贴近伤员的口鼻处，听有无呼气声音。

图7-7　看、听、试伤员呼吸

——试：用颜面部的感觉测试口鼻部

有无呼气气流。

若无上述体征可确定无呼吸。一旦确定无呼吸后，立即进行两次人工呼吸。

3）口对口（鼻）人工呼吸。当判断伤员确实不存在呼吸时，应即进行口对口（鼻）的人工呼吸，其具体方法是：

第一步：在保持呼吸通畅的位置下进行。用按于前额一手的拇指与食指，捏住伤员鼻孔（或鼻翼）下端，以防气体从口腔内经鼻孔逸出，施救者深吸一口气屏住并用自己的嘴唇包住（套住）伤员微张的嘴。

第二步：每次向伤员口中吹（呵）气持续 1～1.5s，同时仔细地观察伤员胸部有无起伏，如无起伏，说明气未吹进，如图 7-8 所示。

第三步：一次吹气完毕后，应即与伤员口部脱离，轻轻抬起头部，面向伤员胸部，吸入新鲜空气，以便做下一次人工呼吸。同时使伤员的口张开，捏鼻的手也可放松，以便伤员从鼻孔通气，观察伤员胸部向卜恢复时，则有气流从伤员口腔排出，如图 7-9 所示。

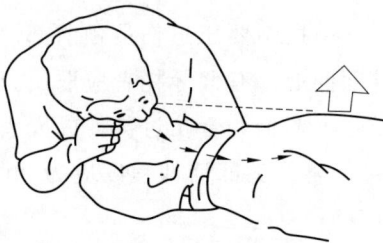

图 7-8　口对口吹气　　　　图 7-9　口对口吸气

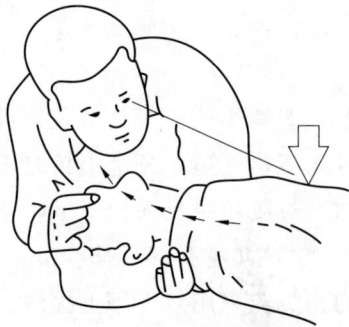

抢救一开始，应即向伤员先吹气两口，吹气时胸廓隆起者，人工呼吸有效。吹气无起伏者，则气道通畅不够，或鼻孔处漏气，或吹气不足，或气道有梗阻，应及时纠正。

注意：①每次吹气量不要过大，约 600mL（6～7mL/kg），大于 1200mL 会造成胃扩张。②吹气时不要按压胸部，如图 7-10 所示。③儿童伤员需视年龄不同而异，其吹气量约为 500mL，以胸廓能上抬时为宜。④抢救一开始的首次吹气两次，每次时间为 1～1.5s。⑤有脉搏无呼吸的伤员，则每 5s 吹一口气，每分钟吹气 12 次。⑥口对鼻的人工呼吸，适用于有严重的下颌及嘴唇外伤、牙关紧闭下颌骨骨折等情况的伤员，难以采用口对口吹气法。⑦婴幼儿急救操作时要注意，因婴幼儿韧带、肌肉松弛，故头不可过度后仰，以免气管受压，影响气道通畅，可用一手托颈，以保持气道平直。另一方面婴、幼儿口鼻开口均较小，位置又很靠近，抢救者可用口贴住婴幼儿口与鼻的开口处，施行口对口鼻呼吸。

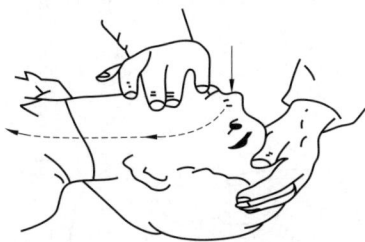

图 7-10 吹时不要压胸部

（3）判断伤员有无脉搏与胸外心脏按压。

1）脉搏判断。在检查伤员的意识、呼吸、气道之后，应对伤员的脉搏进行检查，以判断伤员的心脏跳动情况。非专业救护人员可不进行脉搏检查，对无呼吸、无反应、无意识的伤员立即实施心肺复苏。具体方法如下：

第一步：在开放气道的位置下进行（首次人工呼吸后）。

第二步：一手置于伤员前额，使头部保持后仰，另一手在靠近抢救者一侧触摸颈动脉。

第三步：可用食指及中指指尖先触及气管正中部位，男性可先触及喉结，然后向两侧滑移 2～3cm，在气管旁软组织处轻轻触摸颈动脉搏动，如图 7-11 所示。

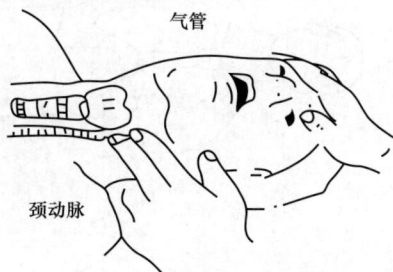

图 7-11 触摸颈动脉搏

注意：①触摸颈动脉不能用力过大，以免推移颈动脉，妨碍触及。②不要同时触摸两侧颈动脉，造成头部供血中断。③不要压迫气管，造成呼吸道阻塞。④检查时间不要超过 10s。⑤未触及搏动：心跳已停止，或触摸位置有错误。触及搏动：有脉搏、心跳，或触摸感觉错误（可能将自己手指的搏动感觉为伤员脉搏）。⑥判断应综合审定：如无意识，无呼吸，瞳孔散大，面色紫绀或苍白，再加上触不到脉搏，可以判定心跳已经停止。⑦婴、幼儿因颈部肥胖，颈动脉不易触及，可检查肱动脉。肱动脉位于上臂内侧腋窝和肘关节之间的中点，用食指和中指轻压在内侧，即可感觉到脉搏。

2）胸外心脏按压。在对心跳停止者未进行按压前，先手握空心拳，快速垂直击打伤员胸前区胸骨中下段 1～2 次，每次 1s～2s，力量中等，若无效，则立即胸外心脏按压，不能耽误时间。

① 按压部位：胸骨中 1/3 与下 1/3 交界处，如图 7-12 所示。

② 伤员体位：伤员应仰卧于硬板床或地上。如为弹簧床，则应在伤员背部垫一硬板。硬板长度及宽度应足够大，以保证按压胸骨时，伤员身体不会移动。但不可因找寻垫板而延误开始按压的时间。

③ 快速测定按压部位的方法：快速测定按压部位可分 5 个步骤，如图 7-13 所示。

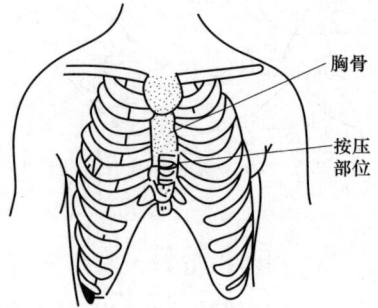

图 7-12 胸外按压位置

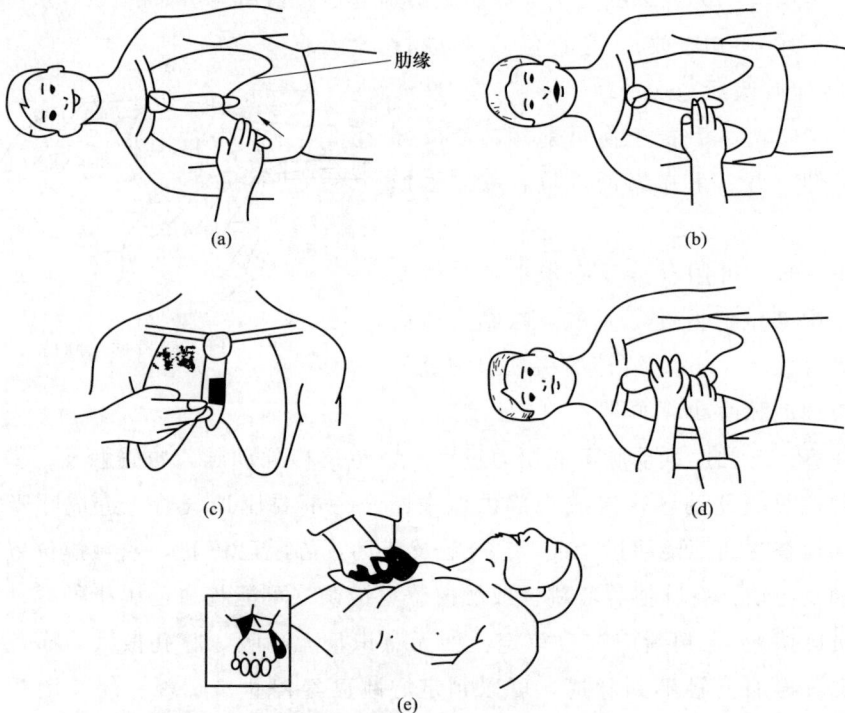

图 7-13 快速测定按压部位的方法

（a）二指沿肋弓向中移滑；（b）切迹定位标志；（c）按压区；

（d）掌根部放在按压区；（e）重叠掌根

a. 首先触及伤员上腹部，以食指及中指沿伤员肋弓处向中间移滑，如图 7-13（a）所示。

b. 在两侧肋弓交点处寻找胸骨下切迹。以切迹作为定位标志，不要以剑突下定位，如图 7-13（b）所示。

c. 然后将食指及中指两横指放在胸骨下切迹上方，食指上方的胸骨正中部即为按压区，如图 7-13（c）所示。

d. 以另一手的掌根部紧贴食指上方，放在按压区，如图 7-13（d）所示。

e. 再将定位之手取下，重叠将掌根放于另一手背上，两手手指交叉抬起，使手指脱离胸壁，如图 7-13（e）所示。

④ 按压姿势：正确的按压姿势，如图 7-14 所示。抢救者双臂绷直，双肩在伤员胸骨上方正中，靠自身重量垂直向下按压。

⑤ 按压用力方式：正确的按压用力方式如图 7-15 所示。注意：

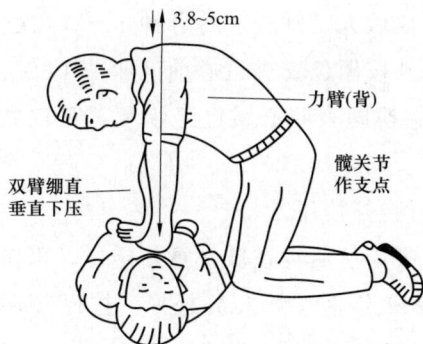

图 7-14 按压正确姿势　　　　图 7-15 按压用力方式

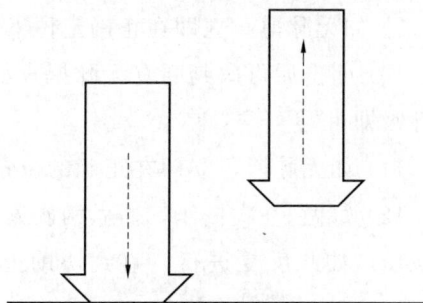

——按压应平稳，有节律地进行，不能间断。

——不能冲击式的猛压。

——下压及向上放松的时间应相等，如图 7-15 所示。压按至最低点处，应有一明显的停顿。

——垂直用力向下，不要左右摆动。

——放松时定位的手掌根部不要离开胸骨定位点，但应尽量放松，务必使胸骨不受任何压力。

⑥ 按压频率：按压频率应保持在 100 次/min。

⑦ 按压与人工呼吸比例：按压与人工呼吸的比例关系通常是，成人为

30∶2，婴儿、儿童为 15∶2。

⑧ 按压深度：通常，成人伤员为 4～5cm，5～13 岁伤员为 3cm，婴幼儿伤员为 2cm。

5. 心肺复苏法综述

（1）操作过程有以下步骤

1）首先判断昏倒的人有无意识。

2）如无反应，立即呼救，叫"来人啊！救命啊！"等。

3）迅速将伤员放置于仰卧位，并放在地上或硬板上。

4）开放气道（①仰头举颏或颌。②清除口、鼻腔异物）。

5）判断伤员有无呼吸（通过看、听和感觉来进行）。

6）如无呼吸，立即口对口吹气两口。

7）保持头后仰，另一手检查颈动脉有无搏动。

8）如有脉搏，表明心脏尚未停跳，可仅做人工呼吸，每分钟 12～16 次。

9）如无脉搏，立即在正确定位下在胸外按压位置进行心前区叩击 1～2 次。

10）叩击后再次判断有无脉搏，如有脉搏即表明心跳已经恢复，可仅做人工呼吸即可。

11）如无脉搏，立即在正确的位置进行胸外按压。

12）每做 30 次按压，需做两次人工呼吸，然后再在胸部重新定位，再做胸外按压，如此反复进行，直到协助抢救者或专业医务人员赶来。按压频率为 100 次/min。

13）开始 2min 后检查一次脉搏、呼吸、瞳孔，以后每 4～5min 检查一次，检查不超过 5s，最好由协助抢救者检查。

14）如有担架搬运伤员，应该持续做心肺复苏，中断时间不超过 5s。

（2）心肺复苏操作的时间要求。

0～5s：判断意识。

5～10s：呼救并放好伤员体位。

10～15s：开放气道，并观察呼吸是否存在。

15～20s：口对口呼吸两次。

20～30s：判断脉搏。

30～50s：进行胸外心脏按压 30 次，并再人工呼吸 2 次，以后连续反复进行。

以上程序尽可能在 50s 以内完成，最长不宜超过 1min。

（3）双人复苏操作要求。

1）两人应协调配合，吹气应在胸外按压的松弛时间内完成。

2）按压频率为 100 次/min。

3）按压与呼吸比例为 30：2，即 30 次心脏按压后，进行 2 次人工呼吸。

4）为达到配合默契，可由按压者数口诀"1、2、3、4、……、29、吹"，当吹气者听到"29"时，做好准备，听到"吹"后，即向伤员嘴里吹气，按压者继而重数口诀"1、2、3、4、……、29、吹"，如此周而复始循环进行。

5）人工呼吸者除需通畅伤员呼吸道、吹气外，还应经常触摸其颈动脉和观察瞳孔等。

（4）心肺复苏法注意事项。

1）吹气不能在向下按压心脏的同时进行。数口诀的速度应均衡，避免快慢不一。

2）操作者应站在触电者侧面便于操作的位置，单人急救时应站立在触电者的肩部位置。双人急救时，吹气人应站在触电者的头部，按压心脏者应站在触电者胸部、与吹气者相对的一侧。

3）人工呼吸者与心脏按压者可以互换位置，互换操作，但中断时间不超过 5s。

4）第二抢救者到现场后，应首先检查颈动脉搏动，然后再开始做人工呼吸。如心脏按压有效，则应触及到搏动，如不能触及，应观察心脏按压者的技术操作是否正确，必要时应增加按压深度及重新定位。

5）可以由第三抢救者及更多的抢救人员轮换操作，以保持精力充沛、姿势正确。

6. 心肺复苏的有效指标、转移和终止

（1）心肺复苏的有效指标。

心肺复苏术操作是否正确，主要靠平时严格训练，掌握正确的方法。而在急救中判断复苏是否有效，可以根据以下五方面综合考虑。

1）瞳孔。复苏有效时，可见伤员瞳孔由大变小。如瞳孔由小变大、固定、角膜混浊，则说明复苏无效。

2）面色（口唇）。复苏有效，可见伤员面色由紫绀转为红润，如若变为灰白，则说明复苏无效。

3）颈动脉搏动。按压有效时，每一次按压可以摸到一次搏动，如若停止按压，搏动亦消失，应继续进行心脏按压。如若停止按压后，脉搏仍然跳动，则说明伤员心跳已恢复。

4）神志。复苏有效，可见伤员有眼球活动，睫毛反射与对光反射出现，甚至手脚开始抽动，肌张力增加。

5）出现自主呼吸。伤员自主呼吸出现，并不意味可以停止人工呼吸。如果自主呼吸微弱，仍应坚持口对口呼吸。

（2）转移。

在现场抢救时，应力争抢救时间，切勿为了方便或让伤员舒服去移动伤员，从而延误现场抢救的时间。

现场心肺复苏应坚持不断地进行，抢救者不应频繁更换，即使送往医院途中也应继续进行。鼻导管给氧绝不能代替心肺复苏术。如需将伤员由现场移往室内，中断操作时间不得超过 7s。通道狭窄、上下楼层、送上救护车等的操作中断不得超过 30s。

将心跳、呼吸恢复的伤员用救护车送医院时，应在伤员背部放一块宽、阔适当的硬板，以备随时进行心肺复苏。将伤员送到医院而专业人员尚未接手前，仍应继续进行心肺复苏。

（3）终止。

何时终止心肺复苏是一个涉及医疗、社会、道德等方面的问题。不论在什么情况下，终止心肺复苏，决定于医生，或医生组成的抢救组的首席医生，否则不得放弃抢救。高压或超高压电击的伤员心跳、呼吸停止，更不应随意放弃抢救。

（4）电击伤伤员的心脏监护。

被电击伤并经过心肺复苏抢救成功的电击伤员，都应让其充分休息，并在医务人员指导下进行不少于 48h 的心脏监护。因为伤员在被电击过程中，由于电压、电流、频率的直接影响和组织损伤而产生的高钾血症，以及由于缺氧等因素，引起的心肌损害和心律失常，经过心肺复苏抢救，在心跳恢复后，有的伤员还可能会出现"继发性心跳骤停"，故应进行心脏监护，以对心律失常和高钾血症的伤员及时予以治疗。

　　对前面详细介绍的各项操作，现场心肺复苏法应进行的抢救步骤可归纳如图 7 - 16 所示。

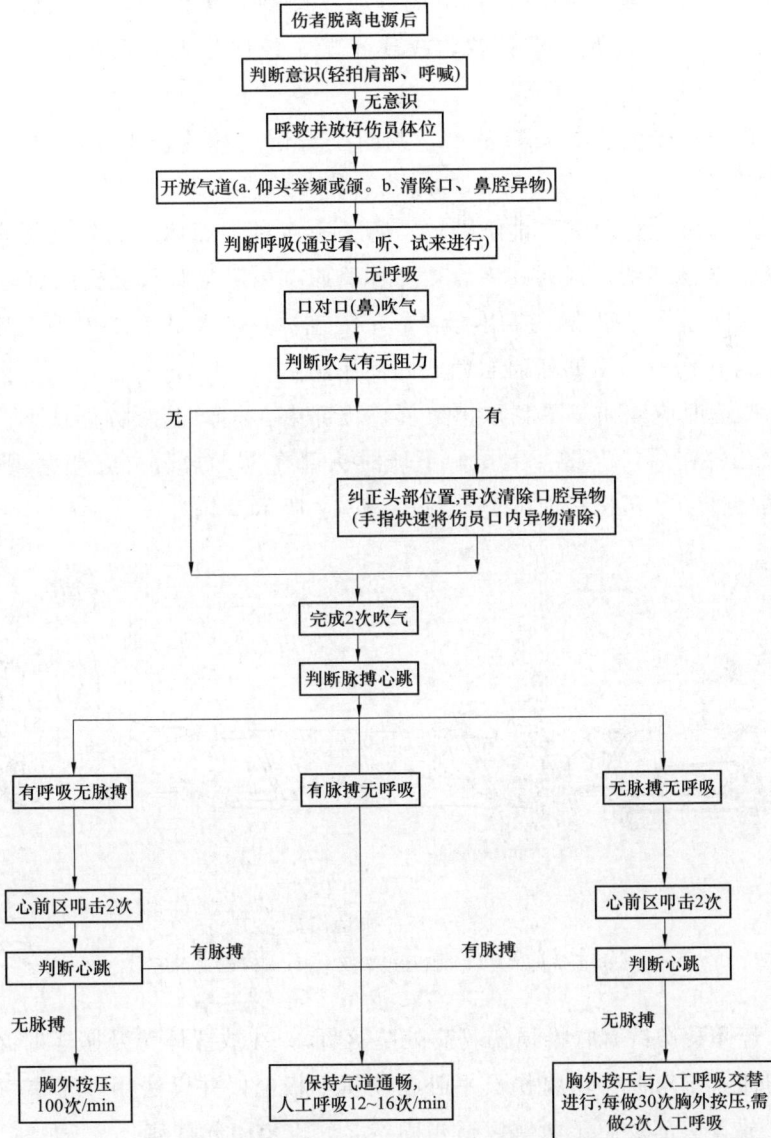

（在持续进行心肺复苏情况下，由专人护送医院进一步抢救）

图 7 - 16　现场心肺复苏的抢救程序

二、创伤急救

1. 创伤急救的基本要求

（1）创伤急救原则上是先抢救，后固定，再搬运，并注意采取措施，防止伤情加重或污染。需要送医院救治的，应立即做好保护伤员措施后送医院救治。急救成功的条件是：动作快，操作正确，任何延迟和误操作均可加重伤情，并可导致死亡。

（2）抢救前先使伤员安静躺平，判断全身情况和受伤程度，如有无出血、骨折和休克等。

（3）外部出血立即采取止血措施，防止失血过多而休克。外观无伤，但呈休克状态，神志不清，或昏迷者，要考虑胸腹部内脏或脑部受伤的可能性。

（4）为防止伤口感染，应用清洁布片覆盖。救护人员不得用手直接接触伤口，更不得在伤口内填塞任何东西或随便用药。

（5）搬运时应使伤员平躺在担架上，腰部束在担架上，防止跌下。平地搬运时伤员头部在后，上楼、下楼、下坡时头部在上，搬运中应严密观察伤员，防止伤情突变。伤员搬运时的方法见图 7-17 所示。

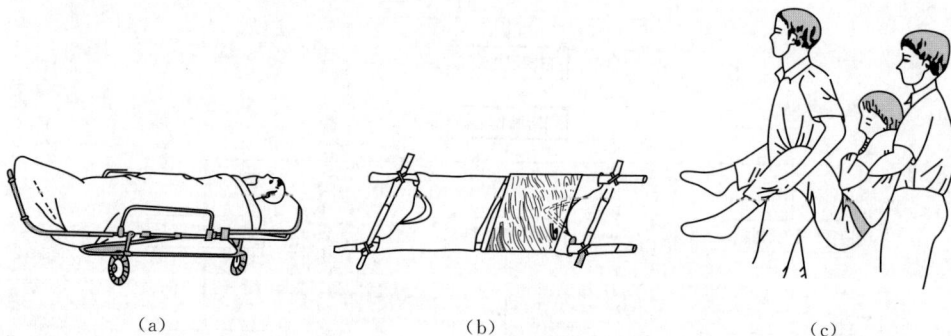

图 7-17　搬运伤员
（a）正常担架；（b）临时担架及木板；（c）错误搬运

（6）若怀疑伤员有脊椎损伤（高处坠落者），在放置体位及搬运时必须保持脊柱不扭曲、不弯曲，应将伤员平卧在硬质平板上，并设法用沙土袋（或其他代替物）放置头部及躯干两侧以适当固定之，以免引起截瘫。

2. 止血急救方法

（1）伤口渗血：用较伤口稍大的消毒纱布数层覆盖伤口，然后进行包

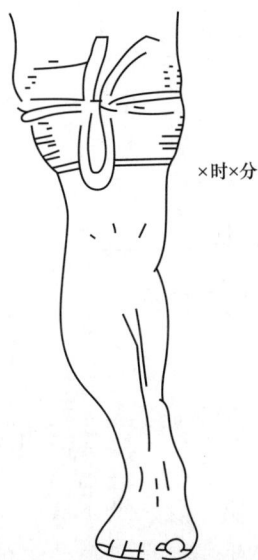

扎。若包扎后仍有较多渗血，可再加绷带适当加压止血。

（2）伤口出血呈喷射状或鲜红血液涌出时，立即用清洁手指压迫出血点上方（近心端），使血流中断，并将出血肢体抬高或举高，以减少出血量。

（3）用止血带或弹性较好的布带等止血时，如图7-18所示，应先用柔软布片或伤员的衣袖等数层垫在止血带下面，再扎紧止血带以刚使肢端动脉搏动消失为度。上肢每60min，下肢每80min放松一次，每次放松1～2min。开始扎紧与每次放松的时间均应书面标明在止血带旁。扎紧时间不宜超过4h。不要在上臂中三分之一处和窝下使用止血带，以免损伤神经。若放松时观察已无大出血可暂停使用。

（4）严禁用电线、铁丝、细绳等作止血带使用。

図 7-18　止血带

（5）高处坠落、撞击、挤压可能有胸腹内脏破裂出血。受伤者外观无出血但常表现面色苍白，脉搏细弱，气促，冷汗淋漓，四肢厥冷，烦躁不安，甚至神志不清等休克状态，应迅速躺平，抬高下肢，如图7-19所示，保持温暖，迅速送医院救治。若送院途中时间较长，可给伤员饮用少量糖盐水。

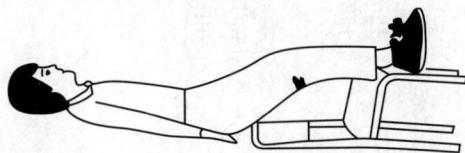

図 7-19　抬高下肢

3.骨折急救方法

（1）肢体骨折可用夹板或木棍、竹竿等将断骨上、下方两个关节固定，如图7-20所示，也可利用伤员身体进行固定，避免骨折部位移动，以减少疼痛，防止伤势恶化。

开放性骨折，伴有大出血者，先止血，再固定，并用干净布片覆盖伤口，然后迅速送医院救治。切勿将外露的断骨推回伤口内。

（2）疑有颈椎损伤，在使伤员平卧后，用沙土袋（或其他代替物）放置头部两侧（如图7-21所示）使颈部固定不动。应进行口对口呼吸时，只能采用抬颏使气道通畅，不能再将头部后仰移动或转动头部，以免引起截瘫或死亡。

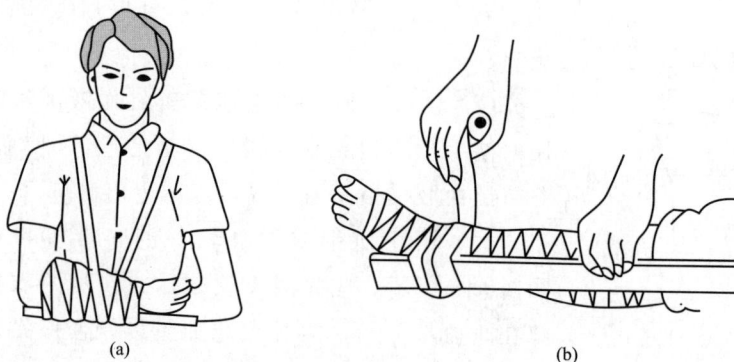

图 7-20 骨折固定方法

(a) 上肢骨折固定；(b) 下肢骨折固定

（3）腰椎骨折应将伤员平卧在平硬木板上，并将腰椎躯干及二侧下肢一同进行固定预防瘫痪（如图 7-22 所示）。搬动时应数人合作，保持平稳，不能扭曲。

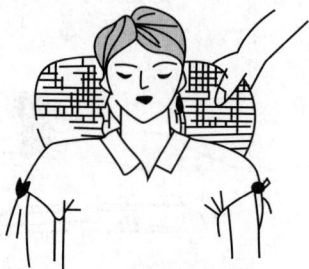

图 7-21 颈椎骨折固定

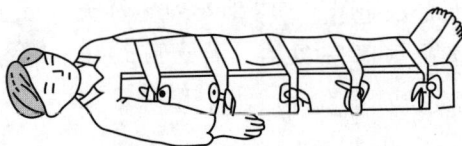

图 7-22 腰椎骨折固定

4. 颅脑外伤急救方法

（1）应使伤员采取平卧位，保持气道通畅，若有呕吐，应扶好头部和身体，使头部和身体同时侧转，防止呕吐物造成窒息。

（2）耳鼻有液体流出时，不要用棉花堵塞，只可轻轻拭去，以利降低颅内压力。也不可用力擤鼻，排除鼻内液体，或将液体再吸入鼻内。

（3）颅脑外伤时，病情可能复杂多变，禁止给予饮食，迅速送医院诊治。

5. 烧伤急救方法

（1）电灼伤、火焰烧伤或高温气、水烫伤均应保持伤口清洁。伤员的衣服鞋袜用剪刀剪开后除去。伤口全部用清洁布片覆盖，防止污染。四肢烧伤时，先用清洁冷水冲洗，然后用清洁布片或消毒纱布覆盖送医院。

（2）强酸或碱灼伤应迅速脱去被溅染衣物，现场立即用大量清水彻底冲洗，要彻底，然后用适当的药物给予中和。冲洗时间不少于 10min。被强酸烧伤应用 5% 碳酸氢钠（小苏打）溶液中和。被强碱烧伤应用 0.5%～5% 醋酸溶液或 5% 氯化铵或 10% 枸橼酸液中和。

（3）未经医务人员同意，灼伤部位不宜敷搽任何东西和药物。

（4）送医院途中，可给伤员多次少量口服糖盐水。

6. 冻伤急救方法

（1）冻伤使肌肉僵直，严重者深及骨骼，在救护搬运过程中动作要轻柔，不要强使其肢体弯曲活动，以免加重损伤，应使用担架，将伤员平卧并抬至温暖室内救治。

（2）将伤员身上潮湿的衣服剪去后用干燥柔软的衣服覆盖，不得烤火或搓雪。

（3）全身冻伤者呼吸和心跳有时十分微弱，不得误认为死亡，应努力抢救。

7. 动物咬伤急救方法

（1）毒蛇咬伤。

1）毒蛇咬伤后，不要惊慌、奔跑、饮酒，以免加速蛇毒在人体内扩散。

2）咬伤大多在四肢，应迅速从伤口上端向下方反复挤出毒液，然后在伤口上方（近心端）用布带扎紧，将伤肢固定，避免活动，以减少毒液的吸收。

3）有蛇药时可先服用，再送往医院救治。

（2）犬咬伤。

1）犬咬伤后应立即用浓肥皂水或清水冲洗伤口至少 15min，同时用挤压法自上而下将残留伤口内唾液挤出，然后再用碘酒涂搽伤口。

2）少量出血时，不要急于止血，也不要包扎或缝合伤口。

3）尽量设法查明该犬是否为"疯狗"，对医院制订治疗计划有较大帮助。

8. 溺水急救方法

（1）发现有人溺水应设法迅速将其从水中救出，呼吸心跳停止者用心肺复苏法坚持抢救。曾受水中抢救训练者在水中即可抢救。

（2）口对口人工呼吸因异物阻塞发生困难，而又无法用手指除去时，可用两手相叠，置于脐部稍上正中线上（远离剑突）迅速向上猛压数次，使异物退出，但也不能用力太大。

（3）溺水死亡的主要原因是窒息缺氧。由于淡水在人体内能很快经循环吸收，而气管能容纳的水量很少，因此在抢救溺水者时不应"倒水"而延误抢救时间，更不应仅"倒水"而不用心肺复苏法进行抢救。

9. 高温中暑急救方法

（1）烈日直射头部，环境温度过高，饮水过少或出汗过多等可以引起中暑现象，其症状一般为恶心、呕吐、胸闷、眩晕、嗜睡、虚脱，严重时抽搐、惊厥甚至昏迷。

（2）应立即将病员从高温或日晒环境转移到阴凉通风处休息。用冷水擦浴，湿毛巾覆盖身体、电扇吹风，或在头部置冰袋等方法降温，并及时给病员口服盐水。严重者送医院治疗。

第二节　常见职业中毒的急救

一、SF_6 气体中毒急救

SF_6 气体是一种无色、无臭、无毒、不可燃、防火性能十分优越的气体。由于它具有优越的绝缘与灭弧性能，多年来在断路器、电缆、电容器、GIS、GIT 等输变电设备领域得到了广泛的应用。SF_6 断路器（开关）外形优美，电气性能良好，体积较小，无需另设消防设备，所以应用越来越广泛。但是，由于 SF_6 气体的物理和化学性质，水分、杂质含量及在电弧作用下的部分产物可能会对环境和工作人员产生危害，因此，电力安全工作规程对 SF_6 电气设备的操作作了详细规定。

SF_6 气体中毒后，呼吸系统主要症状：刺激呼吸道，打喷嚏，呛咳，咽部干燥，有烧灼感，继而呼吸不畅，胸闷气短，严重时呼吸困难，喉头水肿、溃烂。眼部主要症状：流泪，怕光，烧灼感，充血，水肿。皮肤主要症状：瘙痒，皮疹，接触处可能有红肿。消化道主要症状：吞咽困难，恶心，呕吐，腹痛。神经系统主要症状：突然头痛，头昏，全身软弱无力，感觉抑郁，严重会惊厥，抽搐，休克，猝倒，昏迷。

SF_6气体中毒后现场急救办法：

（1）组织人员立即撤离现场，开启通风系统，保持空气流通。

（2）观察中毒者，如有呕吐应使其侧位，避免呕吐物吸入，造成窒息。

（3）如皮肤污染，应立即用清水充分冲洗，更换干净衣物。

（4）眼部伤害或污染，用清水冲洗并摇晃头部。

（5）应弄清毒物性质，并保留呕吐物待查。

（6）现场应配备必要的药品，工作人员应掌握急救知识，使中毒者尽快得到妥善处理，并及时去医院观察治疗。

二、一氧化碳气体中毒急救

一氧化碳是一种无色、无味的气体，几乎不溶于水。进入人体后，与体内血红蛋白的亲和力比氧高 300 倍，使血红蛋白丧失了携带氧的能力和作用，对全身的组织细胞均有毒性作用，尤其对大脑皮质的影响最为严重。

一氧化碳中毒症状：中毒初期只是表现为头痛，以后随之会出现头晕、眼花、恶心、心慌、四肢无力、皮肤粘膜出现樱桃红色等症状。当人们意识到已发生一氧化碳中毒时，往往已为时已晚。因为支配人体运动的大脑皮质最先受到麻痹损害，使人无法实现有目的的自主运动。此时，中毒者头脑中仍有清醒的意识，也想打开门窗逃出，可手脚已不听使唤。所以，一氧化碳中毒者往往无法进行有效的自救。

一氧化碳气体中毒后现场急救方法：

（1）因一氧化碳的比重比空气略轻，故浮于上层，救助者进入和撤离现场时，如能匍匐行动会更安全。进入室内时严禁携带明火，尤其是室内一氧化碳浓度过高，按响门铃、打开室内电灯产生的电火花均可引起爆炸。

（2）进入室内后，应迅速打开所有通风的门窗，如能发现一氧化碳来源并能迅速排出的则应同时控制，如关闭一氧化碳容器开关等，但绝不可为此耽误救人时间，因为救人更重要。

（3）迅速将中毒者背出充满一氧化碳的房间，转移到通风保暖处平卧，解开衣领及腰带以利其呼吸顺畅。同时呼叫救护车，随时准备送往有高压氧舱的医院抢救。

（4）在等待运送车辆的过程中，对于昏迷不醒的患者可将其头部偏向一侧，以防呕吐物误吸入肺内导致窒息。为促其清醒可用针刺或指甲掐其人中穴。若其仍无呼吸则需立即开始口对口人工呼吸。必须注意，对一氧化碳中毒的患者这种人工呼吸的效果远不如医院高压氧舱的治疗。因而对昏迷较深的患者不应立足于就地抢救，而应尽快送往医院，但在送往医院的途中人工呼吸绝不可停止，以保证大脑的供氧，防止因缺氧造成的脑神经不可逆性坏死。

三、硫化氢气体中毒急救

硫化氢是无色、臭鸡蛋味儿、有毒的气体。硫化氢多是工业生产排放的废气。比如：制革、橡胶、人造纤维等专业在制作过程中易产生硫化氢。特别是含硫有机化合物腐败时不仅能产生氨、二氧化碳、二硫化碳等，也能放出硫化氢。比如：粪池、地窖、污水池、下水管道、腌菜池等有机物腐败后产生有毒的硫化氢。因此，在上述条件下工作的人员要注意劳动保护。硫化氢气体对眼睛和呼吸道黏膜、眼结膜、角膜处产生硫化纳，而发生炎症反应。硫化氢气体进入人体后与胞色素化酶的三价铁结合，抑制该酶的活性，影响细胞色素氧化过程，造成组织缺氧，特别是引起呼吸中枢麻痹引起窒息死亡。中毒的速度与空气中硫化氢气体的浓度有关，十几分钟甚至几秒钟内即可发生中毒。

硫化氢中毒的临床表现如下：低浓度的硫化氢气体中毒时，病人意识尚清楚，眼痛、流泪、鼻咽灼热感，气憋咳嗽，也可以有恶心、呕吐等反应。较高浓度的硫化氢气体中毒时，病人心悸、躁动、呼吸困难、口唇紫绀，甚至出现肺气肿、血压下降，最后发展至呼吸中枢麻痹而死亡。若吸入极高浓度的硫化氢气体，可呈"闪电样"中毒而死亡。经抢救存活者，少数病人在后期可出现中毒性肝、肾损害，并可有后遗症，如：神经衰弱、前庭神经功能紊乱（晕眩）、锥体外系损害（震颤），中毒性精神病，心脏损害等。

硫化氢气体中毒后现场急救方法：

（1）立即将病人转移离开有毒气的现场，迁移到有新鲜空气处。

（2）吸氧。如氧气袋、氧气瓶或氧立得等。有条件者尽早地采用加压吸氧或高压舱治疗。同时可交替使用呼吸兴奋剂。

（3）呼吸停止者，立即进行人工呼吸，坚持不懈地进行，同时呼叫120急救车，一直坚持到医生到场。在做口对口呼吸时，救援者只对病人做吹气动作，避免直接口对口做吸气动作，以免造成救援者中毒。

（4）眼睛有损伤者，尽快用清水冲洗，或用20％碳酸氢钠溶液冲洗。

（5）严密观察病人有无并发症，如：脑水肿、肺水肿、肺部感染和休克等，要给予相关积极处理。

（6）须特别注意的是，进入现场救援者必须注意自身安全，戴防毒面具，防护眼镜（游泳眼镜也可以），用湿毛巾或口罩保护口鼻。应该几个人轮流救护，不要由一个人多次进出现场。

四、其他职业中毒急救方法

（1）迅速脱离现场：迅速将患者移离中毒现场至上风向的空气新鲜场所，安静休息，避免活动，注意保暖，必要时给予吸氧。在发生多人急性中毒时，根据患者病情迅速将病员检伤分类，分别妥善处理重伤病人、中伤病人、轻伤病人和接触者。

（2）防止毒物继续吸收：脱去被毒物污染的衣物，用流动的清水及时反复清洗皮肤、毛发 15min 以上，对于可能经皮肤吸收中毒或引起化学性烧伤的毒物更要充分冲洗，并可考虑选择适当中和剂中和处理，眼睛溅入毒物要优先彻底冲洗。

（3）对症支持治疗：保持呼吸道通畅，密切观察患者意识状态、生命体征变化，发现异常立即处理。保护各脏器功能，维持电解质、酸碱平衡等对症支持治疗。

（4）应用特效解毒剂：在现场应抓紧时机，早期立即给予相应的特效解毒剂。

（5）尽快查清毒物种类，明确诊断，以采取针对性治疗措施。病因不明时，应先进行抢救，同时查清毒物。治疗的重点在维持心脑肺等脏器功能，密切观察生命体征变化。治疗方案应根据临床表现结合各种检查来制定。

第三节　自救逃生方法

一、火灾自救逃生方法

在社会生活中，火灾已成为威胁公共安全，危害人们生命财产的一种多发性灾害。给国家和人民群众的生命财产造成了巨大的损失。总结以往造成群死群伤及重大经济损失的火灾事故教训，其中最根本的一点是要提高人们火场疏散与逃生的能力。面对滚滚浓烟和熊熊烈焰，只有冷静机智运用火场自救与逃生知识，才能有极大可能拯救自己。

（一）常规火灾自救逃生方法

1. 逃生预演，临危不乱

每个人对自己工作、学习或居住所在的建筑物的结构及逃生路径要做到了然于胸，必要时可集中组织应急逃生预演，使大家熟悉建筑物内的消防设施及自救逃生的方法。这样，火灾发生时，就不会觉得走投无路了。

2. 熟悉环境，暗记出口

当你处在陌生的环境时，如入住酒店、商场购物、进入娱乐场所时，为了自身安全，务必留心疏散通道、安全出口及楼梯方位等，以便关键时候能尽快逃离现场。

3. 通道出口，畅通无阻

楼梯、通道、安全出口等是火灾发生时最重要的逃生之路，应保证畅通无阻，切不可堆放杂物或设闸上锁，以便紧急时能安全迅速地通过。

4. 扑灭小火，惠及他人

当发生火灾时，如果发现火势并不大，且尚未对人造成很大威胁时，当周围有足够的消防器材，如灭火器、消防栓等，应奋力将小火控制、扑灭。千万不要惊慌失措地乱叫乱窜，置小火于不顾而酿成大灾。

5. 保持镇静，明辨方向，迅速撤离

突遇火灾，面对浓烟和烈火，首先要强令自己保持镇静，迅速判断危险地点和安全地点，决定逃生的办法，尽快撤离险地。千万不要盲目地跟从人流和相互拥挤、乱冲乱窜。撤离时要注意，朝明亮处或外面空旷地方跑，要尽量往楼层下面跑，若通道已被烟火封阻，则应背向烟火方向离开，通过阳台、气窗、天台等往室外逃生。

6. 不入险地，不贪财物

在火场中，人的生命是最重要的。身处险境，应尽快撤离，不要因害羞或顾及贵重物品，而把宝贵的逃生时间浪费在穿衣或寻找、搬离贵重物品上。已经逃离险境的人员，切莫重返险地，自投罗网。

7. 简易防护，蒙鼻匍匐

逃生时经过充满烟雾的路线，要防止烟雾中毒、预防窒息。为了防止火场浓烟呛入，可采用毛巾、口罩蒙鼻，匍匐撤离的办法。烟气较空气轻而飘于上部，贴近地面撤离是避免烟气吸入、滤去毒气的最佳方法。穿过烟火封锁区，应配戴防毒面具、头盔、阻燃隔热服等护具，如果没有这些护具，那么可向头部、身上浇冷水或用湿毛巾、湿棉被、湿毯子等将头、身裹好，再冲出去。

8. 善用通道，莫入电梯

按规范标准设计建造的建筑物，都会有两条以上逃生楼梯、通道或安全出口。发生火灾时，要根据情况选择进入相对较为安全的楼梯通道。除可以利用楼梯外，还可以利用建筑物的阳台、窗台、天窗、屋顶等攀爬到周围的安全地点，沿着落水管、避雷线等建筑结构中凸出物滑下楼也可脱险。在高层建筑中，电梯的供电系统在火灾时随时会断电或因高温的作用电梯变形而使人被困在电梯内，同时由于电梯井犹如贯通的烟囱般直通各楼层，有毒的烟雾直接威胁被困人员的生命，因此，千万不要乘普通的电梯逃生。

9. 缓降逃生，滑绳自救

高层、多层公共建筑内一般都设有高空缓降器或救生绳，人员可以通过这些设施安全地离开危险的楼层。如果没有这些专门设施，而安全通道又已被堵，救援人员不能及时赶到的情况下，你可以迅速利用身边的绳索或床单、窗帘、衣服等自制简易救生绳，并用水打湿从窗台或阳台沿绳缓慢滑到下面楼层或地面，安全逃生。

10. 避难场所，固守待援

假如用手摸房门已感到烫手，此时一旦开门，火焰与浓烟势必迎面扑来。逃生通道被切断且短时间内无人救援。这时候，可采取创造避难场所、固守待援的办法。首先应关紧迎火的门窗，打开背火的门窗，用湿毛巾、湿布塞堵门缝或用水浸湿棉被蒙在门窗上，然后不停用水淋透，防止烟火渗入，固守在房内，直到救援人员到达。

11. 缓晃轻抛，寻求援助

被烟火围困暂时无法逃离的人员，应尽量待在阳台、窗口等易于被人发现和能避免烟火近身的地方。在白天，可以向窗外晃动鲜艳衣物，或外抛轻型晃眼的东西。在晚上即可以用手电筒不停地在窗口闪动或者敲击东西，及时发出有效的求救信号，引起救援者的注意。因为消防人员进入室内都是沿墙壁摸索行进，所以在被烟气窒息失去自救能力时，应努力滚到墙边或门边，便于消防人员寻找、营救。此外，滚到墙边也可防止房屋结构塌落砸伤自己。

12. 火已及身，切勿惊跑

火场上的人如果发现身上着了火，千万不可惊跑或用手拍打，因为奔跑或拍打时会形成风势，加速氧气的补充，促旺火势。当身上衣服着火时，应赶紧设法脱掉衣服或就地打滚，压灭火苗。能及时跳进水中或让人向身上浇水、喷灭火剂就更有效了。

13. 跳楼有术，虽损求生

身处火灾烟气中的人，精神上往往陷于极端恐怖和接近崩溃，惊慌的心理极易导致不顾一切的伤害性行为，如跳楼逃生。应该注意的是：只有消防队员准备好救生气垫并指挥跳楼时或楼层不高（一般4层以下），非跳楼即烧死的情况下，才采取跳楼的方法。即使已没有任何退路，若生命还未受到严重威胁，也要冷静地等待消防人员的救援。跳楼也要讲技巧，跳楼时应尽量往救生气垫中部跳或选择有水池、软雨篷、草地等方向跳。如有可能，要尽量抱些棉被、沙发垫等松软物品或打开大雨伞跳下，以减缓冲击力。如果徒手跳楼一定要扒窗台或阳台使身体自然下垂跳下，以尽量降低垂直距离，落地前要双手抱紧头部身体弯曲卷成一团，以减少伤害。跳楼虽可求生，但会对身体造成一定的伤害，所以要慎之又慎。

（二）山林火灾自救逃生方法

山林中一旦遭遇火灾，应当尽力保持镇静，就地取材，尽快作好自我防护。可以采取以下防护措施和逃生技能，以求安全迅速逃生。

（1）在山林火灾中对人身造成的伤害主要来自高温、浓烟和一氧化碳，容易造成热烤中暑、烧伤、窒息或中毒，尤其是一氧化碳具有潜伏性，会降低人的精神敏锐性，中毒后不容易被察觉。因此，一旦发现自己身处山林着火区域，应当使用沾湿的毛巾遮住口鼻。附近有水的话最好把身上的衣服浸湿，这样就多了一层保护。然后要判明火势大小、着火时的风向，应当逆风逃生，切不可顺风逃生。

（2）在山林中遭遇火灾一定要密切注意风向的变化，因为这说明了大火的蔓延方向，这也决定了你逃生的方向是否正确。实践表明现场刮起5级以上的大风，火灾就会失控。如果突然感觉到无风的时候更不能麻痹大意，这时往往意味着风向将会发生变化或者逆转，一旦逃避不及，容易造成伤亡。

（3）当烟尘袭来时，用湿毛巾或衣服捂住口鼻迅速躲避。躲避不及时，应选在附近没有可燃物的平地卧地避烟。切不可选择低洼地或坑、洞地带。因为低洼地和坑、洞地带容易沉积烟尘。

（4）如果被大火包围在半山腰时，要快速向山下跑，切忌往山上跑，通常火势向上蔓延的速度要比人跑得快得多，火头会跑到你的前面。一旦大火扑来的时候，如果你处在下风向，要果断地迎风对火突破包围圈。切忌顺风撤离。如果时间允许，可以主动点火烧掉周围的可燃物，当烧出一片空地后，迅速进入空地卧倒避烟。

二、水灾自救逃生方法

水灾威胁人民生命安全，造成巨大财产损失，并对社会经济发展产生深远的不良影响。水灾多发生在低海拔的地区。水灾自救逃生方法介绍如下。

（1）如果来不及转移，也不必惊慌，可向高处（如结实的楼房顶、大树上）转移，等候救援人员营救。

（2）为防止洪水涌入屋内，首先要堵住大门下面所有空隙。最好在门槛外侧放上沙袋，沙袋可用麻袋、草袋或布袋、塑料袋，里面塞满沙子、泥土、碎石。如果预料洪水还会上涨，那么底层窗槛外也要堆上沙袋。

（3）如果洪水不断上涨，应在楼上储备一些食物、饮用水、保暖衣物以及烧开水的用具。

（4）如果水灾严重，水位不断上涨，就必须自制木筏逃生。任何入水能浮的东西，如床板、箱子、柜、门板等，都可用来制作木筏。如果一时找不到绳子，可用床单、被单等撕开来代替。

（5）在爬上木筏之前，一定要试试木筏能否漂浮，收集食品、发信号用具（如哨子、手电筒、旗帜、鲜艳的床单）、划桨等是必不可少的。在离开房屋漂浮之前，要吃些的食物和喝些热饮料，以增强体力。

（6）在离开家门之前，还要把煤气阀、电源总开关等关掉，时间允许的话，将贵重物品用毛毯卷好，收藏在楼上的柜子里。出门时最好把房门关好，以免家产随水漂流掉。

三、道路交通事故自救逃生方法

道路交通事故是常见的路中灾难。万一发生了道路交通事故，首先根据事故不同情况，采取相应的自救逃生方法进行自我保护，然后拨打 122、119、120 或 110。

1. 车辆起火——破窗脱身打滚灭火

行车途中汽车突然起火，司机应立即熄火、切断油路和电源、关闭点火开关后，立即设法组织车内人员离开车体。若因车辆碰撞变形、车门无法打开时，可从前后挡风玻璃或车窗处脱身。

当人身体已经着火时，应采取向水源处滚动的姿势，边滚动边脱去身上的衣服，注意保护好露在外面的皮肤和头发。不要张嘴深呼吸或高声呼喊，以免烟火灼伤上呼吸道。离开汽车后，不要着急脱掉粘在烧伤皮肤上的衣服，大面积的烧伤可用干净的布单或毛巾包扎，如有可能尽量多喝水或饮料。与此同时，没受伤的人员要尽快用灭火器、沙土、衣物或篷布蒙盖，使车辆灭火，但切忌用水扑救。

2. 汽车翻车——脚勾踏板随车翻转

当司机感到车辆不可避免地要倾翻时，应紧紧抓住方向盘，两脚勾住踏板，使身体固定，随车体旋转。如果车辆侧翻在路沟、山崖边上的时候，应判断车辆是否还会继续往下翻滚。在不能判明的情况下，应维持车内秩序，让靠近悬崖外侧的人先下，从外到里依次离开。否则，车辆产生重心偏离，会造成继续往下翻滚。

如果车辆向深沟翻滚，所有人员应迅速趴到座椅上，抓住车内的固定物，使身体夹在座椅中，稳住身体，避免身体在车内滚动而受伤。翻车时，不可顺着翻车的方向跳出车外，防止跳车时被车体挤压，而应向车辆翻转的相反方向跳跃。若在车中感到将被抛出车外时，应在被抛出车外的瞬间，猛蹬双腿，增加向外抛出的力量，以增大离开危险区的距离。落地时，应双手抱头顺势向惯性的方向滚动或跑开一段距离，避免遭受二次损伤。

车辆在行驶中一旦刹车失灵，乘车人绝不能盲目跳车。因为司机会减挡降低车速，如减挡失败，司机应将车辆开到靠近山体的一边去，必要时用车体侧面与山体剐撞，所以，乘车人应该抓紧车内的固定物，以减轻对人体的伤害。

3. 车辆落水——先深呼吸再开车门

汽车翻进河里，若水较浅，不能淹没全车时，应待汽车稳定以后，再设法从安全的出处离开车辆。若水较深时，先不要急于打开车门和车窗玻璃，因为这时车门是难以打开的。此时，车厢内的氧气可供司机和乘客维持 $5\sim10min$，应首先使儿童、老人和妇女的头部保持在水面上。若车厢内的水面大致相等、有空间时，应迅速用力推开车门或玻璃，同时深吸一口气，及时浮出水面。

如果岸边无人救护，掉到水里的人神志清醒，应尽量采用仰卧位、身体挺直、头部向后，这样可使口、鼻露出水面，继续呼吸，如果是公共汽车或载有儿童的车辆，可手牵着手、牵着衣服、牵着脚，形成人链，一起脱离汽车逃出水面。

4. 迎面碰撞——两脚踏直身体后倾

交通事故中的迎面碰撞，受到致命危险的主要是司机。一旦遇有事故发生，当迎面碰撞的主要方位不在司机一侧时，司机应手臂紧握方向盘，两腿向前踏直，身体后倾，保持身体平衡，以免在车辆撞击的一瞬间，头撞到挡风玻璃上而受伤。如果迎面碰撞的主要方位在临近驾驶员座位或者撞击力度大时，驾驶员应迅速躲离方向盘，将两脚抬起，以免受到挤压而受伤。

四、其他自然灾害自救逃生方法

1. 地震灾害逃生方法

地震时就近躲避，震后迅速撤离到安全的地方是应急防护的较好方法。所谓就近躲避，就是因地制宜地根据不同的情况做出不同的对策。

（1）在室内：应就近躲到坚实的家具下，如写字台、结实的床、农村土炕的炕沿下，也可躲到墙角或管道多、整体性好的小跨度卫生间和厨房等处。注意不要躲到外墙窗下、电梯间，更不要跳楼，这些都是十分危险的。

（2）在教室：应在教师指挥下迅速抱头、闭眼、蹲到各自的课桌下。地震一停，迅速有秩序撤离，撤离时千万不要拥挤。

（3）在影剧院、体育场或饭店：应迅速抱头卧在座位下面，也可在舞台或乐池下躲避。门口的观众可迅速跑出门外。

（4）在室外：应尽量远离狭窄街道、高大建筑、高烟囱、变压器、玻璃幕墙建筑、高架桥和存有危险品、易燃品的场院所。地震停下后，为防止余震伤人，不要轻易跑回未倒塌的建筑物内。

（5）在商场：应就近躲藏在柱子或大型商品旁，但要尽量避开玻璃柜。在楼上时，要看准机会逐步向底层转移。

（6）在车间：应就近蹲在大型机床和设备旁边，但要注意离开电源、气源、火源等危险地点。

（7）在行驶的汽车、电车或火车内：应抓牢扶手，以免摔伤、碰伤，同时要注意行李掉下来伤人。座位上面朝行李方向的人，可用胳膊靠在前排椅子上护住头面部。背向行李方向的人可用双手护住后脑，并抬膝护腹，紧缩身体。

地震后，迅速下车向开阔地转移。

（8）无论在何处躲避，都要尽量用棉被、枕头、书包或其他软物体保护头部。

（9）如果正在使用明火，应迅速把明火灭掉。

2. 台风灾害逃生方法

台风预警信号根据逼近时间和强度分四级，分别用蓝色、黄色、橙色和红色表示。蓝色预警信号：预示 24h 内平均风力可达 6 级以上，或阵风 7 级以上。或平均风力已为 6～7 级，或阵风 7～8 级并可能持续。黄色预警信号：预示 24h 内平均风力可达 8 级以上，或阵风 9 级以上。或平均风力已为 8～9 级，或阵风 9～10 级并可能持续。橙色预警信号：预示 12h 内平均风力可达 10 级以上，或阵风 11 级以上。或平均风力已为 10～11 级，或阵风 11～12 级并可能持续。红色预警信号：预示 6h 内平均风力可达 12 级以上，或已达 12 级以上并可能持续。

（1）接到蓝色预警信号：应做好防风准备，把门窗、围板、棚架、临时搭建物等固紧，妥善安置室外物品。

（2）接到黄色预警信号：①应进入防风状态，幼儿园、托儿所停课。②关紧门窗，危险地带和危房中居民及船舶转移到避风场所避风，高空、水上等户外作业人员停止作业，危险地带工作人员撤离。③切断霓虹灯招牌及危险室外电源。④停止露天集体活动，立即疏散人员。

（3）接到橙色预警信号：①应进入紧急防风状态，中小学停课。②老人、小孩留在家中安全地方。③停止室内大型集会，立即疏散人员。加固港口设施，防止船只走锚、搁浅或碰撞。

（4）接到红色预警信号：①应进入特别紧急防风状态，停业、停课，尽可能待在安全的地方。②当台风中心风力减小或静止时，切记强风会突然吹袭，应继续留在安全处避风。

3. 暴雨灾害逃生方法

暴雨预警信号分三级，分别以黄色、橙色、红色表示。黄色预警信号预示 6h 降雨量将达 50mm 以上，或已达 50mm 以上且降雨可能持续。橙色预警信号预示 3h 降雨量将达 50mm 以上，或已达 50mm 以上且降雨可能持续。红色预警信号预示 3h 降雨量将达 100mm 以上，或已达 100mm 以上且降雨可能持续。

（1）接到黄色预警信号：①应特别关注天气变化，采取防御措施。②收盖露天晾晒物品，做好低洼、易受淹地区排水防涝准备。③驾车注意道路积水和交通阻塞，确保安全。④检查农田、鱼塘排水系统，降低易淹鱼塘水位。

（2）接到橙色预警信号：①应暂停在空旷地方的户外作业，尽可能停留在室内等安全场所避雨。②危险地带及危房中居民应转移到安全场所避雨。

（3）接到红色预警信号：①户外人员应立即到安全地方暂避。②处于危险地带的人员应停课、停业，立即转移到安全地方暂避。

（4）山谷中突遇暴雨：①应迅速转移到安全高地，不在谷底逗留。②特别留意远处山谷传来的打雷般声响，如发生泥石流，马上向与泥石流运动方向成垂直方向的两边山坡上转移，不能顺着泥石流方向逃生。

（5）山中突遇洪水被困：①应选择远离行洪道的高处平地或山洞待援。有手机的可拨打求救电话。②无通信工具时，可寻找树枝和其他一些可燃物点燃，并向火堆添加一些湿树枝或青草，以升起大量浓烟报警。或用树枝、石块、衣服等在野外空地摆出尽可能大的求救字样，在显著位置插上颜色鲜艳的标志物，以引起搜救人员注意。

4. 雷雨大风灾害逃生方法

雷雨大风预警信号分四级，分别以蓝色、黄色、橙色、红色表示。蓝色预警信号预示 6h 内平均风力可达 6 级以上，或阵风 7 级以上，并伴有雷电。或平均风力已达 6～7 级，或阵风 7～8 级并伴有雷电且可能持续。黄色预警信号预示 6h 内平均风力可达 8 级以上，或阵风 9 级以上，并伴有强雷电。或平均风力已达 8～9 级，或阵风 9～10 级并伴有强雷电且可能持续。橙色预警信号预示 2h 内平均风力可达 10 级以上，或阵风 11 级以上，并伴有强雷电。或平均风力已达 10～11 级，或阵风 11～12 级并伴有强雷电且可能持续。红色预警信号预示 2h 内平均风力可达 12 级以上，并伴有强雷电。或平均风力已达 12 级以上并伴有强雷电且可能持续。

（1）接到蓝色预警信号：①应做好防风、防雷电准备。②停留在安全地方。③把门窗、围板、棚架、临时搭建物等固紧，人员尽快离开临时搭建物，妥善安置室外物品。

（2）接到黄色预警信号：①应妥善保管易受雷击的贵重电器设备，断电后放到安全地方，出现雷电时关闭手机，切断霓虹灯招牌及危险室外电源。②危险地带和危房中居民及船舶应到避风场所避风，不在大树、电杆、塔吊下避雨，停止露天集体活动，立即疏散人员。③高空、水上等户外作业人员停止作业，危险地带人员撤离。

（3）接到橙色预警信号：①不应外出，留在安全地方。②加固港口设施，防止船只走锚或碰撞。

（4）接到红色预警信号：应进入特别紧急防风状态。

（5）突遇雷雨大风：①尽快躲到室内，关闭门窗并避开有金属管道的地方。关闭电视机、计算机，并将输入信号线拔下，切断家用电器电源。②在户外躲避雷雨应选择低洼地蹲下，双臂抱膝，胸口紧贴膝盖，尽量低头，不用手触地面。不宜在大树下躲避雷雨，如万不得已，则须与树干保持3m以上距离，下蹲并双腿靠拢。③尽量不使用手机，穿行无障碍物地区时，最好关掉手机电源。④不在高楼平台上逗留，不在空旷地方躲雨，不靠近水面，不进行游泳、钓鱼、洗衣服等活动。⑤在户外遇高压线遭雷击断裂时，身处附近的人，应双腿并拢，或单脚跳离现场。⑥人体在遭雷击后，应马上让其躺下，若伤者已停止呼吸或心脏停跳，立即进行人工呼吸、心脏按压等紧急抢救措施，并迅速送往医院抢救。⑦遭受雷击引起衣服着火时，应让伤者躺下，使火焰不致烧伤面部，并往其身上泼水，或用厚外衣、毯子等把伤者裹住，扑灭火焰。

（6）突遇狂风：①应在轻型车辆上放置一些重物，或慢速行驶，必要时应停车。②不在广告牌、老树下逗留。③走路、骑车尽量避开高层楼房之间的狭长通道。④尽量不骑自行车，侧风向骑行时，有可能被刮倒摔伤。

（7）突遇龙卷风：①应牢牢关紧面朝旋风刮来方向的门窗，另一侧门窗则全部打开。②不待在大篷或轿车内，以防风暴将其掀上半空。③避开龙卷风行走路线，应与其路线成直角方向转移，在地面沟渠或凹陷处躲避，平躺下来，用手遮住头部。④躲在防风暴地下室或洞穴里，也可进入小房间或结实牢固的家具下躲避，但不能待在笨重家具下面。

思 考 题

1. 高压触电或低压触电可采用哪些方法脱离电源？

2. 触电伤员脱离电源后如何处理？

3. 心肺复苏法操作过程有哪些步骤？

4. 心肺复苏操作的时间要求有哪些？

5. 触电急救中判断心肺复苏是否有效的指标有哪些？

6. 止血急救方法有哪些？

7. 骨折急救方法有哪些？

8. 烧伤急救方法有哪些？

9. 毒死咬伤如何急救？

10. SF_6 气体中毒后如何急救？

11. 常规火灾自救逃生方法有哪些？

12. 道路交通事故自救逃生方法有哪些？

参 考 文 献

1. 国家电网公司. 电网安全管理与安全风险管理. 北京：中国电力出版社，2009.

2. 粟继祖. 安全心理学. 北京：中国劳动社会保障出版社，2007.

3. 国家电网公司武汉高压研究所，胡毅. 配电线路带电作业技术. 北京：中国电力出版社，2002.

4. 余虹云，李瑞. 电力高处作业防坠落技术. 北京：中国电力出版社，2008.

5. 黄学农. 电网企业安全管理人员培训教材. 北京：电子工业出版社，2014.